应用植物学基础

黄清俊　许　瑾　周琪琦　杨庆华　**编著**

U0256714

上海大学出版社

·上海·

图书在版编目(CIP)数据

应用植物学基础/黄清俊等编著 . -- 上海 : 上海
大学出版社 , 2024. 11. -- ISBN 978 - 7 - 5671 - 4993 - 9

Ⅰ . Q949.9

中国国家版本馆 CIP 数据核字第 2024FT0538 号

责任编辑　王悦生
封面设计　柯国富
技术编辑　金　鑫　钱宇坤

应用植物学基础

黄清俊　许　瑾　周琪琦　杨庆华　编著

上海大学出版社出版发行

（上海市上大路99号　邮政编码200444）

（https://www.shupress.cn　发行热线021-66135112）

出版人　余　洋

＊

南京展望文化发展有限公司排版

上海新艺印刷有限公司印刷　　各地新华书店经销

开本 787 mm × 1092 mm　1/16　印张 19.75　字数 505 千

2024 年 11 月第 1 版　2024 年 11 月第 1 次印刷

ISBN 978 - 7 - 5671 - 4993 - 9/Q · 16　定价　158.00 元

前　言

"植物学"作为高校涉及植物科学或植物应用等专业类的经典课程，相关的优秀教材很多，大部分植物学教材内容丰富，覆盖范围广泛，这类教材优点显而易见，适合众多学科专业使用。而本教材则从专业应用的植物类型及其基础实际出发，重点介绍种子植物，尤其是被子植物，解析其形态、结构及其与功能相对应的关系，故命名为《应用植物学基础》。本教材分植物细胞与组织系统、植物生长、植物繁殖和植物分类与识别4编16章，内容包括从细胞基础到营养器官、生殖器官以及种子植物分类。本教材从景观环境营造中植物实际应用类型着手，重点阐述实践中应用最多的种子植物的形态、结构特点以及华东地区常见的种子植物类型，其他类型的植物如藻类植物、苔藓植物、蕨类植物仅作简要介绍，以衔接植物间的演化关系。

参加本教材编写的人员既有来自应用型本科院校的教师，也有来自职业型高职高专和中专学校的教师，还有来自大型园林园艺企业的专家，我们共同参与了本教材的编写。

本教材可供高职高专、专升本、中本贯通等应用型或职业型高等教育中园林、园艺、风景园林、生态及相关专业作植物学教学用书，也可作为其他植物应用爱好者学习参考用书。

本教材绪论、第一编植物细胞与组织系统的第1～3章由黄清俊教授负责编写；第二编植物生长的第4～8章由周琪琦老师负责编写；第三编植物繁殖的第9～12章由许瑾副研究员/高级工程师负责编写；第四编植物分类与识别的第13、15和第16章由杨庆华高级工程师负责编写，第14章的第14.1、14.2、14.3节分别由黄清俊教授、周琪琦老师、许瑾副研究员/高级工程师负责编写；本教材最后由黄清俊教授负责统稿。本教材所用图片一般均标注图片来源，未标注来源的均为杨庆华高级工程师拍摄提供。

植物学涉及的专业众多，应用的领域广泛，编者尝试编写《应用植物学基础》难免顾此失彼，加之水平有限，恳请读者和同行提出宝贵建议，以期不断完善改进。

编　者

目　录

第二编　植物生长

第三编 植物繁殖

第四编　植物分类与识别

绪 论

0.1　植物范畴的界定

　　我们每天的生活都离不了植物，地里的庄稼、庭院里的花草、农贸市场里的瓜果、蔬菜等等，都是植物。然而，地球上的植物远不止这些。那么，植物包括些什么呢？在学习之前，我们首先了解一下植物的范畴。

　　200多年前瑞典的科学家林奈（C. Linnaeus）将地球上的生物分为动物界和植物界，认为动物是能运动的、异氧的生物，植物则是固着不动的、自氧的、有细胞壁的生物，这就是生物的"两界系统"。但到19世纪后，由于显微镜的应用，人们发现有些生物兼具有植物和动物的特征，如裸藻就是一种既能游动又能光合自氧的生物。因此，德国的生物学家海克尔（E. Haeckel）在1866年提出在植物与动物之间建立"原核生物界"，主要包括一些兼有动物与植物特性的原始单细胞生物，这便是"三界系统"。20世纪中叶，有学者认为真菌虽然固着生活，但却是异氧的，不应该放在植物界，便将真菌单独列为真菌界，从而形成了"四界系统"。1969年，又有学者将具有原核细胞结构的细菌与蓝藻从原生生物界中分离出来，成立了原核生物界，从而形成了"五界系统"。后来还有人提出将非细胞的病毒独立成为"病毒界"的"六界系统"等等。从对生物的分界可以看出，人们对生物的认识和研究是随着科学技术的发展而不断加深的。

　　生物的分界不同，植物的范畴也不同，从应用及实用角度出发，本教材在系统上沿用两界系统。该系统中人们把植物分为藻类植物、菌类植物、地衣植物、苔藓植物、蕨类植物、裸子植物和被子植物七大类群。其中，裸子植物和被子植物因其用种子繁殖，故称为种子植物，同时因它们有花器官，又称为显花植物；而藻类植物、菌类植物、地衣植物、苔藓植物和蕨类植物，因其可以用孢子繁殖，称它们为孢子植物，又因它们不开花，不结果，而称为隐花植物；藻类植物、菌类植物和地衣植物，因其形态上无根、茎、叶的分化，生活方式原始，习惯上统称为低等植物；而苔藓植物、蕨类植物、裸子植物和被子植物，因它们的形态上有了根、茎、叶的分化，生活方式较进化，故称其为高等植物或茎叶体植物；蕨类植物、裸子植物和被子植物因具有了维管系统来运输水及营养物，故称其为维管植物；而藻类植物、菌类植物、地衣植物和苔藓植物，因它们的植物体不具有维管系统，对应称为非维管植物。被子植物是地球上最年轻、最进步的类群，该类群植物种类多达20万种，我国分布有大约 3 万种，被子植物根据种子结构的不同又分为单子叶植物（如小麦、百合等）和双子叶植物（如油菜、桂花等）。人类日常生活中频繁接触的植物大多属于这一类群，所以，被子植物在人类活动中应用也最为广泛。

0.2 植物的分布

自然界中，已知能进行放氧光合作用的自养生物（植物）种类在 40 万种以上，它们的大小、形态结构和生活方式各不相同，在自然界与其他形形色色的生物共同组成具有一定内在联系的生物圈。植物的形态、结构、生态习性千差万别，各不相同。无论在广大的平原、险峻的高山、严寒的两极地带、炎热的赤道区域、江河湖海的水面和大洋深处、干旱的沙漠和荒原，都有植物的足迹，即使是岩石的裂缝、树叶的表面、悬崖峭壁的裸露石面，也可成为某些植物的生活场所。有些地衣在冰点温度下能够生存，某些蓝藻在水温高达 50～85℃的温泉中仍然生长旺盛。可以说自然界到处都有植物。被子植物以其形态结构最进化、功能最完善，成为当今全球种类最多、适应性最强、分布最广、与人类生活关系最为密切的一类植物。

0.3 植物在自然界的作用

0.3.1 植物对地球和生物界发展的作用

地球约在距今 50 亿～60 亿年前形成，原始地球形成时没有地壳；45 亿～46 亿年前地球表面逐渐形成了坚硬的地壳，地壳表面才出现了原始大气层；38 亿～40 亿年前出现原始生命，当时大气中不存在游离氧。地球上最初的有生命形态的生物可能是化能营养生物，它们只能从分解有机分子中获取能量，必须生长在水里，以避免紫外线的危害；继起的生命是原始的光合生物，这类生物能利用光能，将硫化氢和二氧化碳合成碳水化合物并释放出游离态的硫，但不释放氧气。只有在蓝藻和其他原始植物出现之后，因为它们有了放氧的光合作用色素，才能够光解 H_2O 分子，并释放出 O_2。大约距今 19 亿年前，大气中的氧含量可能只有现在的 0.1%；7 亿年前达到现在含量的 1%。由于长期的植物光合作用，加上紫外线能把 H_2O 解离为 H_2 和 O_2，使得大气中的氧气不断增加，氧含量的增加是需氧生物发展的前提条件。到了 5 亿年前的古生代，植物逐渐繁盛，直接或间接依靠植物为生的动物界，才能获得生存和繁衍。由此可见，伴随着地球历史的发展，绿色植物在地球上出现，推动了生物界的发展。

0.3.2 植物是自然界中第一性生产者

植物的叶绿素等光合色素，能够利用太阳光的能量，把简单的无机物（即水和二氧化碳）合成为碳水化合物，从而把太阳能转变成化学能，贮存在有机物里，这个过程称为光合作用。由光合作用所合成的碳水化合物，在植物体内进一步同化为其他各种物质，如脂肪和蛋白质等。这些有机物除了一部分用于维持植物本身生命活动的消耗外，其余都是动物直接或间接的食物来源，也是人类最根本的食物来源以及无数可再生资源的源泉。虽然能把二氧化碳转变成有机物质的生物不只是植物，有一些菌类也能通过化能合成作用或不放氧的光合作用，而把二氧化碳转变成有机物，但这些合成作用因受到菌类的分布范围、合成原料的量等条件的限制，所合成的有机物总量非常有限，与绿色植物放氧光合作用所合成的有机物总量相比，已达到可忽略的地步。

0.3.3　植物在自然界物质循环中的作用

（1）碳和氧的循环

地球上物质的燃烧，火山的爆发，动物、植物、微生物的呼吸作用，真菌和细菌等对动、植物尸体和其他有机物的分解过程，都要放出二氧化碳。但是植物在光合作用中，能以空气中的二氧化碳为原料，合成有机物、放出氧气。这样植物每年用去的二氧化碳，按碳的质量计，约达 2×10^{11} t 之多，同时每年向空气中排放约 5.35×10^{11} t 氧，使得空气中的二氧化碳和氧气的含量（按体积计）长期分别保持在 0.03% 和 20% 左右。否则空气中二氧化碳含量将不断增多，氧气的含量将不断减少。因此，植物在碳的循环和氧的平衡中起了重大作用。

（2）氮的循环

氮是植物生命活动中不可缺少的重要元素之一。大气中游离的氮含量高达 79%，但大多数植物却不能直接利用，而某些蓝藻和固氮细菌能把大气中的游离氮固定，转化成为植物能直接吸收利用的含氮化合物。这个过程称为生物固氮作用。这种作用是自然界氮化物的重要来源之一。植物把光合作用所合成的碳水化合物与所吸收的铵盐合成蛋白质，再通过食物链成为动物本身的蛋白质。蛋白质通过代谢中的分解或生物尸体的分解，进行氨化作用放出铵离子。部分的铵离子可被植物直接吸收，另一部分经硝化细菌的硝化作用成为硝酸盐，也可被植物吸收；或由反硝化细菌的反硝化作用，恢复成游离氮或氧化亚氮（N_2O），重返到大气里。氮就是通过这样的复杂过程不断循环着。

（3）其他物质的循环

植物体内除碳和氮外，还有氢、氧、磷、硫、钾、镁、钙以及各种微量元素，如铁、锰、锌、铜、硼、氯等。这些元素与氮相似，植物吸收之后可通过植物或其他生物，以各种途径返回自然界，不断进行物质循环，维持着整个生物界的生存；同时，又使整个自然界，包括生物和非生物，成为不可分割的统一体。

0.4　植物与人类

人类出现在动植物已十分繁盛之后。最早出现的人类以植物或鸟兽为食，就直接或间接地与植物发生关系。随着社会的发展，人类在衣、食、住、行中对自然资源的开发利用不断加强，人类与植物的关系越来越密切，植物对人类的贡献也越来越大。人类食用的粮食、油料、食糖、瓜果和蔬菜等都来自农业生产，随着农业生产的发展和农副产品的增多，进一步有淀粉工业、制糖工业、油脂工业和其他食品工业的发展。与此同时，人类开始利用野生牧草和栽培植物饲养家禽和家畜，发展畜牧业。人类的衣物原料大多来自植物和动物；橡胶、油漆等轻工原料以及煤炭、石油等燃料，也都直接或间接来自植物。还有人类的嗜好品，如烟、酒、茶、咖啡等也都是植物的产品。《神农本草经》是古代人类以植物为药物的极好证据。在医药工业如此发达的今天，包括我国在内，药用植物仍然作为重要的药物来源。目前，人们正努力从药用植物中寻找治疗癌症、冠心病、糖尿病等疑难病症的良药。为保护农业生产，常用树木建造林带，用以防风、防浪；在干旱及荒漠地带，需要利用植物固沙防风和调节气候。植物可以净化空气、处理污水、改良土壤，森林植被可以保持水土、涵养水源，植树造林不但能提供可持续利用的资源，也是保持适于人类生存的自然环境的重要措施之一。在室内外种花植草、美化环境，已逐渐成为人们所喜爱的活动和生活品质提升的象征。

PART I

第一编

植物细胞与
组织系统

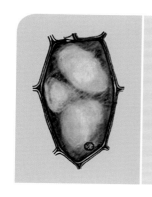

第1章

植物细胞

1.1 细胞的概念

1665年，英国人罗伯特·虎克（Robert Hooke）利用自制的显微镜观察软木结构，发现了细胞，其实这是死细胞，他所看到的是细胞壁的结构。随着科学技术的日益发展，人们对细胞有了更加深入的了解。

细胞是生物有机体的基本结构单位、代谢和功能单位、遗传基本单位，是有机体生长发育的基础。也就是说，除了病毒、类病毒、噬菌体以外，细胞是一切生物有机体形态结构和生命活动的基本单位。

1.2 植物细胞的基本结构

细胞由细胞壁和原生质体组成，光学显微镜下可以看到细胞壁、细胞膜、细胞质、细胞核、液泡、后含物等构成。

图1-1是植物细胞的立体结构图，左侧是整体结构，右侧是细胞壁的框架结构，而中

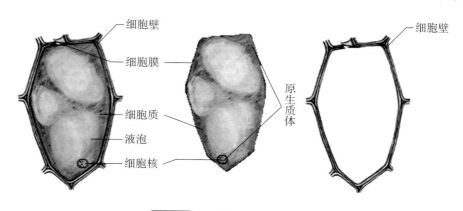

图 1-1 植物细胞的立体结构图

图片来源：https://image.baidu.com/

间是去掉细胞壁的结构，称为原生质体。可以看出，细胞由两大部分构成：细胞壁和原生质体。

图1-2是植物细胞超微结构模式图，除了看到上述结构外，光学显微镜看不到的结构，如线粒体、内质网、核糖体等在电子显微镜下可现身。

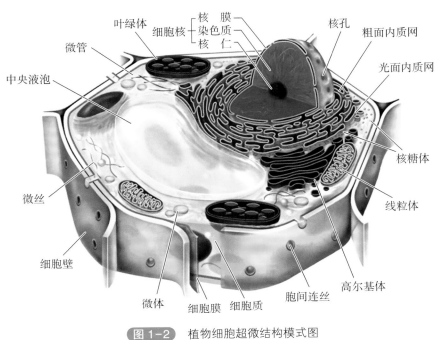

图 1-2   植物细胞超微结构模式图

图片来源：https://image.baidu.com/

1.2.1   细胞壁

细胞壁是植物细胞特有的结构，动物细胞则没有。那么，什么是细胞壁？它有哪些结构和功能呢？

1.2.1.1   细胞壁的概念和功能

细胞壁：包在植物细胞原生质体外围的壁层。原生质体在生命活动中形成了多种物质，加在细胞膜外方的物质就构成了细胞壁。

功能：起保护植物细胞作用；维持细胞的形状。另外，植物体的吸收、蒸腾、运输和分泌等生理活动与细胞壁紧密相关。

1.2.1.2   细胞壁的层次结构

细胞壁主要由胞间层、初生壁和次生壁三部分组成（图1-3）。

（1）胞间层

胞间层又称中层，它是在细胞分裂产生子细胞时形成的，主要成分为果胶质。具有连接相邻细胞、缓冲细胞挤压等功能。胞间层在一些酶或酸的作用下会发生分解，从而使相邻细

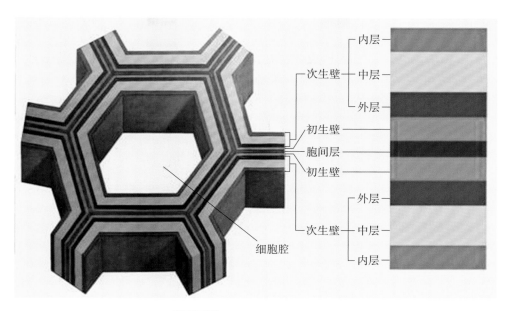

图 1-3　细胞壁的结构示意图

图片来源：https://image.baidu.com/

胞失去连接而分离。如我们夏天吃的沙瓤西瓜，一粒一粒的沙瓤，就是细胞胞间层溶解产生的现象。

（2）初生壁

在细胞生长、体积增大时产生，每个细胞都有。主要成分是果胶质、纤维素、半纤维素等。特点是薄而有弹性，可以随着细胞的生长扩大面积。如洋葱表皮细胞。胞间层和初生壁是所有细胞都有的结构。

（3）次生壁

在细胞停止伸长生长、生理上分化成熟以后产生，位于初生壁内侧，一般比初生壁要厚，可以分为内、中、外三层。次生壁由纤维素和木质、栓质等物质组成，主要起机械支持作用。

1.2.1.3　纹孔和胞间连丝

细胞之间如何进行水分和物质交换呢？这就要通过纹孔和胞间连丝来进行。

（1）纹孔

初生纹孔场：细胞壁在形成过程中，初生壁上一些明显凹陷的较薄区域。

纹孔：次生壁在加厚过程中也是不均匀的，在原有初生纹孔场的位置不再形成次生壁，这种无次生壁的区域称为纹孔。纹孔并不是真正的孔洞，而是一些薄壁区域，中间有胞间连丝通过。纹孔是细胞之间进行水分和物质交换的主要通道（图 1-4）。

纹孔的类型分为单纹孔、具缘纹孔和半具缘纹孔三种。

纹孔腔呈圆筒状的称为单纹孔。纹孔腔呈圆锥状而边缘向细胞内隆起的称为具缘纹孔，正面可以观察到 2 或 3 个同心圆。半具缘纹孔是由具缘纹孔与单纹孔构成的。相邻细胞的纹孔常常相对存在，称为纹孔对。

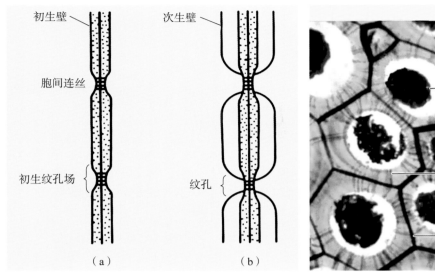

图 1-4 纹孔的示意结构

图片来源：https://image.baidu.com/

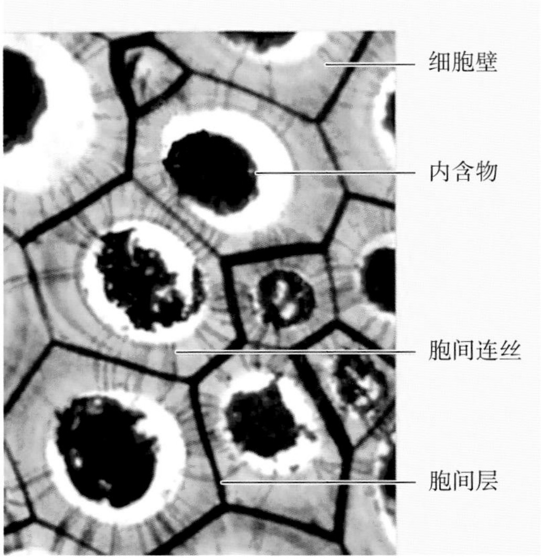

图 1-5 柿子胚乳细胞的胞间连丝

图片来源：https://image.baidu.com/

（2）胞间连丝

在两个相邻细胞之间有许多原生质细丝穿过，这些连接两个相邻细胞的原生质细丝称为胞间连丝，它是细胞间物质运输、传递信息及能量交流的通道。胞间连丝一般很细，经常存在于高等植物的生活细胞中，如柿子胚乳细胞（图 1-5）。

1.2.2 原生质体

原生质体是活细胞中细胞壁以内各种结构的总称，是组成细胞的一个形态结构单位，是细胞内各种代谢活动的场所。

原生质体是由原生质构成的，原生质是细胞内全部生命物质的总称，是物质概念。原生质由无机物和有机物组成，无机物包括水和无机盐；有机物包括核酸、蛋白质、多糖、脂类、生理活性物质等。原生质属于胶体，具有新陈代谢作用。

原生质体包括细胞膜、细胞质和细胞核三部分。细胞质包括胞基质和细胞器两部分。细胞核由核膜、核仁、染色质三部分构成。

1.2.2.1 细胞膜

（1）细胞膜的结构

细胞膜是指细胞质与细胞壁相接触的一层薄膜，是原生质体最外侧的结构，但在光学显微镜下不易直接识别。在电子显微镜下，可见细胞膜具有明显的 3 层结构，两侧成 2 个暗带，中间夹有 1 个明带。3 层的总厚度为 5 ～ 7 nm，其中两侧暗带各厚约 2 nm，主要成分为脂类；中间的明带厚 3 ～ 5 nm，主要成分为蛋白质。这种在电子显微镜下显示出具有 3 层结构的膜，称为单位膜。细胞膜是一种单位膜。细胞核、叶绿体、线粒体等细胞器表面的包被膜一般也都是单位膜，但其层数、厚度、结构和性质存在差异。

（2）细胞膜的功能

1）选择透性：细胞膜对不同物质的通过具有选择性，它能阻止糖和可溶性蛋白质等有机物从细胞内渗出，同时又能使水、可溶性盐类和其他必需的营养物质从细胞外进入，从而使得细胞有一个合适而稳定的内环境。

2）渗透现象：细胞膜的透性表现为半渗透现象。由于细胞膜具有渗透功能，物质可以从高浓度区向低浓度区扩散，如蔗糖，实验室中可以用蔗糖溶液使细胞发生质壁分离现象，久置可复原。

3）调节代谢作用：细胞膜通过多种途径调节细胞代谢。植物体内不同细胞对多种物质如激素、药物和神经介质等有高度选择性。一般认为，它们是通过与细胞膜上的特异受体结合而起作用。这种受体主要是蛋白质。蛋白质与激素、药物等结合后发生变构现象，改变了细胞膜的通透性，进而调节细胞内各种代谢活动。

4）对细胞的识别作用：生物细胞对同种和异种细胞的辨识、对自己和异己物质的识别的过程称为细胞识别。单细胞植物及高等植物的许多重要生命活动都和细胞的识别能力有关，如植物的雌蕊是否接受某种花粉并进行受精等。

1.2.2.2　细胞质

细胞质包括胞基质和细胞器两部分。

胞基质充满在细胞壁和细胞核之间，是原生质体的基本组成部分，为半透明、半流动、无固定结构的基质。在细胞质中还分散着各种细胞器如质体、线粒体及后含物等。在年幼的植物细胞里，细胞质充满整个细胞，随着细胞的生长发育和长大成熟，液泡逐渐形成和扩大，将细胞质挤到细胞的周围，紧贴着细胞壁。细胞质与细胞壁相接触的膜称为细胞膜或质膜，与液泡相接触的膜称为液泡膜。它们控制着细胞内外水分和物质的交换。在细胞膜与液泡之间的部分称为中质（基质、胞基质），细胞核、质体、线粒体、内质网、高尔基体等细胞器分布在其中。细胞质有自主流动的能力，这是一种生命现象。在光学显微镜下，可以观察到叶绿体的运动，这就是细胞质在流动的结果。细胞质的流动能促使细胞内营养物质的流动，有利于新陈代谢的进行，并对细胞的生长发育、通气和创伤的恢复都有促进作用。

细胞器是细胞质内具有一定形态结构、成分和特定功能的微小器官，目前认为，细胞器包括质体、线粒体、液泡系、内质网、高尔基体、核糖体和溶酶体等。前三种在光学显微镜下即可观察到，其他则需要在电子显微镜下才能看到。

（1）质体

质体是真核细胞特有的细胞器，根据质体的发育程度、功能和色素情况，质体可以分为前质体、叶绿体、白色体与有色体。前质体一般是无色或呈淡绿色的球状体结构，外面有双层膜包被，内膜内褶，伸入基质中，当细胞生长分化时，前质体可转变为其他类型。

1）叶绿体

高等植物的叶绿体主要存在于叶肉细胞、茎的皮层细胞以及保卫细胞中，主要功能是进行光合作用：将光能转化为化学能，同时利用二氧化碳和水制造有机物并释放氧气。

光学显微镜下，叶绿体呈椭圆形或透镜形，每个细胞内的叶绿体数目不同。

电镜下，叶绿体呈扁圆形（图1-6）。叶绿体的结构较为复杂，主要由被膜、基质和类囊体系统三部分构成。被膜包括外膜和内膜两层，外膜具有较强的通透性，内膜具有较强的选择透性，是细胞质和叶绿体基质之间的功能屏障。类囊体系统包括基粒和基质片层。基粒

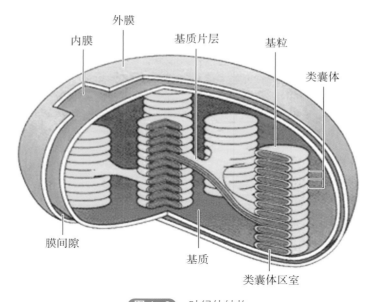

图 1-6 叶绿体结构

图片来源：https://image.baidu.com/

由多层叠合的片层结构组成，每个片层结构称为类囊体。类囊体由单层膜包被而成，其表面分布着许多穿孔，囊内含有液状的内含物。不同植物的基粒大小和数量是不一样的。在基质中含有与二氧化碳同化固定有关的酶。

2）有色体

番茄和辣椒颜色都是红的，这就和质体的另外一种类型——有色体紧密相关。

有色体多存在于花和果实中，结构简单，仅有双层膜，形状有颗粒状、多边形、杆状、针状等。有色体只含有类胡萝卜素，即胡萝卜素和叶黄素，所以呈现黄色或红色（图1-7）。

3）白色体

土豆为什么是白色的呢？这和白色体密切相关。

白色体多存在于幼嫩或不见光的组织中，不含色素。白色体结构简单，双层膜内仅有少数几个不发达的片层结构，呈颗粒状或不规则状（图1-8）。

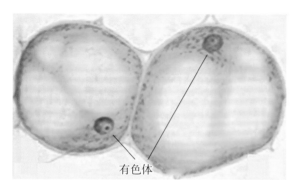

图 1-7 番茄果肉细胞中的有色体

图片来源：https://image.baidu.com/

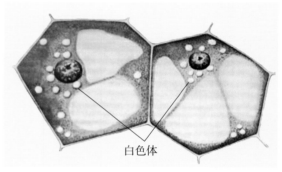

图 1-8 细胞中的白色体

图片来源：https://image.baidu.com/

功能：主要参与一些物质的合成和储存，如淀粉、脂肪和蛋白质。

根据功能可分为储存淀粉的造粉体、储存蛋白质的造蛋白体和储存脂肪的造油体。

4）质体转换

在个体发育中，质体是从原质体发育形成的，是一类合成和积累同化产物的细胞器。在一定的条件下，质体间可发生相互转变。例如，在直接光照条件下，幼叶中前质体内膜内褶，转化成叶绿体；在黑暗条件下变成白色体。白色体含有无色的原叶绿素，见光后可转变成叶绿素，白色体变绿，形成叶绿体。叶绿体在一定条件下可以转化为有色体。

例如：番茄在成熟过程中，先由白色变为绿色，就是白色体变成了叶绿体；然后绿色变为红色，也就是叶绿体变成了有色体；青椒颜色变红也是叶绿体变成了有色体；胡萝卜地上部分变绿、变青，就是有色体转化成了叶绿体。

（2）线粒体

细胞要运动，运动就需要能量，这些能量是由线粒体提供的。

线粒体普遍存在于动植物细胞中（图 1-9）。其体积较小，直径一般为 0.1～1 μm。线粒体是进行呼吸作用的细胞器，形态多种多样，常呈球状、杆状、分枝状，主要由外膜、内膜、膜间隙、基质和嵴构成。基质中含有 DNA、核糖体、可溶性蛋白、脂类等，也能合成部分的自身蛋白质。

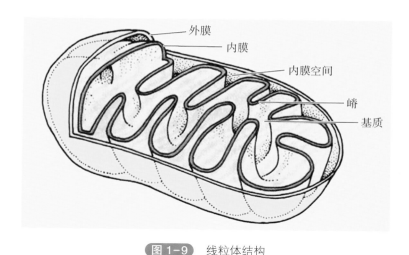

图 1-9　线粒体结构

图片来源：https://image.baidu.com/

线粒体的主要功能是使细胞中储存的糖、脂肪和氨基酸得到氧化，释放能量。因此，有人把线粒体比喻为植物的"动力工厂"或"发电站"。

（3）液泡

液泡是植物细胞特有的结构。在幼小的细胞中，液泡不明显，体积小、数量多。随着细胞的生长，小液泡相互融合并逐渐变大，最后在细胞中央形成一个或几个大型液泡，可占据整个细胞体积的 90% 以上，而细胞质连同细胞器一起，被中央液泡推挤成为紧贴细胞壁的一薄层。液泡外被的一层膜称为液泡膜，它是有生命的，是原生质的组成部分之一。膜内充满细胞液，是细胞新陈代谢过程产生的混合液，它是无生命的。细胞液的成分非常复杂，在不同植物、不同器官、不同组织中其成分也各不相同，同时也与发育过程、环境条件等因素

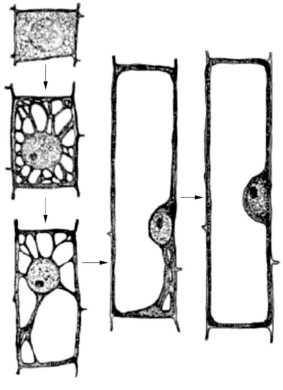

图 1-10　洋葱细胞不同时期的液泡

图片来源：https://image.baidu.com/

有关。各种细胞的细胞液可能包含的主要成分除水外，还有各种代谢物如糖类、盐类、生物碱、单宁、有机酸、挥发油、色素、草酸钙结晶等，其中不少化学成分对人或畜具有强烈生理活性，是植物药的有效成分。液泡膜具有特殊的选择透性。液泡的主要功能是积极参与细胞内的分解活动、调节细胞的渗透压、参与细胞内物质的积累与移动，在维持细胞质内外环境的稳定上起着重要的作用（图 1-10）。

（4）内质网

内质网是分布在细胞质中，由单位膜构成的扁平囊、管状膜或泡状膜系统。内质网可分为两种类型（图 1-11）：一种是膜的表面附着许多核糖体小颗粒的，这种内质网称为粗糙内质网，其主要功能是合成输出蛋白质（即分泌蛋白质），还能产生构成新膜的脂蛋白和初级溶酶体所含的酸性磷酸酶。另一种内质网上没有核糖体的小颗粒，这种内质网称为光滑内质网，其功能多样，如合成、运输类脂和多糖。两种内质网可以互相转化。

（5）高尔基体

高尔基体是由单层膜构成的一叠扁平膜囊结构，物质常以泡囊形式运出或进入高尔基体。高尔基体具有分泌功能，可分泌蛋白质、多糖及挥发油等，参与细胞壁的形成（图 1-12）。

（6）核糖体

核糖体又称核糖核蛋白体或核蛋白体，每个细胞中的核糖体可达数百万个。核糖体是

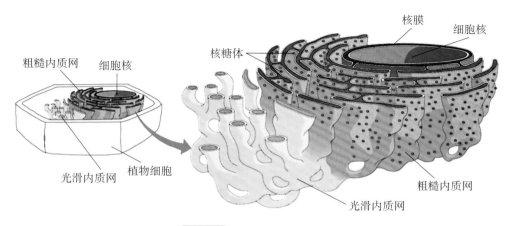

图 1-11　内质网和核糖体

图片来源：https://image.baidu.com/

细胞中的超微颗粒，通常呈球形或长圆形，直径为10～15 nm，游离在细胞质中或附着于内质网上（图1-11），而在细胞核、线粒体和叶绿体内较少。核糖体由45%～65%的蛋白质和35%～55%的核糖核酸组成，其中核糖核酸含量占细胞中核糖核酸总量的85%。核糖体是蛋白质合成的场所。

（7）溶酶体

溶酶体是分散在细胞质中，由单层膜构成的小颗粒。数目可多可少，直径一般为0.1～1 μm，膜内含有各种能水解不同物质的消化酶，如蛋白酶、核糖核酸酶、磷酸酶、糖苷酶等，当溶酶体膜破裂或损伤时，酶释放出来，同时也被活化。溶酶体的功能主要是分解大分子，起到消化和消除残余物的作用。此外，溶酶体还有保护作用，溶酶体膜能使溶酶体的内含物与周围细胞质分隔，显然这层界膜能抗御溶酶体的分解作用，并阻止酶进入周围细胞质内，保护细胞免于自身消化。

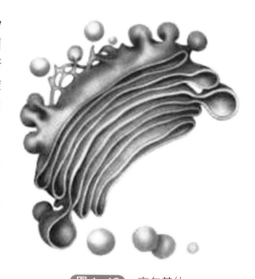

图 1-12 高尔基体

图片来源：https://image.baidu.com/

1.2.2.3 细胞核

除细菌和蓝藻等原核生物外，所有真核植物的细胞都含有细胞核。通常高等植物的细胞只具有一个细胞核。细胞核一般呈圆球形、椭圆形、卵圆形，或稍伸长。但某些植物细胞的核呈其他形状，如禾本科植物气孔的保卫细胞的细胞核呈哑铃形。细胞核的大小差异很大，其直径一般为10～20 μm。最大的细胞核直径可达1 mm，如苏铁受精卵；而最小的细胞核直径只有1 μm，如一些真菌。细胞核位于细胞质中，其位置和形状随生长而变化。在幼期的细胞中，细胞核位于细胞中央，呈球形，并占有较大的体积。随着细胞的长大和中央液泡的形成，细胞核随细胞质一起被挤向靠近细胞壁的部位，变成半球形或扁球形，并只占细胞总体积的一小部分。有的细胞到成熟时细胞核被许多线状的细胞质索悬挂在细胞中央而呈球形。在光学显微镜下观察活细胞，因细胞核具有较高的折射率而易看到，其内部似呈无色透明、均匀状态，比较黏滞，但经过固定和染色以后，可以看到其复杂的内部构造。细胞核包括核膜、核仁、核液和染色质四部分（图1-13）。

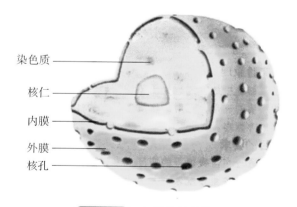

染色质 ——

核仁 ——

内膜 ——

外膜 ——

核孔 ——

图 1-13 细胞核的结构

图片来源：https://image.baidu.com/

（1）核膜

核膜是细胞核与细胞质之间的界膜。在光学显微镜下观察，核膜只有一层薄膜。在电子显微镜下观察，它是包围细胞核的双层单位膜，分为内、外两层膜。核膜上有呈均匀或不均匀分布的许多小孔，称为核孔，其直径约为50 nm，是细胞核与细胞质进行物质交换的通道。

（2）核仁

核仁是细胞核中折射率更高的小球状体，通常有一个或几个。核仁主要是由蛋白质、RNA 所组成，还可能含有少量的类脂和 DNA。核仁是核内 RNA 和蛋白质合成的主要场所，与核糖体的形成有关，并且能传递遗传信息。

（3）核液

核液是充满在核膜内的透明而黏滞的液状胶体，其中分散着核仁和染色质。核液的主要成分是蛋白质、RNA 和酶，这些物质保证了 DNA 的复制和 RNA 的转录。

（4）染色质

染色质是分散在核液中易被碱性染料（如龙胆紫、甲基绿）着色的物质。当细胞核进行分裂时，染色质成为一些螺旋状扭曲的染色质丝，进而形成棒状的染色体。各种植物细胞的染色体数目、形状和大小是各不相同的，但对于同一物种来说，则是相对稳定不变的。染色质主要由 DNA 和蛋白质组成，还含有 RNA。由于细胞的遗传物质主要集中在细胞核内，所以细胞核的主要功能是控制细胞的遗传和生长发育，也是遗传物质存在和复制的场所，并且决定蛋白质的合成，还控制质体、线粒体中主要酶的形成，从而控制和调节细胞的其他生理活动。

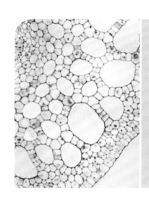

第 2 章
植物组织

2.1　细胞分裂、分化与组织形成

2.1.1　细胞的分裂

　　细胞分裂的方式有有丝分裂、减数分裂和无丝分裂三种。细胞通过分裂可以产生许多子细胞，导致细胞数目增加。

　　有丝分裂是植物体体细胞形成的主要方式（图 2-1）。

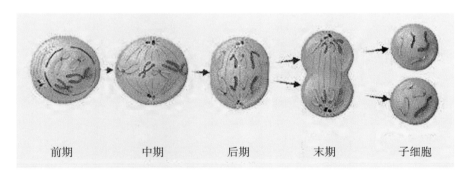

前期　　　　中期　　　　后期　　　　末期　　　　子细胞

图 2-1　有丝分裂

图片来源：https://image.baidu.com/

　　有丝分裂中子细胞产生后，就要进行生长，生长就是细胞体积变大和质量增加，包括原生质体的生长与细胞壁的生长两个方面。刚产生的子细胞一般较小，但细胞成熟后，体积就能增加几倍甚至几十倍。大家可以看到液泡从小变大，数量从多变少，到最后中央大液泡出现，这是细胞成熟的过程。

2.1.2　细胞的分化

　　细胞进行分裂和生长后要形成不同结构，具备各种功能，这就要进行细胞分化。细胞分化形成了不同组织，比如保护组织、输导组织等，这些组织形态结构和功能都不一样。

细胞分化：在个体发育过程中，来源相同的细胞在形态、结构和功能上发生改变的过程（图2-2）。

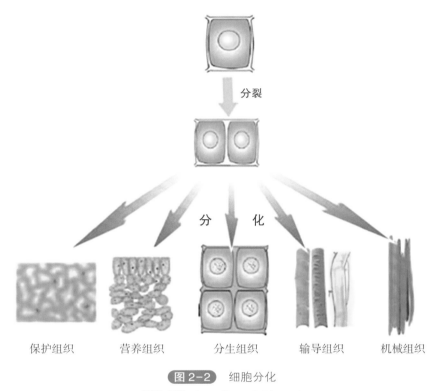

图2-2　细胞分化

图片来源：https://image.baidu.com/

脱分化：已经分化的细胞（也就是成熟细胞）在一定条件下，恢复分裂能力，重新具有分生组织细胞的特性，这个过程就是脱分化（不定根、不定芽和周皮产生过程就是细胞脱分化）。由幼嫩细胞变成成熟细胞的过程，称为分化；反过来，成熟细胞恢复成幼嫩细胞的过程就是脱分化。

脱分化的细胞再产生新的细胞，这个过程就称为再分化，这就表明植物细胞具有强大的可塑性。

为什么会出现细胞分化呢？可能由于外界环境条件的诱导，如光照、温度、湿度等；也可能由于细胞在植物体存在的位置或者细胞间的相互作用，等等；此外，细胞的极性化也是细胞分化的重要因素。

2.1.3　植物组织的形成

在植物体中，具有相同来源的细胞（由一个细胞或同一群有分裂能力的细胞）分裂、生长与分化形成的细胞群称为组织；仅由一种类型细胞构成的组织称为简单组织；由多种类型细胞构成的组织称为复合组织；不同的组织按一定的规律排列构成了器官。

在植物的个体发育过程中，细胞的分裂、生长及分化是相互联系、互为条件的生理过程，并在植物的形态结构上作出相应的反应：细胞分裂导致构成植物体的细胞数目增加；细胞生长导致构成植物体的细胞体积增大，质量增加；细胞分化导致不同组织的形成。

植物体的各器官中都包含着一定种类的组织，每一种组织都有其自己的分布规律并行使一种主要生理功能。植物体内的各种组织在个体发育上具有相对的独立性，但作为植物体的组成部分，又是相互统一的，而且，各组织间存在着密切的相互联系，共同确保植物体各项生理活动的顺利进行。各类组织中，有些组织还可以相互转化。

2.2　植物组织的类型

构成植物体的组织种类很多，根据组织的发育程度和生理功能的不同，以及形态结构的分化特点进行分类，一般可分为分生组织和成熟组织两大类。成熟组织又包括薄壁组织、输导组织、机械组织、保护组织以及分泌组织。

2.2.1　分生组织

在植物体内特定部位具有持续性或周期性分裂能力的细胞群称为分生组织。

细胞特点：分生细胞保持着胚性，细胞小，细胞壁薄，细胞核大，细胞质浓。细胞具有分裂能力。

2.2.1.1　按来源划分

分生组织按来源划分，可分为原分生组织、初生分生组织和次分生组织（图 2-3）。

（1）原分生组织（原来就存在）

分布于根尖、茎尖的生长点；来源于种子的胚，是胚遗留下来的胚性细胞；细胞特点是细胞小，排列紧密、细胞核大、细胞质浓；它的功能主要是进行分裂。

（2）初生分生组织（最初产生）

分布于根尖、茎尖的生长点后方，但与原生组织无明显的界限；来源于由原生组织分裂

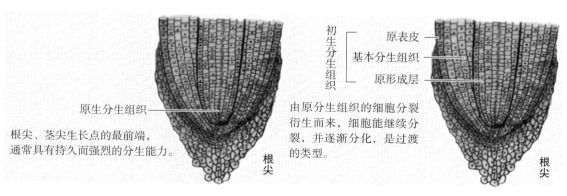

初生分生组织 {
原表皮
基本分生组织
原形成层

原生分生组织

根尖、茎尖生长点的最前端，通常具有持久而强烈的分生能力。

由原分生组织的细胞分裂衍生而来，细胞能继续分裂，并逐渐分化，是过渡的类型。

根尖

根尖

图 2-3　原分生组织和初生分生组织

图片来源：https://image.baidu.com/

而来的细胞；细胞特点是细胞开始分化，在形态上出现差异；它的功能与根、茎的伸长、生长有关。

（3）次生分生组织（后来产生的）

分布于根、茎的维管形成层和木栓形成层；来源于由薄壁细胞恢复分裂能力产生的细胞；细胞特点与初分生组织相似；它的功能与根、茎的增粗有关（这种组织不是所有植物都具有的，仅见裸子植物和双子叶植物）。

2.2.1.2　按位置（发生的部位）划分

分生组织按位置（发生的部位）划分，可分为顶端分生组织、侧生分生组织和居间分生组织（图2-4）。

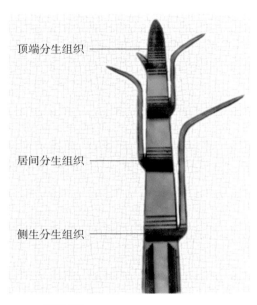

图2-4　按位置划分的分生组织

图片来源：https://image.baidu.com/

（1）顶端分生组织

在根尖、茎尖的顶端，包括原分生组织和初生分生组织。它们的活动不仅使植物体轴向（向上或向下）伸长，而且产生新叶和腋芽，有些形成花序。

（2）侧生分生组织

在根、茎的侧面，从性质而言属于次生分生组织。

（3）居间分生组织

许多高等植物的茎、叶等器官中，介于已分化组织之间的一种分生组织。位于节间基部（禾本科植物）、叶基部（大多数蔬菜）、花序轴基部（韭菜）；来源于初生分生组织保留在节间基部形成的细胞；细胞特点是具有分生能力的时间有限，没有持续的周期性活动，经过一定时间的分裂后，全部转变为成熟组织。在居间分生组织的区域内，往往已经有维管组织分子的分化。例如单子叶的小麦、水稻、竹等植物，茎的节间基部均有居间分生组织。它们的细胞分裂活动，使茎秆伸长得很快。例如春雨后的竹笋，在每个节间基部的居间分生组织细胞同时分裂、增多和伸长，从而使竹笋的增高生长异常迅速。细胞功能是使节间、叶柄、花轴伸长。

双子叶植物叶片的生长早期，除顶端生长和边缘生长活动外，也有居间分生组织参与的居间生长。单子叶植物的居间分生组织可存在于叶片和叶鞘基部，居间生长更为明显。例如蒜、韭等植物的叶片割除后，叶片或叶鞘基部仍能继续伸长。又如萍蓬草，其叶基居间分生组织的活动使叶柄迅速伸长，并使叶片露出水面。

来源和位置分类的对应关系如图2-5所示。

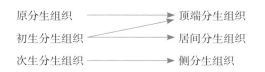

图2-5　分生组织位置来源和位置分类的对应关系

2.2.2　成熟组织

2.2.2.1　薄壁组织

（1）分布

植物各个部分都有薄壁组织的分布。因为这种组织分布广、数量多，因此也称基本组织。茎和根的皮层及髓部，叶肉、花的各部，果实的果肉和种子的胚乳等，全部或大部由其组成。

（2）来源

有各种不同的来源：有的来自根或茎的顶端分生组织，有的来自侧生分生组织。

（3）细胞特点

细胞壁薄、个大、排列疏松、有明显的细胞间隙，细胞形状不规则（球形、多面形、内折等），在一定的条件下可以恢复分裂能力。薄壁组织的细胞具有活的原生质体，一般为等径多面体形，细胞间具较发达的细胞间隙，形态结构和生理功能特化较少，在发育上可塑性强。

（4）类型

根据薄壁组织的生理功能，又可分为五种类型。

1）同化组织：细胞中含有大量叶绿体，能进行光合作用的薄壁组织，亦称为绿色组织。分布在植物体的一切绿色部分。叶肉是最典型的同化组织，其他如幼茎的皮层、发育中的果实和种子中也都有分布。

2）贮藏组织：细胞中贮藏有大量营养物质或其他代谢产物的薄壁组织。普遍存在于植物的根、茎、果实和种子中。甘薯的块根、马铃薯的块茎、豆类种子的子叶及谷类作物籽粒的胚乳中的贮藏组织尤为发达。贮藏的物质常以淀粉粒、糊粉粒、拟晶体、油滴或脂肪球、晶体等形式存在于细胞中。

3）吸收组织：具有吸收水分、无机盐及有机养料功能的薄壁组织。根尖的表皮是吸收水分和无机盐的吸收组织，尤其是根毛区的许多表皮细胞的外壁向外凸起形成根毛，更有利于物质的吸收（图 2-6）。禾本科植物胚的盾片与胚乳相接处的上皮细胞，是吸收有机养料

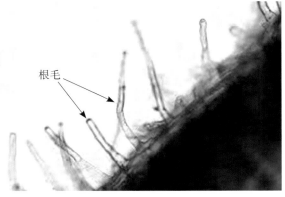

根毛

图 2-6　根毛吸收组织

图片来源：https://image.baidu.com/

的吸收组织。

4）通气组织：具有大量细胞间隙的薄壁组织。多见于水生植物和湿生植物体内，藕、莲、水稻以及眼子菜的根、茎、叶中均有发达的通气组织，其细胞间隙互相贯通，形成一个通气系统，以利气体交换和使叶片在光合作用中产生的氧气进入根部，并给植物一定的浮力和支持力（图2-7）。

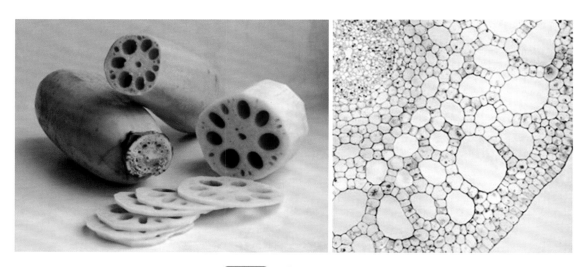

图 2-7　藕中的通气组织

图片来源：https://image.baidu.com/

5）传递细胞：20 世纪 60 年代，科学家借助于电子显微镜，发现了一种特化的薄壁组织细胞，即传递细胞。其细胞壁向胞腔内突入，形成许多指状或鹿角状的不规则突起，使质膜的表面积增加，并且富有胞间连丝，有利于物质的运送传递。

传递细胞分布在叶中位于叶肉与叶脉之间，茎节部的维管组织中，花药、子叶、胚乳和叶柄中也有分布；茎节传递细胞很发达，这有利于维管束之间的溶质（物质）交流。其特点是细胞壁（次生壁）向细胞腔内形成指状、乳突状等突起，并向各个方向弯曲，从而也使质膜表面积增大；细胞质浓厚；细胞器增多（含有很大的线粒体和内质网）；细胞柱状不规则；液泡较小；同时具有发达的胞间连丝。传递细胞的功能是加强或促进细胞内物质的短途运输。

2.2.2.2　输导组织

输导组织由一些管状细胞上下连接而成，常和机械组织一起组成束状，贯穿在植物体各器官内，起到输导水分、无机盐和有机物的作用。

植物根部从土壤中吸收水分和无机盐，要自下而上地送到植物体的各个部分；而叶子进行光合作用的有机物质要自上而下地运输到各个部分，这些输送任务是由输导组织完成的，可以说，没有输导组织，植物就无法生活。

输导组织是长管状细胞，彼此相互联系组成一个复杂而完善的运输系统。根据形态结构和运输物质的不同，可分为两种：一种是运输水分和无机盐的导管及管胞，另一种是运输有机物质的筛管及筛胞。

（1）导管和管胞——运输水分和无机盐的组织

1）导管

① 存在部位：被子植物的木质部中。

② 来源及形成过程：导管是由形成层所产生的一系列细胞分化形成的，首先细胞迅速增大，次生壁形成，纹孔出现，细胞质集中到细胞的边缘，中间是大液泡，然后液泡膜破裂，释放出水解酶等，将细胞分解，细胞解体，最后水解酶等将端壁逐渐消化形成穿孔，这样上下贯通，就形成了导管。一般长度可以从几厘米到 1 m。

③ 特点：

一是有许多管状的死细胞，上下连接而成，每个细胞称为一个导管分子；

二是端壁上有穿孔；

三是次生壁木质化加厚，导管并非细胞壁全部加厚，有不同的加厚方式，并形成不同的花纹类型（图 2-8）。

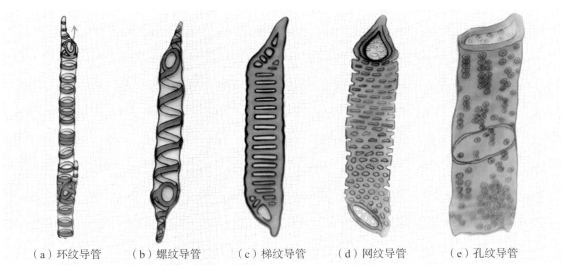

（a）环纹导管　　（b）螺纹导管　　（c）梯纹导管　　（d）网纹导管　　（e）孔纹导管

图 2-8　不同类型的导管

图片来源：https://image.baidu.com/

④ 功能：运输水分和无机盐。

⑤ 寿命：导管的输导功能并不是永久的，其生命的长短因植物的种类不同而不同。有的几年，有的几十年。新的导管形成以后，较老的导管被侵填体堵塞而失去输导功能。

2）关于管胞（与导管对比）

相同之处：①来源相同；②次生增厚方式相同；③都具有五种花纹类型；④功能部分相同。

不同之处：① 主要存在于裸子植物、蕨类植物中；② 管胞是单个细胞，呈纺锤形，不具有穿孔；③ 输水方式：靠侧壁上的具缘纹孔输导水分、无机盐；④ 功能：除疏导作用外，还有机械支持作用；⑤ 长度：0.1～0.2 mm。

（2）筛管和筛胞——输送有机物质的组织

1）筛管

① 存在部位：被子植物的韧皮部。

② 来源及形成过程：由形成层产生的一列细胞分化而成的，初期筛管具有细胞核和细胞质，中央有液泡。成熟以后，壁变薄，细胞质、细胞核部分解体，这时筛管的输导功能最有效。

在筛管形成的同时，在它的侧面常形成一个或几个小型的薄壁细胞，称为伴胞。伴胞辅助筛管完成运输功能。筛管和伴胞是由一个母细胞分裂而来，这个原形成层细胞发生不均等的分裂，较大的细胞转变为筛管细胞，较小的形成伴胞。伴胞也是生活细胞，细胞的两头尖斜；壁上有纹孔，有浓厚的细胞质，有较大的细胞核。伴胞的生理机能是有机物横向运输。伴胞可以分泌酶，有助于单糖的转化。伴胞还能为筛管的液流提供能源。

③ 特点：

一是有许多管状的生活细胞，上下连接而成，每个细胞称为一个筛管分子；

二是相接的横壁上有细胞壁——筛板，其表面有局部溶解的小孔——筛孔，细胞只通过筛孔上下相连，称联络索。侧壁上有筛域存在。

④ 功能：运输有机物质。

⑤ 寿命：一般 1～2 年。

当筛管衰老或冬季来临之前，筛管产生胼胝体（一种黏性碳水化合物），开始分布于筛板筛孔，逐渐扩张到整个筛板，把整个筛板覆盖起来，形成胼胝体，到第二年春天胼胝体分解，使筛管恢复运输能力。有些植物则不然，第二年会重新产生筛管；有些单子叶植物（如竹类等）的筛管有多年的效能。

2）筛胞

与筛管对比而言，它们来源相同，功能相同。

特点：① 分布，裸子植物、蕨类植物仅有筛胞，无筛管；② 组成，单个细胞，纺锤形，直径小；③ 输导方式，靠侧壁上的筛域输导有机物质，运输速度慢。

2.2.2.3　机械组织

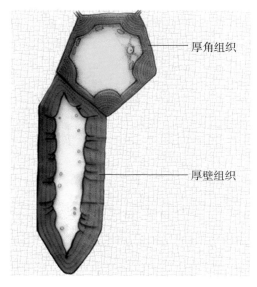

图 2-9　厚角组织和厚壁组织

图片来源：https://image.baidu.com/

机械组织是支持植物各器官的组织。种子植物，尤其是乔木、灌木具有繁茂的枝叶，除了支持枝叶的自身质量外，还要抵抗暴风雪等不良环境的侵袭。机械组织在植物体内中相当于水泥构件中的钢筋。因此，强大的机械组织对植物而言是非常重要的。

主要特点：① 细胞壁加厚，能起机械支持作用；② 多成束存在，排列紧密，能集体起到加固作用。

根据机械组织细胞形态和结构的不同，可将机械组织分为厚角组织、厚壁组织（图 2-9）。

（1）厚角组织

常常是初生壁增厚的机械组织，是初生机械组织。

1）分布：幼茎、叶柄、叶脉、花梗中，有的厚角组织纵向成束分布在器官的外缘使器官出现棱角，如青菜、南瓜。

2）特点：是长棱柱形的生活细胞，常含叶绿体，可进行光合作用；细胞壁（初生壁）局部增厚，细胞壁增厚有两种情况：① 在角隅处，如向日葵、马铃薯；② 切向壁或靠近胞间隙的壁上加厚，如接骨木。加厚成分是纤维素和果胶质，一般不木质化，硬度不强，但具有弹性，所以不影响器官的生长。

3）功能：既支持器官的直立，又适应器官的生长。

由于厚角组织细胞壁仅局部增厚，因而支持力薄弱，在较老的茎上，其支持作用被厚壁组织所代替，木本植物很少有厚角组织。

（2）厚壁组织

细胞壁显著加厚，并木质化，细胞腔极小，成熟时都是死细胞（原生质体解体，没有细胞核）。

根据厚壁组织细胞形态的不同，还可以分为纤维和石细胞（图2-10）。

1）纤维：细胞细长，两头尖斜，呈纺锤形。根据存在部位和木质化程度又分木纤维和韧皮纤维。

① 木纤维。

存在部位：木质部当中，是木质部的主要组成成分；

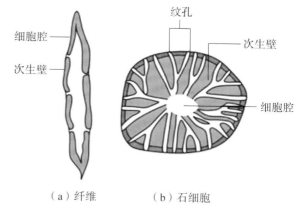

（a）纤维　　（b）石细胞

图 2-10 纤维和石细胞

图片来源：https://image.baidu.com/

长度：较短，通常为 1 mm；

细胞木质化程度：高，细胞壁大量木质化，是造纸的重要原料。

② 韧皮纤维。

存在部位：主要是在韧皮部中，也出现在皮层、中柱鞘中；

长度：较长，一般为 1～2 mm 或更长；

木质化程度：低，韧性强，是纺织工业原料。

2）石细胞（形状多种多样、球形、椭圆形、多角形、骨状、分枝状）。

存在部位：主要是在果实、种子中，特别是果皮、种皮中，如核桃、杏和（内果皮）、梨（果肉）、松子（种皮）；有的在茎的皮层、髓、中柱鞘中分布，如桑树。

特点：细胞壁极度增厚，并常木质化、栓质化、角质化；细胞腔极小，细胞壁上有分支状的单纹孔。

2.2.2.4 保护组织

保护组织分布于植物体的表面，起保护作用，避免植物细胞过分蒸腾类受微生物的感染和机械损伤。主要类型按来源和形态结构的不同分为两种：分布于幼嫩器官表面的称为表皮（初生保护组织），分布于成熟器官表面（有次生生长的植物）的称为周皮（次生保护组织）。

（1）表皮

组成细胞：表皮细胞、保卫细胞（构成气孔）、附属物（表皮毛）等。

1）表皮细胞

特点：一般由一层生活细胞组成，细胞扁平（叶）或长柱状（茎和根）；紧密排列；一般不含叶绿体；表皮细胞常角质化，有的形成角质层，如西瓜、冬瓜；有的形成蜡被，如甘蔗。

表皮是一层连续的组织，有许多气体出入的小孔——气孔，是植物与外界环境进行气体交换的通道。

2）气孔

结构：由两个特化的保卫细胞以及它们之间的孔隙、孔下室连同副卫细胞组成（图2-11）。

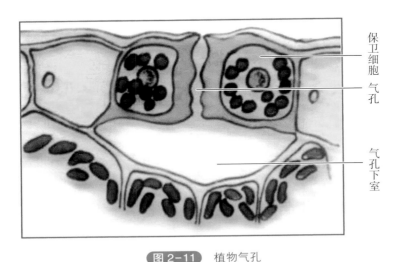

保卫细胞

气孔

气孔下室

图 2-11　植物气孔

图片来源：https://image.baidu.com/

气孔开闭机理：由保卫细胞水势变化控制。当保卫细胞吸水膨胀时，与表皮相连的这一面细胞壁薄，因而扩张，保卫细胞弯曲，气孔开张；相反，当保卫细胞失水时，保卫细胞恢复原样，使气孔关闭。

3）附属物：是表皮细胞向外延伸形成的，如表皮毛、鳞片、腺毛、根毛等。

（2）周皮

周皮由木栓形成层、木栓层和栓内层组成，是一种在双子叶植物和裸子植物的茎及根加粗生长时形成的代替表皮起保护作用的次生保护组织。周皮可控制水分散失，防止病虫害以及外界因素对植物体内部组织的机械损伤。周皮上有皮孔，可代替表皮的气孔起通气作用。

1）木栓形成层。木栓形成层是产生周皮的分生组织，其起源在植物器官内各异。在根中，最初木栓形成层起源于中柱鞘；在茎中，少数起源于表皮（如柳、苹果、夹竹桃），多数起源于皮层（如桃、白杨、木兰、胡桃、榆）。木栓形成层的结构比维管形成层简单，形状也较规则，从其横切面上看为扁长方形，从纵切面上看为长方形或多边形。有些植物第一次形成的木栓形成层作用期很长，甚至终生起作用，但多数植物木栓形成层作用期都较短。当茎和根不断加粗，原有的周皮失去作用前，在茎和根的内部又逐渐向内形成新的木栓形成层，使周皮的位置越来越深，直到在次生韧皮部内发生。

2）木栓层。木栓层是由木栓形成层向外形成的保护组织。其细胞形状通常为砖形，排列整齐紧密，细胞壁栓质化，成熟后死亡。细胞腔内充满空气，因此木栓层不透水、不透气并有弹性。木栓层形成后，其外界的生活组织，由于水分和养料的供应被阻断而死亡。木栓是软木的原材料，它质轻，有弹性，不透水，抗酸，耐磨，抗震，还有隔热、绝缘、静音等优点，用途广泛。

　　3）栓内层。栓内层是由木栓形成层向内产生的细胞，其细胞结构及生理功能和其他薄壁组织细胞相同。其形状虽与木栓形成层细胞相似，但它与木栓形成层排成径向行列，因此很容易与皮层中其他薄壁组织细胞区分开。栓内层一般只有一层，并常含有叶绿体。

　　皮孔一般存在于木本植物的茎和根上，一旦产生周皮，表皮上的气孔就失去通气的作用，而由周皮上产生的皮孔代替。在多年生乔木和灌木的枝条和根的表面、果实的表面通常可见到皮孔。

　　皮孔是次生保护组织周皮上的通气结构，为肉眼可以看见的褐色或白色的突出于器官表面的斑点和条纹，有的可深入在裂缝底部（图2-12）。其由木栓形成层的活动而产生。一般发生在气孔或气孔群的下方，此处的木栓形成层与一般的木栓形成层不同，它的活动不向外形成木栓细胞，而是产生许多排列疏松的球形薄壁细胞，胞间隙十分发达，称为补充组织。以后由于补充组织的不断增生，使其外方的组织（表皮或木栓层）胀破，形成唇形裂口，并向外突出，形成皮孔。皮孔形成后，代替气孔，为气体出入的门户。皮孔的形状、大小、数目的排列方式，常因植物种类而不同，可作为鉴别树种的根据之一。

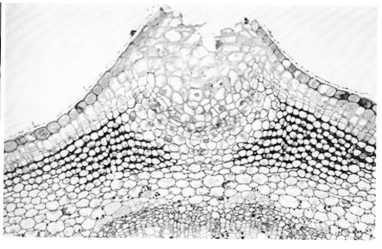

图 2-12　皮孔

图片来源：https://image.baidu.com/

　　广义的树皮是指茎（老树干）维管形成层以外的所有组织，是树干外围的保护结构，即木材采伐或加工生产时能从树干上剥下来的树皮。由内到外包括韧皮部、皮层和多次形成累积的周皮以及木栓层以外的一切死组织。以最后形成的木栓形成层为界，可分为两部分结构：一是靠内侧的次生韧皮部，含水分较多，其中有许多生活组织，质地较软，称为软树皮。二是靠外侧的硬树皮，即从最内层的木栓层到其外方的各层木栓层和木栓层以外的枯死部分，含水很少，质地较硬，多是死组织，常呈条状或片状脱落，所以亦称落皮层。

　　树皮在哪里？

狭义的树皮通常仅指硬树皮。树皮的外观因植物种类不同而异，可作为树木分类的鉴别特征：如松的落皮层很厚、呈重叠的鳞片状、表面龟裂、形成深沟；悬铃木（法国梧桐）则呈大片状脱落，表面光滑；栎树和榆树呈条状纵裂，形成深沟。栓皮栎和栓皮槠的硬树皮很少脱落，经过逐年的木栓组织的累积增加，可以产生很厚的木栓层，其质地轻软、不透水、不导电、不导热，且能抗化学药品的侵蚀，在工业上用途很广。

2.2.2.5　分泌组织

根据分泌组织的分布，可分为外部分泌组织和内部分泌组织两大类。

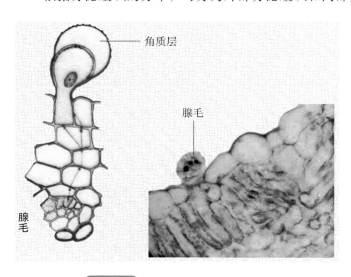

图 2-13　外部分泌组织——腺毛

图片来源：https://image.baidu.com/

（1）外部分泌组织

外部分泌组织位于植物的体表，其分泌物直接排出于体外，其中有腺毛和蜜腺（图 2-13）。

1）腺毛。腺毛是由表皮细胞分化而来的，有头部和柄部之分，头部是分泌的地方。头部的细胞覆盖着角质层，而分泌物则积聚在细胞与角质层之间所形成的囊中，如薄荷叶。

2）蜜腺。蜜腺是一种分泌糖液的外分泌结构。分泌细胞群常成层地分布于植物体外表的某些特定部位。生长于花部的称为花蜜腺，如油菜花托上的蜜腺；生长于茎、叶、花梗等营养体部位上的称为花外蜜腺，如棉花叶中脉上的蜜腺。蚕豆托叶上以及李属的叶缘上也有花外蜜腺存在。蜜腺分泌的糖液是对虫媒传粉的适应，蜜腺特别发达和蜜汁分泌量多的植物，是良好的蜜源植物，如紫云英、洋槐等，它们的经济价值很高。

（2）内部分泌组织

内部分泌组织存在于植物体内，其分泌物贮在细胞内或细胞间隙中。按其组成、形状和分泌物的不同，可分为分泌细胞、分泌腔、分泌道和乳汁管。

1）分泌细胞。它是单个散在的分泌细胞，其分泌物贮存在细胞内。分泌细胞在充满分泌物后，即成为死亡的贮藏细胞。分泌细胞有的是油细胞，含有挥发油，如肉桂皮、姜、菖蒲；有的是黏液细胞，含有黏液质，如白及、知母。

2）分泌腔。它是由多数分泌细胞所形成的腔室，分泌物大多是挥发油，这些挥发油贮存在腔室内，故分泌腔又称油室（图 2-14）。腔室的形成，一种是由于分泌细胞中层裂开形成，分泌细胞完整地围绕着腔室，称为离生（裂生）分泌腔，如当归；另一种是由许多聚集的分泌细胞本身破裂溶解而形成，腔室周围的细胞常破碎不完整，称为溶生分泌腔，如陈皮。

3）分泌道。它是由多数分泌细胞形成的管道，分泌物贮在管道里，分泌道顺轴分布于器官中，故横切面观呈类圆形与分泌腔相似，但纵切面观则呈管状。分泌道中的分泌物有的是挥发油，故称之为油管，如茴香；有的是树脂或油树脂，故称之为树脂道，如松茎。

4）乳汁管。它是由一个或多个细长分枝的乳细胞形成的。乳细胞是具有细胞质和细胞核的生活细胞，原生质体紧贴在胞壁上，具有分泌作用，其分泌的乳汁贮在细胞中。乳汁管通常有下列两种：

① 无节乳汁管。它是由单个乳细胞构成的，随器官长大而伸长，管壁上无节，有的在发育过程中，细胞核进行分裂，但细胞质不分裂而形成多核细胞，因而常有分枝，贯穿在整个植物体中，如大戟、夹竹桃；若有多个乳细胞（如欧洲夹竹桃），则它们彼此各成一独立单位而永不相连，如大麻。

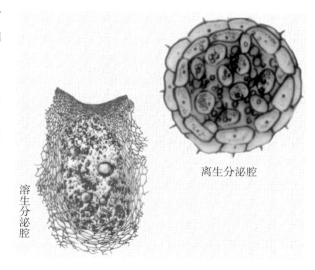

离生分泌腔

溶生分泌腔

图 2-14　两种分泌腔——离生分泌腔和溶生分泌腔
图片来源：https://image.baidu.com/

② 有节乳管。它是由一系列管状乳细胞错综连接而成的网状系统，连接处细胞壁溶化贯通，乳汁可以互相流动，如蒲公英、桔梗等。乳汁大多是白色的，但也有黄色的，如白屈菜。乳汁的成分复杂，有些可供药用，如水仙花的乳汁含有多种生物碱。

第 3 章
植物组织系统

3.1　植物组织的发生与联系

从植物的个体发育过程中，植物体中的各组织均来源于胚胎。在胚胎发育早期，细胞不断分裂，产生的细胞也具有很强的分裂能力，称为胚性细胞。当植株成熟后，只在特定部位保留下一些胚性细胞，即原分生组织。原分生组织分裂产生的细胞衍生出初生分生组织。初生分生组织分化出的原表皮、基本分生组织和原形成层这三部分的细胞经分裂、生长、分化而形成各种成熟组织。这些组织都属初生性质，称为初生成熟组织。

大多数双子叶植物的根和茎在初生成熟组织的基础上会发生维管形成层和木栓形成层这两种次生分生组织。它们活动的结果是不断产生次生维管组织和周皮，次生维管组织和周皮属次生成熟组织。因此，使植物的根和茎增粗（图 3-1）。

在有些植物的根和茎的次生成熟组织中，某些部位的木薄壁细胞或韧皮薄壁细胞重新恢复分裂能力，转变成副形成层，称为三生分生组织。副形成层的活动则产生三生木质部和三生韧皮部，构成三生维管束。三生维管束属三生成熟组织，如此不断的分裂、生长和成熟，使植株的特定器官不断扩大和增粗。

植物组织的形成和关系可表示如下：胚→原分生组织→初生分生组织→初生成熟组织→次生分生组织→次生成熟组织→三生分生组织→三生成熟组织。

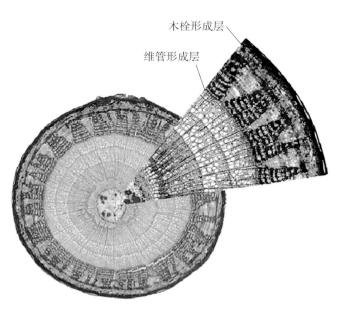

木栓形成层

维管形成层

图 3-1　次生的维管形成层和木栓形成层

图片来源：https://image.baidu.com/

3.2 组织系统

被子植物有机体是具有复杂形态和结构的多细胞、多组织和多器官的有机体，是一个由含有不同层次的、不同特征的且丰富多样的组织复合而成的系统，这个复合系统包括皮组织系统、基本组织系统和维管组织系统（图 3-2），它们在结构和功能上相对独立、相互联系，共同构成复杂的植物有机体。

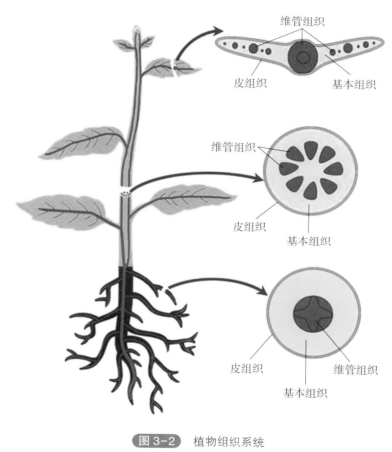

图 3-2 植物组织系统

图片来源：https://image.baidu.com/

3.2.1 皮组织系统

皮组织系统又简称皮系统，包括表皮和周皮，覆盖于整个植物体的表面，形成一个连续的保护层，包括外分泌结构或树皮等。在植物个体发育的不同时期，分别对植物体起着不同程度的保护作用，同时位于皮组织系统中的特定通道负责控制植物与环境的物质交换。

草本植物的表皮终生存在，部分草本植物的老茎、老根的表皮和所有叶的表皮是长期存在的。木本植物的根、茎表皮只存在一段时间，由于根、茎的增粗，表皮被挤毁脱落，周皮形成后起到保护作用。

3.2.2　基本组织系统

　　基本组织系统位于皮组织系统和维管组织系统之间，是主要由各类薄壁组织和机械组织等组成的、与植物体的营养代谢和支持巩固植物体有关的复合结构。基本组织系统是植物体生命活动代谢的最重要场所。基本组织系统把植物体的地上和地下、营养和繁殖的各种器官连成一个有机整体。该系统中的代谢产物与储藏物质是人类生存与发展的重要资源物质。

3.2.3　维管组织系统

　　维管组织系统简称维管系统，包括植物体内所有的维管组织，是贯穿于整个植株、与体内物质的运输、支持和巩固植物体有关的组织系统，是植物适应陆生生活的产物。维管组织系统的产生使得水分、矿物质和有机养料能够在植物体内快速运输和分配，从而使植物体摆脱对水环境的高度依赖。蕨类植物、裸子植物与被子植物均有维管组织系统，统称为维管植物。

　　根据维管系统形成的先后和组成特性，可将其分为初生维管系统和次生维管系统。初生维管系统主要存在于初生成熟组织，如绝大多数单子叶植物、裸子植物、双子叶植物幼嫩的根、茎、叶等中的维管组织。次生维管系统则是次生成熟组织中的维管组织，主要存在于双子叶植物和裸子植物的老根和老茎中。

　　由木质部和韧皮部构成的输导组织贯穿于整个植物体内，把植物体各部分有机地连接在一起，植物整体的结构表现为维管系统包埋于基本系统之中，而外面又覆盖着皮系统，它们在结构上和功能上组成一个有机的统一整体，相互协作，相互依存，共同完成植物的生命过程。

第二编 PART II

植物生长

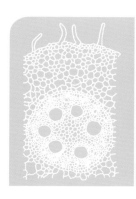

第 4 章
根的形态、结构与功能

4.1 根的形态

4.1.1 根的类型

植物的根有主根和侧根之分，以及定根和不定根之分，并形成庞大的根系，用以支撑植物的地上部分并伸展到土壤各处吸收水分和矿质营养，根在植物的生命活动中起着非常重要的作用。

4.1.1.1 主根和侧根

按来源分，根可分为主根和侧根。种子萌发时胚根首先突破种皮伸入土中。由胚根发育形成的根称为主根，主根在向地下生长的同时，产生的分枝称为侧根，侧根又能产生各级分枝。侧根与主根成锐角，有利于吸收、支持与固着作用。大多数双子叶植物和裸子植物有明显的粗壮的主根和较主根有明显区别的侧根。

4.1.1.2 定根与不定根

按发生部位分，根可以分为定根和不定根。由胚根衍生形成的主根与侧根称为定根。从茎、叶、老根和胚轴上形成的根，称为不定根。

不定根具有与定根同样的构造和生理功能，同样能产生侧根。但也有少数植物的不定根具有特殊的功能，如榕树由侧枝产生下垂的不定根，具有吸收和支撑的功能；海边的红树具有伸出地面的呼吸根；爬山虎茎上产生的不定根具有攀缘功能等。农林生产上，常利用茎、叶能产生不定根的特性进行扦插、压条等营养繁殖。

4.1.2 根系的类型

根系是一株植物地下部分所有根的总称。根系有直根系和须根系两类。

4.1.2.1 直根系

大多数双子叶植物和裸子植物的根系，其主根粗壮发达，主根与侧根有明显区别，称为

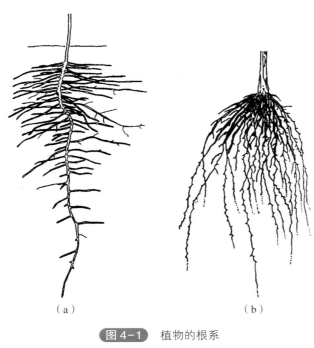

图 4-1　植物的根系

（a）棉花的直根系；（b）小麦的须根系

图片来源：周云龙.植物生物学［M］.北京：高等教育出版社，2000

直根系［图 4-1（a）］，如松、杨、白菜、大豆等植物的根系。大多数双子叶植物的根系是直根系。

4.1.2.2　须根系

在单子叶植物中，由胚根发育形成的主根只生长很短的时间便停止生长，然后由胚轴或茎基部长出很多不定根，且根的粗细相近，没有明显的主根，称为须根系［图 4-1（b）］。如禾本科的草坪草、竹类、棕榈、沿阶草、石蒜、百合等大部分单子叶植物和某些双子叶植物的根系。

4.1.3　根系在土壤中的分布

土壤中环境条件的不同可引起根系的变化，如萹蓄在小溪边形成直根系，而生长在干旱的山路边则形成须根系。一般直根系由于主根长，可向下生长到较深的土层中，形成深根系，深度可达 2～5 m，有的深度甚至达 10 m 以上。而须根系由于主根短，侧根和不定根向周围发展，形成浅根系，可以迅速吸收地表和土壤浅层的水分。根系的分布往往受外界环境条件的影响。直根系并不都是深根系，须根系也可以深入土壤，如小麦的须根系在雨量多的情况下深入土层，在雨量少的情况下，其须根系主要分布在表层的土壤中。

4.2　根的结构

4.2.1　根的初生生长及初生结构

4.2.1.1　根尖及其分区

根尖即主根、侧根、不定根尖端一段幼嫩部分，通常为 0.5～2 cm。根尖是根伸长生长、分枝和吸收活动的最重要部分，如果根尖受损会直接影响根的生长和发育。根尖从顶端到着生根毛的区域被分为四个部分：根冠、分生区、伸长区和成熟区（图 4-2）。

（1）根冠

位于根尖的最前端，像帽子一样套在分生区外面，保护其内幼嫩的分生组织细胞不至于暴露在土壤中。根冠由许多薄壁细胞构成，外层细胞排列疏松，细胞壁常黏液化，在根冠表面形成一层黏液鞘。这样的黏液化可以从根冠一直延伸到根毛区，黏液由根冠外层细胞分泌，可以保护根尖免受土壤颗粒的磨损，有利于根尖在土壤中生长。随着根尖的生长，根冠外层的薄壁细胞与土壤颗粒摩擦，不断脱落、死亡，由其内的分生组织细胞不断分裂，补充到根冠，使根冠保持一定的厚度。

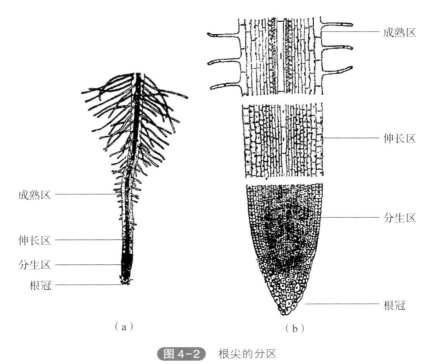

图 **4-2**　根尖的分区

（a）根尖各部分；（b）根尖纵切面

图片来源：曹慧娟 . 植物学［M］. 中国林业出版社，1992

（2）分生区（生长点）

分生区位于根冠上方，呈圆锥状，全长 1～2 mm，大部分被根冠包围着，是分裂产生新细胞的主要部位，又称生长点。分生区是典型的顶端组织，其细胞特点是：细胞小，排列整齐紧密，无间隙，细胞壁薄，细胞质浓，细胞核大，液泡小，具有较强的分裂能力。

（3）伸长区

伸长区位于分生区的上方，细胞来源于分生区，细胞多已逐渐停止分裂，突出的特点是细胞显著伸长，液泡化程度加强，体积增大并开始分化。细胞伸长的幅度可为原有细胞的数十倍。根的伸长生长主要由分生区细胞的分裂与伸长区细胞的伸长生长共同完成。

（4）成熟区（根毛区）

成熟区由伸长区细胞分化形成，位于伸长区的上方，该区的各部分细胞停止伸长，分化出各种成熟组织。表皮通常有根毛产生，因此又称根毛区。根毛是由表皮细胞外侧壁形成的半球形突起，以后突起伸长成管状，细胞核和部分细胞质移到了管状根毛的末端，细胞质沿壁分布，中央为一大的液泡。根毛的细胞壁物质主要是纤维素和果胶质，壁中黏性的物质与吸收功能相适应，使根毛在穿越土壤空隙时，和土壤颗粒紧密地结合在一起。

4.2.1.2　根的初生结构

在显微镜下观察根尖成熟区的横切面，可以看到根的初生结构由外至内分化为表皮、皮层和中柱三个部分（图 4-3、图 4-4）。

（1）表皮

表皮是最外一层排列紧密的生活细胞，有根毛。表皮细胞呈较长的方柱形，其长轴与根

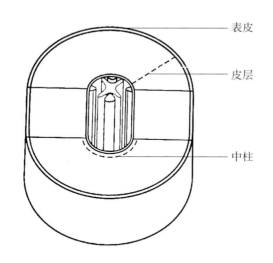

图 4-3　根的初生结构立体图解

图片来源：曹慧娟．植物学［M］．中国林业出版社，1992

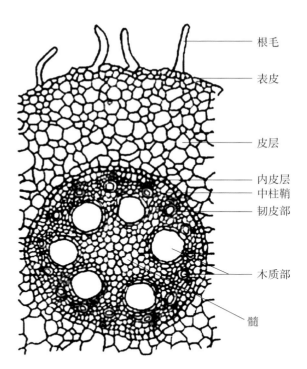

图 4-4　玉米根的横切面

图片来源：周云龙．植物生物学［M］．北京：高等教育出版社，2000

的纵轴平行。构成这层细胞的细胞壁没有角质化，因此水分和无机盐很容易通过。

（2）皮层

皮层由基本分生组织发育而成，位于表皮与中柱之间，占初生构造的最大体积。皮层由多层生活的薄壁细胞组成，细胞排列疏松，有明显的胞间隙。水生植物的皮层可能分化有通气组织。皮层细胞中通常没有叶绿体，但是常含有淀粉粒。

皮层的最外一层，即紧接表皮的一层细胞，常常排列紧密，没有细胞间隙，成为连续的一层，称为外皮层。当表皮破坏后，外皮层细胞的壁栓质化，代替表皮起保护作用。有些植物的根，如鸢尾，其外皮层由多层细胞组成。

皮层最内一层细胞排列整齐紧密，无胞间隙，称为内皮层（图 4-5）。它的结构特殊，在其细胞的初生壁上，常有栓质化和木质化的带状加厚，这种环绕细胞径向壁和横向壁的特殊结构称为凯氏带，具有控制物质由内皮层向中柱运输的功能。有次生生长的裸子植物和双子叶植物的根内皮层结构常停留在这一阶段，而无次生生长的单子叶植物的内皮层可进一步发展，其大多数内皮层细胞的细胞壁除外侧比较薄外均显著加厚并木质化，只有少数对着木质部束处的内皮层细胞具有凯氏带，但保持薄壁状态，称为通道细胞，它们在皮层和中柱之间提供了物质的通道。

在内外皮层之间的细胞层数最多，细胞体积最大，细胞中常含有淀粉粒，并有丰富的细胞间隙，具有储藏功能和通气功能。

（3）中柱（维管柱）

根皮层以内的结构称为中柱，又称维管柱。中柱由中柱鞘和初生维管束组成。有些植物

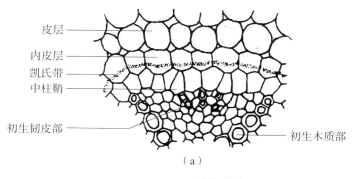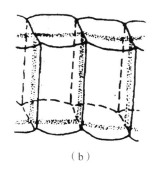

皮层

内皮层

凯氏带

中柱鞘

初生韧皮部

初生木质部

（a）　　　　　　　　　　　　　　　（b）

图 4-5　内皮层的结构

（a）根的横切面；（b）内皮层细胞的立体图解

图片来源：周云龙 . 植物生物学［M］. 北京：高等教育出版社，2000

的中柱还有由薄壁细胞组成的髓。

　　1）中柱鞘。位于维管柱的最外层，通常由一层薄壁细胞组成，有些植物的中柱鞘也可由几层细胞组成。中柱鞘细胞个体较大，排列紧密，但其分化水平低，具有潜在的分裂能力，侧根、定根、根上的不定芽、维管形成层的一部分及木栓形成层等均起源于此。

　　2）维管束。包括初生木质部和初生韧皮部两部分，两者相间排列，中间有薄壁细胞相隔。具有次生长的植物，这些薄壁组织可转化为形成层；没有次生长的植物，这些薄壁组织的细胞壁常常加厚。

　　初生木质部位于根的中央，在横切面上呈星芒状或放射状，其尖端称为辐射角（图 4-6）。初生木质部的束数因植物而异，在同种植物根中相对稳定，一般双子叶植物束数少，多为 2～7 束。单子叶植物至少 6 束，常为多束。但同种植物的不同品种或同一株植物的不同根上，可出现不同束数的木质部。初生木质部的细胞组成比较简单，主要是导管和管胞，其主要功能是疏导水分和无机盐。

　　初生韧皮部位于初生木质部束之间，束数与初生木质部相同。其分化成熟的发育方式也是外始式，即原生韧皮部在外，后生韧皮部在内。初生韧皮部主要由筛管和伴胞组成，其主要功能是输导有机物。在初生木质部与初生韧皮部之间有一层或多层薄壁细胞。在双子叶植物根中，这部分细胞可以进一步转化为维管形成层的一部分，由此产生次生结构。

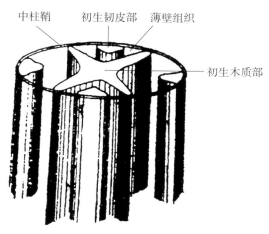

中柱鞘　　初生韧皮部　　薄壁组织

初生木质部

图 4-6　根的维管柱初生结构

图片来源：贾东坡 . 植物与植物生理［M］. 重庆：重庆大学出版社，2019

4.2.2　根的次生长和次生结构

　　大多数单子叶植物和少数草本双子叶植物的根只形成初生结构并一直保持到植物死亡。而大多数双子叶植物和裸子植物的根，不仅有伸长生长产生的初生结构，而且还有增粗生长产生的次生结构。增粗生长即次生生长，是由次生分生组织——维管形成层和木栓形成层的活动产生的。

4.2.2.1 维管形成层的发生和活动

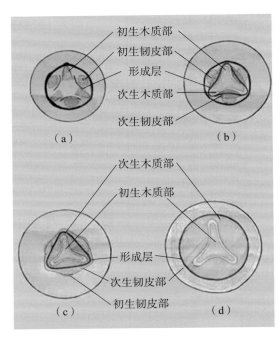

图4-7 根的发育模式图
（a）根的初生结构；（b）形成层与中柱鞘相连；
（c）维管形成层基本形成；（d）根的次生结构
图片来源：https://image.baidu.com/

形成层由两个部位发生：主要部分由初生木质部与初生韧皮部之间的薄壁细胞转变而成，次要部分由正对初生木质部的中柱鞘细胞恢复分裂形成。两个部位的各个形成层片段各自向两侧扩展直至相连，使维管形成层连成一个环，初生木质部位于形成层内，初生韧皮部位于形成层外。维管形成层继续扩展活动，不断进行切向分裂，向内产生的细胞分化为新的木质部，位于初生木质部的外侧，称为次生木质部，包括导管、管胞、木薄壁细胞和木纤维；向外产生的细胞分化为新的韧皮部，位于初生韧皮部的内侧，称为次生韧皮部，包括筛管、伴胞、韧皮纤维及韧皮薄壁细胞（图4-7）。

被子植物的木质部主要由导管、管胞、木纤维及木薄壁细胞组成，韧皮部主要由筛管、伴胞、韧皮纤维及韧皮薄壁细胞组成。裸子植物的木质部只有管胞，韧皮部只有筛胞。木质部和韧皮部在植物体中组成维管柱，是水分和养料上下运输的主要通道，也是植物体的主要机械支柱。

4.2.2.2 木栓形成层的发生和周皮的形成

由于形成层的分裂活动，使根不断增粗。中柱以外的成熟组织（皮层和表皮）因内部组织的增加而受压并遭破坏。这时，伴随发生的是根的中柱鞘细胞恢复分裂的能力，形成木栓形成层。木栓形成层也进行切向分裂，主要向外分裂产生木栓层，向内形成少量薄壁组织，即栓内层。木栓层、木栓形成层和栓内层总称为周皮（图4-8）。木栓层由多层木栓细胞组成，细胞排列紧密整齐，呈径向排列。细胞成熟后，细胞壁栓质化，细胞内原生质体解体，死亡后的细胞腔内充满空气。这种不透水、不透气的组织代替外皮层而起保护作用。当木栓层形成后，木栓层外围的组织由于营养被隔断而死亡。死亡组织由于土壤微生物的作用逐渐剥落。

在多年生植物的根中，木栓形成层不像形成层那样终生存在，而是每年重新形成。其位置是在原有木栓形成层内，并逐渐向内推移，最终可由次生韧皮部中的部分薄壁细胞发生。上述由形成层活动产生的次生维管组织，包括次生木质部和次生韧皮部，加上由木栓形成层活动产生的周皮，统称为次生结构（图4-9）。次生结构是次生生长——加粗生长的产物，只有具有次生分生组织——形成层的植物才具有次生生长和次生结构。

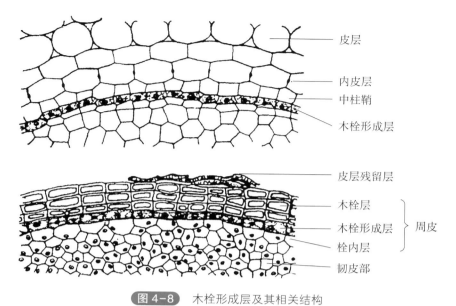

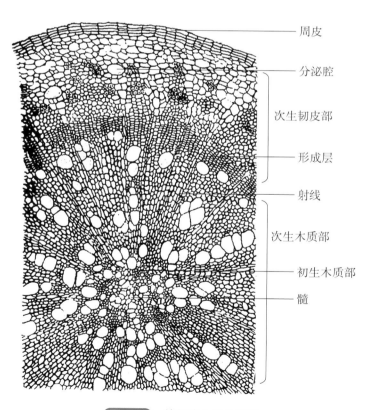

图 4-9　棉根次生结构图解

4.3　根的功能

根是植物长期演化过程中适应陆地生活而发展起来的器官。根生长在土壤中，具有吸收、固定、合成、储藏和繁殖等生理功能。

4.3.1　吸收和输导

植物体内所需要的物质，除一部分由叶或幼嫩的茎可自空气中吸收外，绝大部分是由根从土壤中获得的。根吸收土壤中的水分和溶解在水中的 CO_2、无机盐等。水是细胞原生质的重要组成成分，是制造有机物的原料，CO_2 是光合作用的重要原料，除靠叶从空气中吸收外，根也从土壤中吸收溶解状态的 CO_2 或碳酸盐，供植物光合作用利用。无机盐是植物生活中不可缺少的，其中氮、磷、钾是植物需要量最大的无机盐离子，土壤中的无机盐都是在水解后呈离子状态被根吸收的。土壤中的水分和无机盐通过根毛和表皮细胞吸收之后，经过根的维管组织输送到茎、叶，叶合成的有机养料经过茎输送到根，再通过根的维管组织输送到根的各部分，以维持根的正常生长。

4.3.2　固定和支持作用

植物的地上部分之所以能够稳固地直立，主要是因为根在土壤中具有固定和支持作用。一般而言，植物的树冠和地下根系所占的范围大致相同。植物的主根多次分枝，深入土壤形成庞大的根系，把植物体固定在土壤中，使茎叶挺立于地表之上，并能经受风雨、冰雪以及其他机械力量的冲击。

4.3.3　储藏和繁殖作用

根内的皮层薄壁组织一般比较发达，常常作为物质储藏的场所。叶制成的有机养料，除了一部分被利用消耗外，其余的就运输到根部，在其内储存起来。储存的形式，有的形成淀粉，有的形成糖分，有的形成生物碱，等等。有些植物的变态根特别发达，成了专门储藏营养物质的器官，即为"储藏根"，如大丽花、萝卜等。许多植物的根能产生不定芽，然后由不定芽长成新的植物体，因此这些植物的根有繁殖作用。在营养繁殖中，人们常常利用植物的根进行扦插繁殖，如泡桐、樟树、刺槐、枣树等。

4.3.4　合成和分泌作用

根不仅是吸收水分和无机盐的器官，也是一个重要的合成和分泌器官。它所吸收的物质通过根细胞的代谢作用，合成氨基酸、蛋白质等有机氮和有机磷化合物，供给植物代谢活动的需要。大量研究证明，根能合成糖类、有机酸、激素和生物碱，这些物质的形成对植物地上部分及根的生长有重要作用。

4.4　根瘤与菌根

　　高等植物的根中常有一些共同生活的微生物。这些微生物从根的组织内取得可供它们生活的营养物质，而植物也由于微生物的作用，获得它所需的营养物质。这种植物和微生物双方互利的关系称为共生。高等植物与微生物的共生现象，通常有两种类型，即根瘤与菌根。

4.4.1　根瘤及其意义

　　在豆科植物的根上，常常生存着各种形状的瘤状突起物，称为根瘤。根瘤是土壤中的根瘤菌侵入根部细胞而形成的瘤状共生结构。根瘤菌自根毛侵入，存在于根的皮层薄壁细胞中，一方面在皮层细胞内大量繁殖，另一方面通过其分泌物刺激皮层细胞迅速分裂，产生大量的新细胞，结果使该部分皮层的体积膨大，向外突出而形成根瘤（图4-10、图4-11）。

　　根瘤的作用主要有两个方面：一是根瘤菌的细胞内含有固氮酶，能把空气中游离的氮转变为可以被植物吸收的含氮化合物，因此具有固氮作用。当根瘤菌和豆科植物共生时，根瘤菌可以从根的皮层细胞中吸取其生长所需要的水分和养料，同时也将固定的氮素供给豆科植物利用。二是根瘤菌固定的一部分含氮化合物还可以从豆科植物的根分泌到土壤中，为其他植物提供氮元素。可见，这种共生效益还可以增加土壤中的氮肥，因此在农、林生产中，常

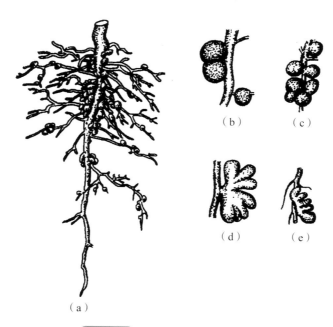

（b）　　　　（c）

（d）　　　　（e）

（a）

图4-10　几种豆科植物的根瘤

（a）具有根瘤的大豆根系；（b）大豆的根瘤；（c）蚕豆的根瘤；（d）豌豆的根瘤；（e）紫云英的根瘤

图片来源：贾东坡.植物与植物生理［M］.重庆：重庆大学出版社，2019

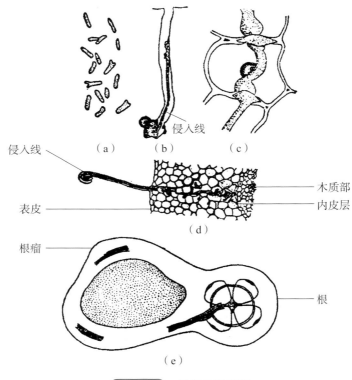

图 4-11　根瘤与根瘤菌

（a）根瘤；（b）根瘤菌侵入根毛；（c）根瘤菌侵入皮层细胞；（d）根横切面的一部分，示根瘤菌进入根内；（e）蚕豆根通过根瘤的切面

图片来源：贾东坡.植物与植物生理［M］.重庆：重庆大学出版社，2019

栽种豆科植物作为绿肥，以达到增产的效果。除豆科植物外，现已发现自然界有 100 多种非豆科植物也能形成能固氮的根瘤或叶瘤，如桦木科、木麻黄科、蔷薇科、胡颓子科、禾本科的许多植物以及裸子植物的苏铁、罗汉松等。目前，利用遗传工程的手段使谷类作物和牧草等植物具备固氮能力，已成为世界性的研究课题。

4.4.2　菌根及其意义

高等植物的根除了与根瘤细菌共生外，还可以与土壤中的某些真菌共生，形成菌根。根据真菌的菌丝在根中存在的部位不同，菌根可分为外生菌根、内生菌根和内外生菌根三种类型。

4.4.2.1　外生菌根

与根共生的真菌菌丝大部分包被在植物幼根的表面，形成白色丝状物覆盖层，只有少数菌丝侵入根的表皮和皮层的细胞间隙中，但不侵入细胞内。菌丝代替了根毛的功能，增加了根系的吸收面积。因此，具有外生菌根的根，根毛不发达，有些甚至完全消失；根尖变粗或成二叉分枝。外生菌根多见于木本植物的根，如马尾松、油松、冷杉、白杨等树种都能形成外生菌根。

4.4.2.2　内生菌根

真菌的菌丝穿过细胞壁，进入幼根的生活细胞内。在显微镜下，可以看到表皮细胞和皮层细胞内散布着菌丝。具有内生菌丝的根尖仍具根毛，很多草本植物如禾本科、兰科和部分木本植物如银杏、侧柏、五角枫、杜鹃、胡桃、桑等植物可形成内生菌根。

4.4.2.3　内外生菌根

它是外生菌根和内生菌根的混合型，即真菌的菌丝不仅从外面包被根尖，而且还深入皮层细胞间隙和细胞内部。如桦木属、柳属、苹果、草莓等植物都具有内外生菌根。

第 5 章
茎的形态、结构与功能

5.1 茎的形态

5.1.1 茎的基本形态

种子植物茎的外形多呈圆柱形，也有少数植物的茎呈其他形状，如莎草科植物的茎呈三棱形，薄荷、一串红等植物的茎呈方形，昙花、仙人掌的茎呈扁平形等。

枝条上着生叶的部位称为节，相邻两节之间的无叶部分称为节间。这些形态特征可以与根相区别：根没有节和节间之分，其上也不着生叶和芽。

茎上节的明显程度，各种植物不同。例如，玉米、小麦、竹等禾本科植物和蓼科植物，节膨大成一圈，非常明显。也有少数植物，例如，佛肚竹、藕等，节间膨大而节缩小。一般植物只是叶柄着生的部位稍微膨大，节并不明显。节间的长短往往随植物的种类、部位、生育期和生长条件不同而有差异。例如，玉米、甘蔗等植株中部的节间较长，茎端的节间较短；水稻、小麦、萝卜、甜菜、油菜等在幼苗期，各节密集于基部，使其上着生的叶如丛生状或成为"莲座叶"，抽穗或抽薹后，节间才伸长。

苹果、梨、银杏等果树的植株上有两种节间长短不一的枝条——长枝与短枝。枝条节与节之间距离较长的称为长枝，节与节之间距离很短的称为短枝。短枝是开花结果的枝条，故又称为花枝或果枝（图 5-1）。苹果、梨长枝上多着生枝芽，称为营养枝。在果树栽培上常采取一些措施

图 5-1 长枝与短枝

（a）银杏的长枝；（b）银杏的短枝；（c）苹果的长枝；（d）苹果的短枝

图片来源：贾东坡.植物与植物生理［M］.重庆：重庆大学出版社，2019

来调控果枝的生长发育，以达到高产、稳产的目的。在木本植物枝条节间的表面往往可以看到一些稍稍隆起的顶芽瘢痕状结构，称为皮孔，这是枝条内部组织与外界进行气体交换的通道。皮孔常因枝条不断加粗而胀破，因此通常在老茎上看不到皮孔。

　　木本植物的枝条，其叶片脱落后留下的痕迹，称为叶痕。叶痕中的点状突起是枝条与叶柄间维管束断离后留下的痕迹，称为维管束痕或叶迹（图 5-2）。花枝或一些植物的小营养枝脱落后留下的痕迹称为枝痕。枝条上，顶芽开放后留下的痕迹称为芽鳞痕，这是由鳞芽在生长季节展开、生长时，其芽鳞片脱落后形成的。顶芽开放后抽出的新枝上又生有顶芽。在温带、寒温带，顶芽每年春季开放一次就形成一个芽鳞痕，因此根据芽鳞痕的数目和相邻芽鳞痕的距离，可以判断枝条的生长年龄和生长速度。

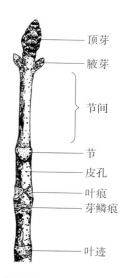

图 5-2　枝条的形态

图片来源：周云龙．植物生物学［M］．北京：高等教育出版社，2000

5.1.2　芽及其类型

　　以枝芽为例，说明芽的一般结构（图 5-3）。把枝芽作一个纵切，从上到下可以看到生长锥、叶原基、幼叶、腋芽原基和芽轴等部分。生长锥是芽中央的顶端分生组织；叶原基是分布在近生长点下部周围的一些小突起，以后发育为叶。由于芽的逐渐生长和分化，叶原基越向下者发育越早，较下面的已长成为幼叶，包围茎尖。叶腋内的小突起是腋芽原基，将来形成腋芽，进而发育为侧枝，它相当于一个更小的枝芽。在枝芽内，生长锥、叶原基、幼叶等部分着生的中央轴，称为芽轴。芽轴实际上是节间没有伸长的短缩茎。随着芽进一步生长，节间伸长，幼叶长大展开，便形成枝条。如果是花芽，其顶端的周围产生花各组成部分的原始体或花序的原始体。花芽中，没有叶原基和腋芽原基，顶端也不能进行无限生长。在有些木本植物中，无论是枝芽或花芽，都有芽鳞包在外面。

　　按照芽的着生位置、芽发育后形成的器官、结构和生理状态等标准，可将芽分为以下几种类型。

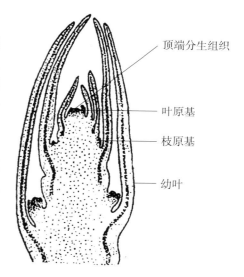

图 5-3　枝芽的纵切面

图片来源：贾东坡．植物与植物生理［M］．重庆：重庆大学出版社，2019

5.1.2.1　按位置分类

　　根据芽的着生位置将芽分为定芽和不定芽。

（1）定芽

　　定芽是指有固定的着生位置的芽，分为顶芽和腋芽。生长在主干或侧枝顶端的称为顶芽，每个枝条只有一个顶芽。着生在枝条叶腋间的称为腋芽，腋芽因生在枝的侧面，也称侧芽。大多数植物的叶腋内通常只有一个腋芽，但有些植物的叶腋内可生长 2 个或 3 个腋芽，一般将靠近叶柄基部中间的一个芽称为腋芽，其他的芽称为副芽，如洋槐和紫穗槐有一个副芽，而桃和皂荚有两个副芽。此外，有些植物的芽生在叶柄基部被叶柄覆盖，叶落之后才露出芽来，这种芽称为柄下芽，如悬铃木、火炬树等。

（2）不定芽

不定芽是在老根、茎、叶上，特别是从创伤部位产生的芽，因它们没有固定的着生部位，故称为不定。如桑、悬铃木的茎，番薯块根，落地生根；海棠的叶能产生不定芽。人们常用植物能产生不定芽的特性进行营养繁殖。

5.1.2.2　按芽发育后形成的器官分类

根据芽发育后形成的不同器官将芽分为叶芽、花芽和混合芽。

（1）叶芽：发育后形成营养枝的芽称为叶芽。

（2）花芽：发育后形成花或花序的芽称为花芽，如玉兰的顶芽、含笑的腋芽、桃的芽。

（3）混合芽：发育后形成基部带叶、上部开花的小枝的芽称为混合芽，如樱花、垂丝海棠都是由混合芽开花的。

在同一植株上，花芽和混合芽通常比较肥大，而叶芽比较瘦小，上部为叶芽，下部为花芽。

5.1.2.3　按结构分类

根据芽的结构不同将芽分为裸芽和鳞芽。

（1）裸芽：芽的外面只有幼叶包裹，而没有芽鳞片保护的芽称为裸芽，常见于热带亚热带植物，如荔枝、木绣球、山核桃、枫杨、番木瓜等植物都有裸芽。

（2）鳞芽：芽的外面被芽鳞片（属一种变态叶）保护的芽称为鳞芽。许多温带的木本植物都具有鳞芽，如山茶、槐树等都有鳞芽。鳞芽的芽鳞片可以减少芽的水分蒸腾，还可以避免冻害和动物的侵害。

5.1.2.4　按生理状态分类

根据芽是否在当年或翌年萌发将芽分为活动芽和休眠芽。

（1）活动芽：在当年生长季可以开放形成新枝、花或花序的芽称为活动芽，一般一年生草本植物的芽都是活动芽。

（2）休眠芽：在生长季不生长、不萌发，保持休眠状态的芽称为休眠芽。休眠芽可以在顶芽受损而生长受阻后开始发育，也可能在植物的一生中都保持休眠状态。多年生的植物，通常只顶芽和顶芽附近的侧芽开放为活动芽，而下部的叶芽平时不活动，始终以休眠芽的形式存在。

5.1.3　茎的分枝方式

茎通常是由种子萌发所形成的地上部分。主茎是由胚芽发育来的，以后由主茎上的腋芽形成侧枝，侧枝上形成的顶芽和腋芽又继续生长，最后形成庞大的分枝系统。植物的顶芽和侧芽存在着一定的生长相关性：当顶芽活跃生长时，侧芽的生长则受到一定的抑制；如果顶芽因某些原因而停止生长，侧芽就会迅速生长。由于上述关系，以及植物的遗传特征，每种植物常常具有一定的分枝方式，这是植物的基本特性之一，也是植物生长的普遍现象（棕榈科植物通常不分枝）。植物常见的分枝方式有单轴分枝、合轴分枝、假二叉分枝（图 5-4）。

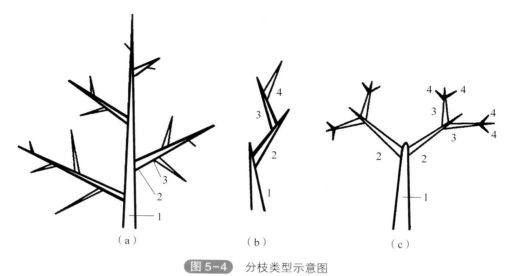

图 5-4　分枝类型示意图

（a）单轴分枝；（b）合轴分枝；（c）假二叉分枝（同级分枝以相同的数字表示）

图片来源：徐汉卿.植物学［M］.北京：高等教育出版社，1999

5.1.3.1　单轴分枝

又称总状分枝，具有明显的顶端优势。从幼苗开始，主茎的顶芽活动始终占优势，可持续一生，因而形成一个直立而粗壮的主轴，而侧枝则较不发达。以后侧枝又以同样方式形成次级分枝，但各级侧枝的生长均不如主茎的发达。这种分枝方式，主轴生长迅速而明显，称为单轴分枝。这种分枝出材率最高。松柏类、杨、桦、银杏、山毛榉等森林植物的分枝方式均是单轴分枝。栽培时要注意保持其顶端优势，以提高木材的产量和质量。

5.1.3.2　合轴分枝

这种分枝的特点是主干或侧枝的顶芽经过一段时间生长以后，停止生长或分化成花芽，由靠近顶芽的腋芽代替顶芽，发育成新枝，继续主干的生长。经过一段时间，新枝的顶芽又同样停止生长，依次为下部的腋芽所代替而向上生长，因此，这种分枝其主干或侧枝均由每年形成的新侧枝相继接替而成。在年幼的枝条上，可看到接替的曲折情况，而较老的枝条上则不明显。如榆、柳、槭、核桃、苹果、梨等，大多数被子植物都是合轴分枝。合轴分枝的主轴，实际上是一段很短的枝与其各级侧枝分段连接而成，因此呈曲折形状，节间很短，而花芽往往较多。树冠呈开展状态，更利于通风透光，合轴分枝是一种进化的性状。有些植物，在同一植株上有两种不同的分枝方式，如玉兰、木莲、棉花，既有单轴分枝，又有合轴分枝。有些树木，在苗期为单轴分枝，生长到一定时期变为合轴分枝。

5.1.3.3 假二叉分枝

假二叉分枝是合轴分枝的一种特殊形式。具有对生叶的植物，当顶芽停止生长后，或顶芽为花芽开花后，由顶芽下的两侧腋芽同时发育成叉状的侧枝，这种分枝方式称为假二叉分枝，如泡桐、丁香、梓树、接骨木、石竹、茉莉、槲寄生等。植物的合理分枝，使其地上部分在空间协调分布，以提高充分利用周围环境中物质的能力。各种植物特有的分枝规律常常反映了植物在进化中的适应。单轴分枝在裸子植物中占优势，而合轴分枝和假二叉分枝却是被子植物主要的分枝方式，是一种进化的性状，由于顶芽停止活动（死亡、开花、形成花序、变成茎卷须或茎刺等），促进了大量侧芽的生长，从而使地上部分有更大的开阔性，为枝繁叶茂、扩大光合面积提供了有利条件，因此被称为丰产的分枝形式。

5.1.4 茎的种类

不同植物的茎在长期的进化过程中为适应不同的环境条件形成了各自的生长习性。因生长习性的不同，茎可以分为直立茎、缠绕茎、攀缘茎和匍匐茎四类。

5.1.4.1 直立茎

直立茎的茎背地性生长，直立。大多数植物的茎都是此类，如樟、槐、木芙蓉、连翘、石竹、凤仙花等的茎。

5.1.4.2 缠绕茎

缠绕茎较柔软，不能直立，以茎本身缠绕他物上升，如牵牛、紫藤、忍冬、何首乌等的茎。

5.1.4.3 攀缘茎

攀缘茎细长、柔弱，不能直立，常发育出特有的结构攀缘他物上升，如葡萄、黄瓜、南瓜、豌豆、大巢菜等以卷须攀缘他物上升；木香花以钩刺，爬山虎以卷须顶端的吸盘，常春藤、薜荔以气生根攀缘他物上升。

有缠绕茎和攀缘茎的植物，统称为藤本植物。缠绕茎和攀缘茎都有草本和木本之分，因此藤本植物也分为草本和木本，前者如牵牛、南瓜、豌豆等，后者如葡萄、紫藤、忍冬等。

有些植物的茎同时具有攀缘和缠绕的特性，如葎草既以茎本身缠绕他物，同时又钩刺附于他物之上。

5.1.4.4 匍匐茎

匍匐茎是平卧在地上蔓延生长的茎，如草莓、甘薯等的茎。这种茎一般节间较长，节上生有不定根，其上的芽会生长成新植株。

5.2　茎的结构

5.2.1　叶芽的结构

　　植物的枝条（包括草本植物茎的分支）是由叶芽发育而来的，叶芽是枝条的原始体。取一个具有芽鳞的越冬叶芽，剥去芽鳞，然后通过芽的中心作纵切面观察，可以看到芽中央有一个中轴，整个芽被许多发育程度不同的幼叶包围着。近基部的幼叶发育最早，所以较长、较大；愈近先端的发育愈迟，因此也最小。在中轴的顶端，有圆锥形的生长锥，在它下侧的小突起，称为叶原基，以后发育成幼叶。在幼叶的叶腋间也有小突起，是腋芽原始体，称为腋芽原基，以后发育为腋芽（侧芽）。腋芽原基通常在第二或第三个幼叶发生后才形成（图5-3）。从叶芽的结构可以看出，叶芽是枝条的雏形。在叶芽中，幼叶与腋芽原基已经形成，当生长锥继续生长分化，就成为带叶的枝条。

5.2.1.1　茎尖的分区

　　当叶芽萌发伸长时，通过茎尖作纵切面观察，可以看到由芽的顶端至基部，可分为细胞分裂区（分生区）、伸长区及成熟区三部分（图5-5）。

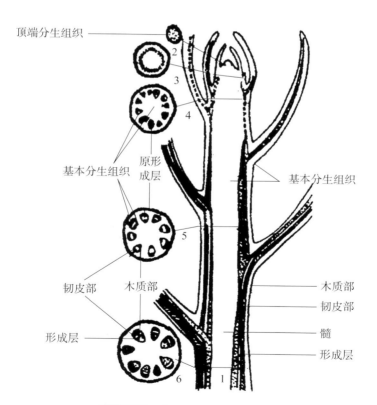

图 5-5　茎尖各区的大致结构

1—茎尖（全图）；2—分生区；3、4—伸长区；5、6—成熟区

图片来源：贾东坡. 植物与植物生理［M］. 重庆：重庆大学出版社，2019

（1）分生区

位于茎的顶端，与根尖分生区相似，即茎尖的生长锥也由顶端分生组织构成。其被叶原基、芽原基和幼叶包围。它的最主要特点是细胞具有强大的分裂能力，茎的各种组织均由此分裂而来，茎上的侧生器官也是由茎尖分生组织产生。

（2）伸长区

位于分生区的下方。茎尖的伸长区较长，可以包括几个节和节间。该区的特点是细胞迅速伸长，是使茎伸长生长的主要部分。同时，初生分生组织开始形成初生结构，如表皮、皮层、髓和维管束。因此伸长区可视为顶端分生组织发展为成熟组织的过渡区域。单子叶植物的茎，除了茎尖的伸长区以外，在每一节间的基部都存在居间分生组织。这些细胞有正常分生组织的特征，具有细胞分裂和细胞伸长的能力。促使居间分生组织分裂活动的细胞分裂素来自茎尖的叶，如果切去茎尖，居间分生组织就会停止生长。

（3）成熟区

位于伸长区下方，其特点是细胞伸长生长停止，各种成熟组织的分化基本完成，已形成幼茎的初生结构。在生长季节里，茎尖的顶端分生组织不断分裂（在分生区内）、伸长生长（在伸长区内）和分化（在成熟区内），结果使节数增加、节间伸长，同时产生新的叶原基和腋芽原基。

5.2.2 双子叶植物茎的结构

5.2.2.1 双子叶植物茎的初生结构

将双子叶植物茎的成熟区横切，观察其内部结构可以看到，茎分为表皮、皮层和中柱三个部分。这些结构是由茎尖生长锥的原分生组织衍生的初生分生组织直接分裂和分化而产生的，所以称为初生结构（图5-6、图5-7）。

（1）表皮

表皮是茎外表的初生保护组织，其最显著特征是细胞外壁角质化，并形成角质层。表皮是幼茎最外面的一层活细胞，是初生保护组织。细胞呈砖形，排列整齐而紧密，不含叶绿体，外壁常角质化或附有蜡层或表皮毛。表皮上分布少量的气孔。

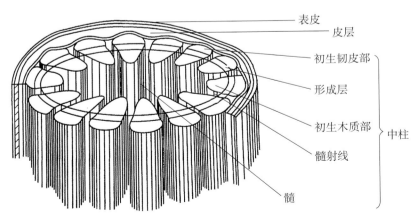

图5-6 双子叶植物茎的初生结构立体图

图片来源：周云龙.植物生物学［M］.北京：高等教育出版社，2000

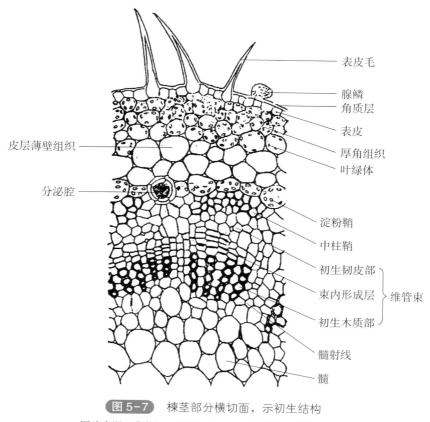

表皮毛

腺鳞
角质层
表皮

皮层薄壁组织

厚角组织
叶绿体

分泌腔

淀粉鞘

中柱鞘

初生韧皮部
束内形成层　维管束
初生木质部

髓射线

髓

图 5-7　楝茎部分横切面，示初生结构

图片来源：曹慧娟.植物学［M］.中国林业出版社，1992

（2）皮层

皮层位于表皮内方，由厚角组织和皮层薄壁组织构成，有些植物茎的皮层最内一层薄壁细胞常含有丰富的淀粉粒，称为淀粉鞘。厚角组织及近外侧的薄壁细胞常含有叶绿体，故幼茎常呈绿色。皮层具有光合作用和贮藏作用，并可产生木栓形成层。很多被子植物茎的皮层一般无内皮层分化，即最内一层细胞不像根的内皮层细胞具有特殊增厚（凯氏带）。

（3）中柱

皮层以内所有的组织称为中柱，包括维管束、髓和髓射线等。被子植物茎的初生结构中通常没有中柱鞘结构，中柱也常被称为维管柱。

1）维管束。维管束是中柱内最重要的部分，由初生韧皮部、束内形成层和初生木质部组成。维管束在茎内成独立的束状并排列成一圈。一般初生韧皮部位于维管束外侧，由筛管、伴胞、韧皮纤维和韧皮薄壁细胞组成。初生木质部位于维管束内侧，由导管、管胞、木薄壁细胞和木纤维组成。束内形成层位于初生韧皮部与初生木质部之间，为具有分裂能力的分生组织，是次生生长的基础。维管束起输导和支持作用。

2）髓。髓位于幼茎中央，由薄壁组织组成，通常储藏各种物质，如淀粉、晶体或单宁等。有些植物的髓发育成厚壁细胞（如栓皮栎）或石细胞（如樟树）；有些植物的髓在发育时破裂，致使节间中空（如连翘）或成薄片状（如胡桃、枫杨）。椴树属的髓部外围细胞小而壁厚，与内侧的细胞差异很大，特称为髓鞘。

3）髓射线。维管束之间的薄壁组织称为髓射线。它位于皮层和髓之间，在横切面上呈放射状，外连皮层内通髓，有横向运输的作用，同时也是茎内储藏营养物质的组织。大多数的木本植物，由于维管束排列相互较近，因而髓射线很窄，仅为1行或2行薄壁细胞，而双子叶草本植物则有较宽的髓射线。木本植物的髓射线可随着茎的增粗而增长。

5.2.2.2　茎的次生结构

草本双子叶植物由于生长期短，维管束中的形成层活动较少，因此只有初生结构或仅有少量的次生结构。而木本植物的茎，除产生初生结构外，还由形成层和木栓形成层进行活动，产生次生结构。

（1）形成层的产生与活动

茎的初生结构形成后，束内形成层开始分裂增生新细胞。此时，各维管束之间与束内形成层相连接的那部分髓射线细胞也恢复分生能力，由薄壁细胞转变为分生组织，形成束间形成层，与束内形成层相连接而成为形成层环。形成层的分裂活动与根的相同，向外产生次生韧皮部，向内产生次生木质部（图5-8）。

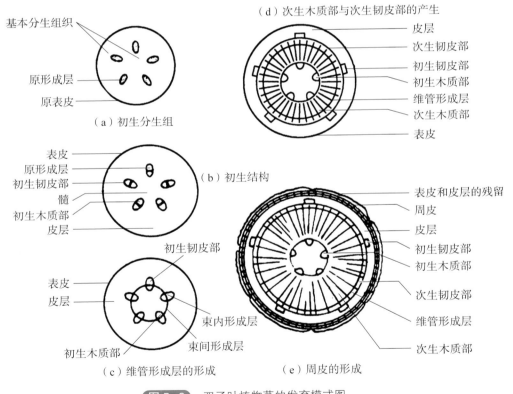

图5-8　双子叶植物茎的发育模式图

图片来源：周云龙.植物生物学［M］.北京：高等教育出版社，2000

（2）木栓形成层的产生与树皮的形成

木本双子叶植物因形成层的活动，使茎不断加粗，原有的表皮被破坏，失去了保护作用。与此同时，由茎的表皮或皮层的一部分细胞恢复分生能力，形成次生分生组织，即木栓形成层。其分裂活动与根一样，产生周皮并形成皮孔（图5-9）。

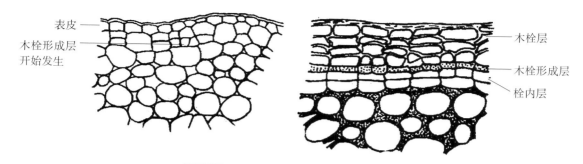

表皮
木栓形成层开始发生
木栓层
木栓形成层
栓内层

图 5-9　木栓形成层的产生及周皮的形成

图片来源：周云龙.植物生物学［M］.北京：高等教育出版社，2000

5.2.2.3　木材的结构

木本植物由于形成层的活动，不断产生次生木质部，也就是木材（图 5-10）。

（1）年轮

在木材的横切面上，可以看到若干个同心的圆环，称为年轮。每一个同心轮纹是木本茎在一年中形成的木质部。年轮的形成是因为形成层的活动受季候的影响，春夏季所生木质部色淡而宽厚，细胞大，壁薄，称春材（早材）；夏末至秋季所生木质部则色深而狭窄，细胞小，壁厚，称秋材（晚材）。当年早材与晚材是逐渐过渡的，但经过冬季休眠，在前一年的晚材和当年的早材之间形成明显分界，出现轮纹。年轮线只指当年早材与上年晚材之间的分明界线。根据树干基部的年轮数，可推测树木年龄。年轮的宽度易受外界环境影响，因气候、虫害或其他因素的扰动，一年内可产生若干假年轮。热带乔木常终年生长，多不具明显的年轮。

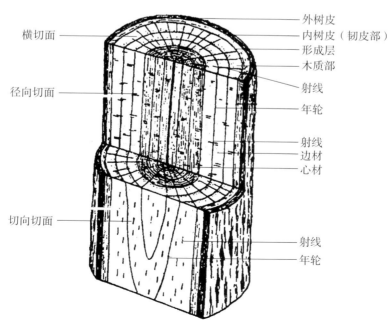

横切面
径向切面
切向切面
外树皮
内树皮（韧皮部）
形成层
木质部
射线
年轮
射线
边材
心材
射线
年轮

图 5-10　木材的三种切面（示边材和心材）

图片来源：贾东坡.植物与植物生理［M］.重庆：重庆大学出版社，2019

（2）心材与边材

在木材的横切面上，可看到树干外缘木材色泽较浅，称为边材；中心木材色泽较深，称为心材。边材是具有生理活动功能的次生木质部，薄壁细胞是活细胞，导管和管胞有输导功能，无侵填物质，所以颜色较浅。心材是茎中内形成较早、年龄较老的木质部（包括初生木质部及部分次生木质部）和髓，薄壁细胞已经死亡，导管和管胞为侵填体所堵塞，失去运输功能，细胞被单宁、树脂及色素所填充，因此颜色较深，木材较坚重，耐腐性加强，故心材的材质比边材好。

（3）木射线

在木材的横切面上，有许多从中心向四周放射排列的条纹，称为木射线。它是横向运输的通道。木射线的宽度因树的种类不同而异，其宽窄直接影响到木材的质量。一般木射线宽的植物速生，木质较脆弱，木材干燥后沿木射线开裂。木射线窄的植物生长慢，材质硬，干燥后木材不开裂，使用价值高。

5.2.3　单子叶植物茎结构的特点

单子叶植物茎尖的结构与双子叶植物茎尖的结构是相同的，但对于发育成熟的茎，结构又有所区别。

单子叶植物茎内一般只有初生构造而没有次生构造。其维管束内无形成层，属于有限维管束。茎的增粗大多是依靠细胞体积的增大来实现的，如毛竹的粗细在笋期已经定型了。有少数单子叶植物也能产生次生组织使茎增粗，如棕榈、丝兰等。但它们的增粗方式与双子叶木本植物完全不一样，是在茎外侧的基本组织中产生一圈次生分生组织（活动期很有限），向外产生少量薄壁组织细胞，向内产生一圈基本组织，在这一圈组织中，有一部分细胞分化成次生维管束，这些次生维管束也是散生的，从而使茎增粗，但这种增粗很有限。

单子叶植物茎内维管束的数目很多，散生在茎的基本组织中，在横切面上，靠近外侧的维管束较小，分布较密。越靠近内侧，维管束越大，分布越稀。每个维管束都有维管束鞘。

单子叶植物茎的伸长生长，除了依靠茎尖的分生组织以外，在节基部的居间分生组织也能使茎伸长生长，因而茎伸长速度较快。

多数单子叶植物茎的皮层与髓的界线不明显，而禾本科的大多数植物的茎中，髓细胞消失，形成髓腔，使茎节间中空。

5.2.4　裸子植物茎的结构特点

裸子植物都是木本植物。裸子植物茎的结构与木本双子叶植物茎的结构很相似，均有发达的次生结构，具有形成层和木栓形成层以及由它们分裂形成的次生木质部、次生韧皮部和周皮等。但是，裸子植物茎的结构又不完全相同于双子叶木本植物茎的结构，而有自己的特点。裸子植物茎的结构有以下特点：

木质部中无导管和木纤维，木薄壁细胞也很少。整个木质部主要由管胞组成。管胞既是裸子植物的输导组织，又是其机械组织。

韧皮部主要由筛胞和薄壁细胞组成，没有筛管和伴胞，韧皮薄壁组织不多，韧皮纤维很少或没有。

大多数裸子植物具有树脂道。树脂道是一种由一层或多层上皮细胞包围而形成的长管构成。上皮细胞能分泌树脂，送入树脂道，然后再由树脂道输送出去。树脂道有纵行的和横行的。树脂有堵塞伤口、防寒及防止病虫害的作用。树脂又是重要的医药和工业原料。

5.3　茎的功能

茎是植物的营养器官之一，其生理功能主要是支持和输导。有些植物的茎部分或全部特化为变态器官，从而具有繁殖、攀缘、保护等特殊功能。

5.3.1　支持作用

大多数被子植物的主茎直立生长于地面，分生出许多大小不同的枝条，并着生数目繁多的叶，主茎和枝统称为茎。茎支持植株上分布的叶、花和果实，使它们彼此镶嵌分布，更利于光合作用和果实、种子的发育与传播。

5.3.2　输导作用

茎是植物体内物质运输的主要通道。茎能将根系从土壤中吸收的水分、矿质元素以及在根中合成或储藏的有机营养物质输送到地上的各部分，同时又将叶光合作用所制造的有机物质输送到根、花、果、种子等部位加以利用或储藏。

5.3.3　储藏和繁殖作用

有些植物的茎还有储藏和繁殖的功能，二年生、多年生植物，其储藏物成为休眠芽于春季萌动的营养物质。农林生产上常根据某些植物的茎、枝容易产生不定根和不定芽的特性，采用扦插、压条、嫁接等方法来繁殖植物。

另外，绿色幼茎、绿色扁平的变态茎，还能进行光合作用；有的植物茎具有攀缘、缠绕功能；有的还具有保护功能。茎在经济上的利用价值是多方面的，除提供木材外，还有可供食用的，如马铃薯、莴笋、甘蔗、甘蓝等；可供药用的，如天麻、杜仲、金鸡纳树等；作为重要工业原料的纤维、橡胶等也是由植物茎提供的。随着对茎研究的不断深入，还将会有更多的经济价值被开发、利用。

第6章
叶的形态、结构与功能

6.1　叶的形态

6.1.1　叶的组成

植物的叶一般由叶片、叶柄和托叶三部分组成（图6-1）。叶片是叶的重要组成部分，大多数呈绿色扁平体，也有少数为针状或管状，如马尾松、洋葱和大葱。还有少数的叶变态成刺状，如仙人掌。叶柄是细长的柄状部分，上端与叶片相接，下端与枝相连。托叶是叶柄基部的附属物，常成对而生。托叶的种类很多，如刺槐的托叶呈刺状，棉花的托叶为三角形，梨树的托叶为线条形，豌豆的托叶大而绿，荞麦的托叶二片合生成鞘，齿果酸模有膜质的托叶鞘等。不同植物的叶片，叶柄和托叶的形态是多种多样的。具有叶片、叶柄和托叶三部分的叶称为完全叶，如梨、桃、月季等植物的叶。有些叶仅有其中的一部分或两部分，称为不完全叶。其中无托叶的植物最为普遍，如茶、甘薯、白菜、油菜、丁香等植物的叶。不完全叶中，同时无托叶又无叶柄的有莴苣、苣菜、荠菜等植物的叶，又称为无柄叶。烟草叶缺叶柄；台湾相思树除幼苗期外全树的叶无叶片，叶柄扩展成片状，能行使光合作用，称为叶状柄。

禾本科植物的叶由叶片和叶鞘两部分组成，有些植物还有叶舌和叶耳。叶鞘包裹着茎秆，具有保护和加强茎的支持作用；叶舌是叶片与叶鞘交界处内侧的膜状突起物；叶耳是叶舌两边、叶片基部边缘处伸出的两片耳状的小突起。叶舌和叶耳的有无、形状、大小和色泽等特征，是鉴别禾本科植物的依据，如水稻与稗草在幼苗期很难分辨，但水稻的叶有叶耳与叶舌，而稗草的叶没有叶耳与叶舌。

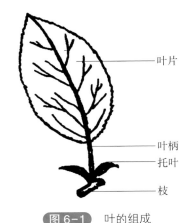

图6-1　叶的组成

图片来源：周云龙. 植物生物学
[M]. 北京：高等教育出版社，2000

6.1.2　叶质

根据构成叶片的细胞层次的多少，表皮细胞的细胞壁的性质、加厚程度和叶脉在叶片中的分布情况，叶片含水量的多少等因素，叶质可分为四种类型。

1）草质叶：叶质地柔软，叶片比较薄，含水分多。大多数草本植物的叶是草质叶，如棉花、大豆等植物的叶。

2）纸质叶：叶较草质叶坚实，叶柔软性及含水量均不如草质叶。大多数落叶树木的叶是纸质叶，如杨树、泡桐的叶。

3）革质叶：叶片较厚，表皮细胞壁明显角质化。大多数常绿树的叶是革质叶，如印度橡皮树、广玉兰的叶。

4）肉质叶：叶片厚实，含有大量的水分，如瓦松、景天、芦荟、松叶菊等植物的叶。

6.1.3　叶片的形态

对一种植物而言，叶的形态是比较稳定的。因此，叶的形态可作为植物分类的依据。叶片的大小，因植物种类不同或生态环境的变化有很大差异。

关于叶形、叶尖、叶基、叶缘、叶脉和脉序，将在第四编第 16 章加以描述。

同样，关于单叶和复叶，以及叶序和叶镶嵌等概念，也将在第四编第 16 章加以描述。

6.2　叶的结构

6.2.1　双子叶植物叶的结构

双子叶植物的叶是由表皮、叶肉和叶脉三部分组成的（图 6-2）。

6.2.1.1　表皮

表皮包被着整个叶片，有上表皮、下表皮之分。表皮通常由一层生活的细胞组成，但也有多层细胞组成的，称为复表皮，如夹竹桃和橡皮树叶的表皮。叶的表皮细胞在平面切面

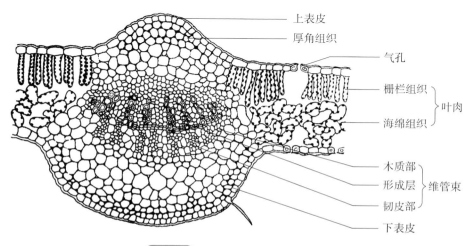

图 6-2　双子叶植物叶的横切面

图片来源：贾东坡．植物与植物生理［M］．重庆：重庆大学出版社，2019

（与叶片表皮平行的切面）上看，一般是形状不规则的扁平细胞，也有不少双子叶植物的表皮细胞的径向壁凹凸不平，犬牙交错地彼此镶嵌着，成为一层紧密而结合牢固的组织。在横切面上，表皮细胞的外形比较规则，呈长方形或方形，外壁较厚，常具角质层。有些植物在角质层外，往往有一层不同厚度的蜡质层。角质层起保护作用，可以控制水分的蒸腾，防止病菌的侵入。植物叶的表皮细胞一般不含叶绿体，表皮毛的有无和表皮毛的类型也因植物的种类而异。叶的表皮上具有很多气孔，气孔是与外界进行气体交换的通道，也是蒸腾作用的通道。气孔器由保卫细胞和它们间的孔口共同组成。各种植物的气孔和气孔器由于形态和结构不同，在表面和各切面上存在着显著的差异。

6.2.1.2　叶肉

叶肉是上表皮与下表皮之间的绿色组织的总称，是叶的主要部分。叶肉通常由薄壁细胞组成，内含叶绿体。在异面叶中，上表皮下方的绿色组织排列整齐，细胞呈长柱状，细胞的长轴和叶表面相垂直，形似栅栏，称为栅栏组织。在栅栏组织的下方，靠近下表皮部分的绿色组织，形状不规则，排列疏松，有很多间隙，形如海绵状，称为海绵组织。栅栏组织含有丰富的叶绿体，而海绵组织含叶绿体比较少，因此，叶片朝上那面的绿色较深，朝下那面的绿色较浅。

6.2.1.3　叶脉

叶脉多分布在叶肉的海绵组织里，是叶中的维管束。主脉是由厚壁细胞组成的维管和维管束组成，起支持和输导作用。维管束包括木质部、韧皮部和形成层三部分。木质部近叶的上表皮，韧皮部近叶的下表皮。形成层在木质部和韧皮部之间，其活动期短，很快就停止活动失去作用。侧脉的结构比较简单，它的外围没有机械组织，仅由一圈薄壁的维管束鞘包围着，维管束内无形成层。整个维管束的细胞比主脉的小，数目也少。叶脉愈细，其结构愈简单，较小的叶脉无机械组织，木质部和韧皮部也逐渐简化并消失，最后仅剩下一个管胞与叶肉的细胞结合在一起。

6.2.2　单子叶植物叶的结构

单子叶植物叶的形态和结构类型较多。有些植物的叶无柄，呈长条状或带状，有些植物的叶柄变为鞘状。下面重点介绍竹类的叶的结构特征。竹叶主要包括叶鞘和叶片两部分。叶鞘包在小枝节间处，叶片较狭长，平行于脉。在叶和叶片连接处的内侧有膜质小片，称为叶舌。叶鞘边缘有毛状物，称为叶耳。在竹叶的横切面上，可以看到表皮、叶肉和维管束三部分（图6-3）。

6.2.2.1　表皮

竹叶表皮分上表皮和下表皮。表皮细胞除外壁角质化外，还含有硅质。在相邻两个维管束之间的上表皮有几个扇形排列的大型薄壁细胞，其内具有很大的液泡，能储存大量的水分，这些细胞称为泡状细胞。泡状细胞失水而缩小，使叶片向上卷缩成为筒状，减少水分的蒸腾。当天气湿润时，它吸水膨胀，使叶恢复正常状态。竹叶的表皮分布着纵行排列的气孔，下表皮分布较多。气孔由两个哑铃形的保卫细胞以及两个梭形的副保卫细胞构成，副保

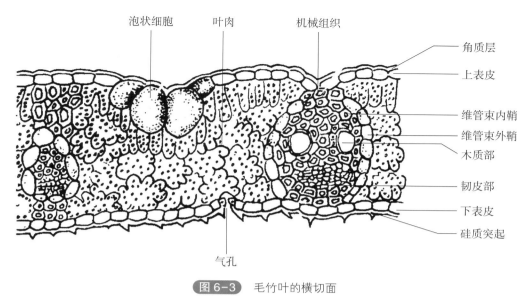

图片上方标注：泡状细胞　叶肉　机械组织

右侧标注：角质层　上表皮　维管束内鞘　维管束外鞘　木质部　韧皮部　下表皮　硅质突起

下方标注：气孔

图 6-3　毛竹叶的横切面

图片来源：丁祖福 . 植物学［M］.2 版 . 北京：中国林业出版社，1995

卫细胞位于保卫细胞外侧。

6.2.2.2　叶肉

叶肉没有栅栏组织和海绵组织之分化，由同形的细胞组成。叶肉细胞的细胞壁向内折叠扩大光合作用面积。

6.2.2.3　叶脉

主脉和侧脉平行，排列在叶肉中，由维管束及其外围的维管束鞘组成。维管束与茎内管束相似，为有限外韧维管束。

6.2.3　裸子植物叶的结构

裸子植物中松属是常绿树，叶为针叶，又称为松针。针叶植物呈旱生形态，大大缩小了蒸腾面积。松叶发生在短枝上，多数是两针或多针一束，一束中的针叶数目不同，因而在横切面形状各异。马尾松和黄山松的针叶是两针一束，横切面呈半圆形；而云南松是三针一束，华山松是五针一束，它们的横切面呈三角形（图 6-4）。现以马尾松为例，说明针叶的内部结构（图 6-5）。

马尾松叶的表皮细胞壁较厚，角质层发达，表皮下有多层厚壁组织，称为下皮，气孔内陷，这些都是旱生的形态特征。叶肉细胞的细胞壁，向内凹陷，形成许多褶壁，叶绿体沿褶壁面分布，这就使细胞扩大了光合作用面积，叶肉细胞实际就是绿色折叠的薄壁细胞。叶肉内有若干树脂通道和明显的内皮层。马尾松、黄山松、云南松的叶有两束维管组织，位于叶的中央。松属的其他种类的叶中，仅有一束维管组织。松针叶小，表皮壁厚，叶肉细胞壁内折叠，具树脂道，内皮层显著，维管束排列在叶的中心部分，都是松属针叶的特点，也表明它具有能适应低温和干旱的形态结构。

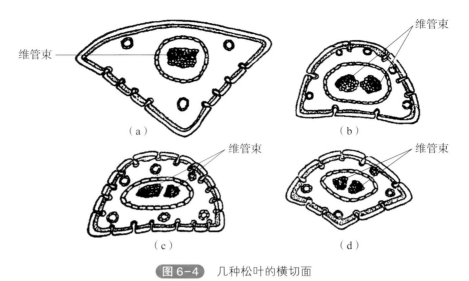

图 6-4 几种松叶的横切面

（a）华山松；（b）马尾松；（c）黄山松；（d）云南松

图片来源：贾东坡.植物与植物生理［M］.重庆：重庆大学出版社，2019

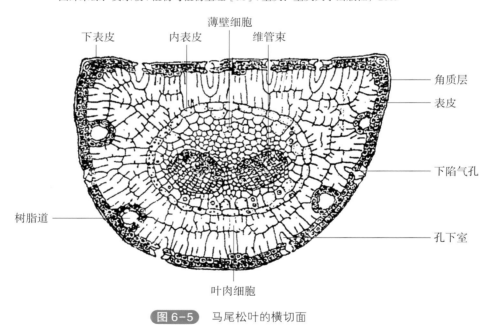

图 6-5 马尾松叶的横切面

图片来源：贾东坡.植物与植物生理［M］.重庆：重庆大学出版社，2019

6.2.4 落叶与离层

　　植物的叶有一定的寿命。不同的植物其叶生活期的长短是不同的，在生活期终结时，叶便枯死。多年生木本植物，有落叶树和常绿树之分。落叶树春天新叶展开，秋季脱落死亡。落叶是植物减少蒸腾、应对不良环境的一种适应。温带地区冬季干而冷，根吸水困难，叶脱落仅留枝干，可降低蒸腾；热带地区旱季到来，同样需要叶来减少蒸腾。常绿树四季常青，虽然叶也脱落，但不在同一时期进行，其不断有新叶产生老叶脱落，但就全树而言，终年常绿。常绿树叶的生存期因不同种类而异，有一年的，也有多年的，松属针叶可生活 2～5 年，冷杉叶可生活 3～10 年。

　　随着季节变化，秋季来临，气温持续下降，叶的细胞首先发生各种生理生化变化。许多物质分解后被运回到茎中，有的叶绿体被破坏而解体，不能重新形成，光合作用停止。而叶黄素和胡萝卜素不易被破坏，同时由于花青素的形成，使叶片由原来的绿色逐渐变为黄色或红色。与此同时叶柄基部形成一层至几层薄壁细胞，称为离层（图 6-6）。离层细胞的胞间层溶解而彼此分离，当叶片因重力或受到风雨或外力的冲击时即从离层处脱落。叶脱落后，离层下方的细胞栓质化，在叶柄的断面形成保护层，可以保护叶脱落后所暴露的表面，避免水分的流失和病虫害的侵害。离层不仅在叶柄基部产生，在花柄、果柄的基部也可以产生，以致引起花、果脱落。

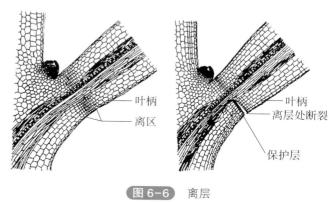

叶柄
离区

叶柄
离层处断裂
保护层

图 6-6　离层

图片来源：贾东坡 . 植物与植物生理［M］. 重庆：重庆大学出版社，2019

6.3　叶的功能

　　叶的基本功能是进行光合作用和蒸腾作用，维持植物的正常生命活动。另外，叶还能实现部分的吸收、繁殖和储藏功能。

6.3.1　基本功能

　　1）光合作用。叶是绿色植物进行光合作用的主要器官，植物通过光合作用制造生长发育所需的碳水化合物，并以此作为原料，合成各种糖、脂肪和蛋白质等有机物。光合作用的产物是人和动物直接或间接的食物来源，所释放的氧气又是生物生存的必要条件之一。

　　2）蒸腾作用。叶又是进行蒸腾作用的主要器官，蒸腾作用是根系吸水的动力之一，对矿质元素的吸收及其运输有利，还可降低叶面的温度，使叶免受日光的灼伤。

6.3.2　其他功能

　　叶在实现其基本功能的同时，还兼具部分吸收、繁殖和储藏的功能。

　　1）吸收功能。叶片具有一定的吸收养分的功能，利用叶的这一点，农林生产上在叶部进行根外追肥和喷施农药。

　　2）繁殖功能。落地生根、秋海棠等植物的叶柄或叶脉能产生不定芽进行繁殖。

　　3）储藏功能。有的植物的叶有储藏功能，尤其是有些鳞茎植物，如洋葱、百合等的肉质鳞片状叶。

第 7 章
营养器官的变态与变态器官

植物的营养器官——根、茎、叶都具有一定的形态、结构和生理功能。但是，有些植物在长期的演化发展进程中，为了适应已经改变了的生活环境，一部分营养器官的形态、结构和生理功能发生了变化，并能遗传给后代，这种营养器官的变化称为变态。常见的有根变态、茎变态和叶变态。本章主要介绍有关概念，以示与正常植物根、茎、叶的不同，其相关形态及图示还将在第 16 章 "被子植物分类的主要形态术语" 部分进一步详述。

7.1 根的变态

植物的根为了适应已经改变了的生活环境，其根的形态、结构和生理功能发生可遗传的变化，这种变化称为根变态。根变态有以下几种类型。

7.1.1 储藏根

储藏根常见于一两年生或多年生的草本植物。其主根、侧根或不定根肥厚粗大成肉质，其内储藏大量营养物质供次年萌芽和开花之用，这种变态根称为储藏根，如大丽花、天门冬、萝卜等。不同植物种类其储藏根的来源是不同的。如萝卜的储藏根是由主根和下胚轴肥大形成的，称为肥大直根。大丽花和天门冬的储藏根则是由侧根和不定根肥大形成的，因其呈块状故称为块根。

7.1.2 支柱根

在一些浅根植物中，由茎基部或侧枝上产生不定根伸入土壤中，帮助主根起支撑作用，这种变态根称为支柱根。如玉米茎近基部节上产生的不定根，榕树侧枝上的下垂并扎入地面的不定根等，都属支柱根。支柱根的作用除了起支持作用外，也具有吸收水分和营养的功能。

7.1.3　板根

有些大型乔木树干的基部发生不匀称的生长，呈板壁状，这种变态根称为板根，它能增加树木的固着作用，如朴树、椰榆、木棉等。

7.1.4　气生根

茎上产生的悬垂在空气中的不定根称为气生根，如附生兰、龟背竹和榕树等。这些植物的气生根具有从空气中吸收水分和养分、呼吸的功能。当气生根生长到地面并扎入土中就转变为支柱根，具有一定的支持功能。在热带雨林中，具有气生根的植物种类很多，植物利用气生根的呼吸作用来适应高温高湿的生活环境。

7.1.5　寄生根

有些植物的根发育成为吸器，伸入寄主植物体内，吸收寄主植物体内的水分和养分供自身的生活需要，这种变态根称为寄生根，如桑寄生和菟丝子等。

7.1.6　攀缘根

有些植物的茎细长、柔软，茎上生有许多不定根，以便将植物体固着在其他植物的茎干上或岩石、墙壁上并向上生长，这种变态根称为攀缘根，如常春藤、络石、凌霄等。

7.1.7　呼吸根

生活在沼泽、多水环境中的植物，由于根系在土壤中处于缺氧状态，所以常有根的一部分拱出土面（或水面），裸露于空气中进行呼吸，这种变态根称为呼吸根，如池杉、水杉和红树等。

7.2　茎的变态

在长期发展进化中，某些植物的茎或茎的一部分，其形态构造和生理功能发生了变化，形成茎的变态。茎变态可根据生长在地上或地下，分为地上茎的变态和地下茎的变态两大类。

7.2.1　地上茎的变态

所谓地上茎的变态是指植物位于地上的茎或茎的一部分发生的变态。地上茎的变态有叶状茎、茎卷须、茎刺三类。

7.2.1.1　叶状茎

有些旱生植物的叶退化，而茎变为叶片状，呈绿色，代替叶进行光合作用，以维持植物体的生长发育、开花结果，如仙人掌、竹节蓼、蟹爪兰、昙花等的茎。

7.2.1.2　茎卷须

由芽直接萌发形成的卷须，称为茎卷须。这些卷须生长于叶腋内，用以攀缘其他物体向上生长，如葡萄等的茎卷须。

7.2.1.3　茎刺

有些植物的腋芽直接萌发成为具有保护作用的刺，称为茎刺（也称枝刺），如皂荚、山楂等的刺。另外，有些植物的短侧枝，其中下部具有正常枝的特征，即有叶和腋芽，而其顶端呈尖刺状，这样的茎刺特称为棘刺，如椤木石楠、石榴、海棠花等植物具有棘刺。

7.2.2　地下茎的变态

所谓地下茎的变态是指植物的茎转入地下生长并发生变态，其具有特殊的功能。地下茎的变态有根状茎、储藏茎两大类。

7.2.2.1　根状茎

生于土壤中与根相似的茎称为根状茎，如竹类、鸢尾、芦苇等的茎。根状茎与根不同，它具有明显的节和节间，有顶芽，节部有退化的叶，并有腋芽。腋芽可以发育成为地上茎或地下茎。

7.2.2.2　储藏茎

生长在土壤中，往往膨大而主要功能为储藏养分的茎的变态，称为储藏茎。储藏茎又分为块茎、鳞茎和球茎三类。

（1）块茎。块茎是由地下茎变肥大形成的，通常呈不规则球形，其上有许多凹坑，凹坑内有芽，即为正常形态茎的腋芽，如马铃薯等。

（2）鳞茎。鳞茎是由地下茎的节间收缩呈盘状的鳞茎盘，并在其上长肥厚的鳞片状变态叶而形成的，如水仙、百合、石蒜的地下茎。

（3）球茎。球茎是短而肥大的地下茎，呈球形，其节上有膜质变态叶及叶片脱落后留下的环状叶痕，顶端有顶芽，其周围簇拥数个腋芽，如唐菖蒲、天南星、荸荠等的地下茎。

其中，鳞茎与球茎的区别在于前者茎高度退化而叶发达，而后者茎高度发达而叶退化。

7.3　叶的变态

叶着生在植物的茎节上，是植物的重要营养器官，具有特定的生理功能，但由于长期适应环境条件变化的需要，某些植物的叶形态和功能也发生了变异，这种现象称为叶的变态。

依据功能的不同，可将叶的变态分为以下类型。

7.3.1　芽鳞

芽鳞是指着生在芽的外面包裹着幼芽的鳞片，它是由叶的变态而来的。它的主要功能是保护幼芽不受干旱及寒冷气候的危害，减少病虫对芽的侵害。不同的植物种类其芽鳞的形状、色泽及鳞片的数目是不同的。

7.3.2　苞片和总苞

生在花基部的叶的变态称为苞片，如锦葵科的许多种花卉具有苞片等。花序基部的叶的变态排成一轮至数轮，称为总苞，如壳斗科植物花基部的总苞（或称壳斗）、菊科植物花序下的苞片等。苞片和总苞具有保护花芽的作用。

7.3.3　捕虫叶

在许多酸性的湿生地或沼泽地带，土壤中缺少氮肥，生长在这些地区的植物为了适应环境，一部分叶发生了变态，变为适于捕捉小虫的形状，用以捕捉小虫来补充氮肥的不足，如猪笼草、捕蝇草、狸藻等。

7.3.4　叶卷须

一些攀缘植物的叶变成卷须，其功能是使植物借以攀缘在其他植物或物体上向上生长，以便更好地通风透光。如香豌豆羽状复叶先端的卷须、菝葜叶柄基部两侧的卷须（由托叶变态而成）等。

7.3.5　叶刺

叶刺是指由叶全部或部分变态为刺。如仙人掌上的针刺、小檗短枝基部的叶刺及刺槐的托叶刺等。它们具有防护和减少水分蒸腾的作用。

7.3.6　叶状柄

我国南方地区的相思树与金合欢等，它们的叶片退化，只有在幼树时期才有少数羽状复叶，植物长大后叶片消失，仅叶柄扩大成为叶片状，代替叶片的功能。

7.3.7　储藏叶

有些植物的叶变成储藏营养的结构，如百合、水仙、郁金香、石蒜等鳞茎上的叶，也称为鳞片。

第8章
植物的适应性与整体性

8.1　植物营养器官的形态、结构与环境的关系

植物是在不同生境环境中形成和发展起来的，生境环境的改变，影响着植物的发育与生长，水分和光照是对植物营养器官的形态结构影响最大的生态因素。根据植物与水分的适应性关系，将植物分为水生植物、中生植物和旱生植物三大类。旱生植物是指长期适应干燥缺水环境生长的植物；整株或植株的一部分长期浸沉在水中生长的植物称为水生植物；中生植物是介于前两者之间的植物，生活在既不太干旱也不过分潮湿或浸水的环境中。根据植物对光照强弱的适应性，把植物分为阳地植物和阴地植物，阳地植物需要在阳光的直接照射下才能生长良好，不能忍受荫蔽；阴地植物适于生长在较弱的光照条件下，在全光照下光合作用反而降低，有时甚至会因光照而受伤。

不同生境中植物营养器官具有不同的形态与结构。

8.1.1　水生植物的根、茎、叶形态与结构

水生植物一般是指能够在有水的环境中生活的高等植物，是植物高度进化的又一表现形式。水生植物一般分为沉水植物、浮水植物和挺水植物等三种类型。

（1）沉水植物

沉水植物不像中生植物那样，具有发达的根系、壮实的茎和宽厚的叶。沉水植物往往根系少或无根系，如金鱼藻等，有些种类的根系甚至无根毛（如苔菜等）。这主要由于其茎叶表面的角质层或蜡质层薄，溶于水的养分能够不同程度地透过其表皮直接进入植株体内。另一方面，沉水植物通常没有机械组织的发育和分化或发育不完全，细胞的木质化、栓质化程度低，如苦草等；沉水植物细胞间的间隙大、排列疏松，通气组织发达且贯穿整个植物体，其内储藏着大量空气，以适应少氧的水环境，如穗状狐尾草等；木质部、韧皮部结构细小、组成分子少，如水鳖等；较少有次生生长和次生结构的发育与分化。

沉水植物的茎大多数柔软而纤细、呈绿色，节间长，如眼子菜等；皮层较厚，细胞间有空隙、气室、通道或气腔，有的皮层中不出现厚角组织，如穗状狐尾藻等；沉水植物茎的中柱所占比例小，维管束不发达、体积小，如水鳖、伊乐藻等；除韧皮部有发育良好的筛管，

一般木质部仅有螺纹导管和环纹导管的分化，如毛柄水毛茛等，或没有导管的分化，如黑藻、金鱼藻等；缺少髓和髓射线的分化。水毛茛等沉水植物，茎的皮层中虽没有明显的通气组织，但茎的中央有一大气腔，维管束分散于大气腔之外，木质部中有气腔。沉水植物的叶柄不明显或很短，叶片呈线形、带状、丝状或很薄（如苦草、金鱼藻等），有的叶片呈羽状并细裂（如狐尾藻等），有的叶片薄至透明（如伊乐藻等）。沉水植物的叶片表皮细胞外壁没有角质等疏水物质的沉积，细胞中一般有叶绿体；表皮上没有气孔（器）的发育或缺少具功能的气孔；叶肉组织没有明显的栅栏组织和海绵组织的分化，其内有明显而发达的气腔、气道等的通气组织；多数沉水植物的叶脉中没有机械组织和明显的导管的发育与分化。

综上所述，沉水植物的根退化甚至消失，根、茎皮层中有发达的通气组织或胞间隙，叶片薄而纤细、细胞层数少，没有叶肉组织的分化，维管束和机械组织均不发达。

（2）浮水植物

浮水植物的叶丛生、体形大小、须根系、根条数多少不一。浮水植物一般可分为漂浮植物和浮叶植物两类。漂浮植物均为体形小的草本植物，叶少而丛生，少根或具毛状根，如浮萍科植物。有些漂浮植物的叶片或叶柄具有气囊，其根系发达，能使植物稳定于水中生长，当水少或干枯时，其根能扎入淤泥中继续生长，如水浮莲、水葫芦等。另一类是浮叶植物，如睡莲、菱属等，根状茎横卧或细而直立，叶柄细长，叶常浮于水，或挺出水面，或聚生于茎的顶端，叶柄或叶片常有发达的气囊或通气组织。

浮水植物的根系特点与水生植物根的特征基本相同，即气腔发达、比例大，机械组织和木质部退化或发育程度低，韧皮部一般发育良好，不产生次生结构或次生结构不发达。浮水植物有较强的净化水体的能力，是湿地生态系统中不可缺少的水生植物。

浮水植物的茎多数节间极短。其表皮细胞分化程度低，没有气孔（器）的分布，少数浮水植物的茎有周皮的发育，但不木质化或栓质化。茎中的皮层组织比例大，很少有发达的机械组织，其内含多孔网状、四通八达的通气组织，储藏着大量的空气，有助于植物悬浮于水面，并能增强植株对水的机械应力。茎的中柱比例小，其木质部中的导管数目少，管壁木质化程度不高，甚至没有木质化的导管的分化。

浮水植物的叶片呈盾形，宽厚。其上表皮细胞外壁厚，有角质膜或蜡质膜，具气孔（器），下表皮则不具备上述特点。叶肉细胞具栅栏组织和海绵组织的分化，但栅栏组织细胞小、细胞层数少，一般只有 2 层或 3 层，且在叶肉中所占比例小，栅栏组织是主要的同化组织。海绵组织所占比例大，常为栅栏组织的 2～5 倍，其中具有发达的通气腔、通气道，有些植物还具有形态各异的星状细胞，有较强的支撑和保护叶肉组织的作用，这是对水生环境的一种适应性，如睡莲、凤眼莲等。浮水植物的叶脉细小，分散于海绵组织之中，木质部发育程度低，韧皮部发育完好。浮水植物主要依赖无性繁殖，在富营养水体中，极易成片分布，甚至遍及整个水域，影响交通和水体生物的生长与分布、堵塞河道、污染环境形成灾难，如水葫芦等。

综上所述，浮水植物的特点是：根、茎、叶中有开放型的通气组织系统；叶浮于水面，为异面叶，气孔分布于叶的上表皮中，上表皮有蜡质膜或角质膜；叶肉有栅栏组织和海绵组织的分化；维管束和机械组织不发达，但较沉水植物完善。

（3）挺水植物

挺水植物的根、茎生长在水的底泥之中，茎、叶挺出水面；其常分布于 0～1.5 m 的浅水处，其中有的种类生长于潮湿的岸边。挺水植物的根系较发达，且根系发育情形随种类而不同。多数植物具有球茎根状茎等地下茎的变态。茎挺拔，直立，常呈绿色，可进行光合作用；机械组织发达。茎中空，有条发达的通气管道。挺水植物挺出水面在空气中开花。

挺水型植物种类繁多，均为一至多年生草本或半灌木，常见的有：荷花、芦苇、慈姑、黄菖蒲、水葱、再力花、菰（茭白）等。

综上所述，挺水型植物在空气中的部分，具有陆生植物的特征；生长在水中的部分（根或地下茎），具有水生植物的特征。如根尖通常没有根冠，根的皮层、茎的基本组织和叶鞘等结构中都有发达的通气组织等，叶子绝大部分挺立水面，兼具中生和湿生植物的特征。

8.1.2　旱生植物的根、茎、叶形态与结构

旱生植物通常是指能在长期缺水环境中正常生长发育的一类植物。尽管旱生植物所处的环境复杂，但其根、茎、叶形态结构特点及其对旱生环境的适应性表现相对一致，如肉质多浆、卷叶和叶片厚革质等。现简要叙述如下：

旱生植物的共同点是：植物体形矮小、茎叶表面积与体积比小，根系发达，如甘草等，或不发达，如仙人掌类等；茎常肉质或肉质化、多浆质，多绿色，有"同化枝"之称，如梭梭、仙人掌类植物等。叶主要朝着降低蒸腾和储藏水分两个方面发展。叶常不发育，小而厚，常密被茸毛；或退化成鳞片状、膜状，如草麻黄、梭梭等，或肉质化成肥厚的草本植物，如芦荟、猪毛菜等。

解剖结构观察表明，旱生植物的根有发达的周皮，其木栓层高度木质化、栓质化，皮层薄，内皮层明显有凯氏带增厚，木质部发育充分、输导水分的能力强，如甘草等植物。

旱生植物的茎呈绿色，是光合作用的主要器官，甚至是唯一器官，如木麻黄；表皮细胞外壁特别厚、角质膜发达，气孔（器）深陷、形成纵沟；皮层比例大、细胞排列紧密，外围一层至数层厚角组织细胞内含丰富的叶绿体，内侧数层细胞内液泡大，构成储水组织；有些种类还具有黏液细胞、晶细胞等异细胞（如芦荟等）；中柱木质部小、具活性的纤维细胞多，髓射线狭窄，有髓细胞等。

有些旱生植物具肥厚的肉质叶，有发达的储水组织，细胞液浓度高，保水能力强。叶表面积与叶体积之比值小，即同体积的叶，旱生植物的叶表面积较小。旱生植物的叶一般没有叶柄，叶片表皮细胞壁厚，外壁高度角质化，革质光亮，气孔下陷成气孔窝、气孔沟，有时气孔窝内还丛生表皮毛，以抑制水分蒸腾，甚至具有复表皮，如夹竹桃、印度橡皮树等；叶肉栅栏组织发达，细胞大、排列紧密，内有大量的储水组织细胞和异细胞；有的多浆植物叶脉细小，输导组织、机械组织不发达；有些旱生植物的叶具有发达的叶脉和机械组织。这些特征可以减少蒸腾或使蒸腾作用滞缓以抑制水分散失，适应干旱环境。

8.1.3　阳地植物与阴地植物叶的形态与结构

阳地植物的叶受光、受热较强，因而它们趋向于旱生植物叶的结构特征，叶片一般较厚、较小，角质膜厚，栅栏组织和机械组织发达，叶肉细胞间隙较小。但阳地植物不等于旱生植物，有些阳地植物为水生。

阴地植物因长期处于荫蔽条件下，其结构常倾向于水生植物的特点。叶片一般大而薄，角质膜薄；栅栏组织不发达，细胞间隙较大，海绵组织占据叶肉的大部分空间；叶绿体较

大；表皮细胞中也常含有叶绿体，可利用散射光进行光合作用。

在同一生境条件下，同一植株其顶部的叶和下部的叶，在结构上也存在着一些差异。越近顶部的叶或向阳一侧的叶，越倾向于阳地植物叶的结构，而下部的叶或生于阴面的叶则倾向于阴地植物叶的结构。

8.2　营养器官间结构的整体性与相关性

植物的器官是其长期适应环境进化发展起来的，是植物体高度复杂完善的标记，是自然选择的结果，器官间形态、结构、功能各异，共同协调完成植物体的生命活动过程。但被子植物各器官间又是密切相关的，它们彼此贯通、紧密联系，表现出植物体结构上的整体性。

8.2.1　根、茎维管系统的联系部位

种子萌发时，胚轴的一端发育为主根，另一端发育为主茎，两者之间通过下胚轴相连。然而根的维管组织的特点（即间隔排列和外始式木质部）与茎的特点（外韧维管束的环状排列和内始式木质部）明显不同，所以，在根、茎的交界处，维管组织必须从一种形式逐步转变为另一种形式，有学者将发生转变的部位称为"过渡区"，并认为其一般是在下胚轴的一定部位。

8.2.2　根、茎间维管系统的分化和联系

主张根、茎间"过渡区"位于下胚轴的学者认为，根的木质部外始式星状中柱是最原始的，茎的内始式真中柱是最进化的。维管组织在下胚轴部位发生，由根部向茎部转变。转变时维管柱有增粗的变化过程，维管组织中木质部或韧皮部，或两者都发生分叉、旋转、靠拢和并合的变化过程。转变之后的维管组织在根—茎间就建立起了统一联系。

以四原型根转变为具有四个外韧维管束的茎为例，每个维管束的木质部分为二叉，转向180°，每一分叉与相邻维管束的一分叉汇合成束，同时逐渐移位到两个韧皮部之间。韧皮部的位置始终不变，最终形成了间隔排列。四原型根的植物其根茎维管转变过程如图 8-1 所示。

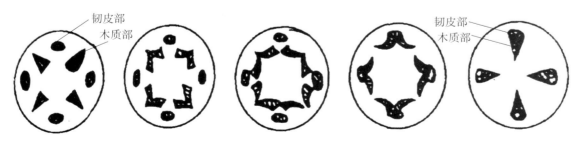

图 8-1　四原型植物根、茎维管转变

图片来源：https://image.baidu.com/

8.2.3 茎、叶间维管系统的联结

在植物体中，维管束最初由下胚轴进入到子叶节，或由上胚轴进入到第一叶、继而进入到各叶内的发生特点基本规律是：维管束先旋转、交叉、增生和合并后，再发生分离，分别进入下一节间和所在节部的腋芽和叶柄内。进入腋芽的维管束的发育、分布和结构特点与主茎相似；进入到叶内的维管束，如是外韧型维管束，其原本位于内侧的木质部则在进入叶内后总是朝向叶片的上（内）表面或叶结构的上表皮一侧，而韧皮部则总是位于朝向下（外）表皮或叶结构的下表皮一侧。当叶片脱落后，在茎节处总是可以见到叶片脱落后留下的斑痕——叶痕，而叶痕内分布的斑点，则是叶片脱落后，由茎进入叶柄的维管束断裂后留下的痕迹——叶迹。

8.3 植物体局部与整体的统一性

如前所述，组成植物体的根、茎、叶在形态、结构和生理功能上是相对独立的，而各部分的发生、生长又可能是同宗同源的，在功能上更是相互支持。

PART III

第三编

植物繁殖

植物体生长发育到一定阶段，就必定通过一定的方式，由它本身产生新的个体来延续后代，这就是植物的繁殖。植物通过繁殖不断增加新的个体，有利于保证物种的遗传性和稳定性。随着不断的自然选择和人工选择，物种得以延续、进化和多样化。植物的繁殖方式可分为营养繁殖、无性繁殖和有性生殖三类。营养繁殖是通过营养体的一部分，如块茎、块根、匍匐茎等，自然地增加个体数目的繁殖方式。在农林生产中，人为地采用扦插、压条和嫁接等方法来大量繁殖和培育优良品种，就是属于营养繁殖方式。另外，近年来，利用植物细胞的全能性，进行离体的细胞和组织培养，使它们长成为完整的植株，大大提高了优良品种的繁殖系数。无性繁殖是通过一类称为孢子的无性生殖细胞，从母体分离后，直接发育成为新个体的繁殖方式。有性生殖是由两个被称为配子的有性生殖细胞，经过彼此融合的过程，形成合子，再由合子发育为新个体的繁殖方式，是繁殖方式中的进步形式。有性生殖的配子，可以是从不同生活条件下生长的两个个体上形成，也可以是从同一个体的不同部位上形成。所以，配子所带的遗传性不尽相同，融合后形成的合子以及以后发展的新个体，也都包含了两性配子所带来的遗传特性，因此，新的个体更富有生活力，更能适应新的环境条件。

　　被子植物的有性生殖是植物界中最进化、最高级的繁殖方式。而有性生殖过程，从两性配子（精子和卵细胞）的形成，到配子的彼此接近和融合（传粉和受精）形成合子（受精卵），并由合子生长发育为幼植物体的整个过程都是在花里进行的。被子植物开花结实，形成果实和种子，传播和繁衍后代，使物种得以延续。果实和种子是很多农作物的主要收获对象，且与植物的遗传育种密切相关。

第 9 章
植物的花

9.1　花的组成与发生

9.1.1　花的组成

　　被子植物大约 30 万种，其花的形态、大小、颜色和组成类型非常多样。一朵完整的花，可分为 5 个部分（图 9-1），即花柄、花托、花被、雄蕊群和雌蕊群。萼片、花瓣、雄蕊和心皮分别是组成花萼、花冠、雄蕊群和雌蕊群的基本单位，它们都是变态叶。萼片和花瓣与雌性、雄性生殖细胞的发育无关，是不育的变态叶。雄蕊、心皮分别与雌性、雄性生殖细胞的形成及有性生殖直接相关，是可育的变态叶。虽然它们在形态和功能上与寻常的叶差别很大，但它们的发生、生长方式和维管系统均与叶相类似。因此，花是适应于生殖、极度缩短且不分枝的变态短枝。

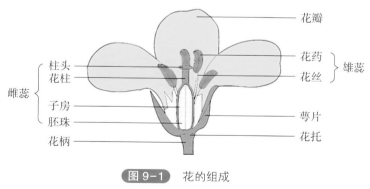

图 9-1　花的组成

图片来源：https://image.baidu.com/

9.1.1.1　花柄和花托

　　花柄又称花梗，是着生花的小枝，可以使花定位在有利于传粉、授粉的位置；同时，也是花朵和茎相连的短柄。花柄有长有短，视植物种类而异，例如垂丝海棠的花柄很长，而贴梗海棠的花柄就很短，有些植物的花没有花柄。花柄的结构和茎的结构是相同的。果实形成时，花柄发育形成果柄。

花托是花柄的顶端部分，形状随植物种类而异，一般略呈膨大状，花的其他各部分按一定的方式排列在它上面。

9.1.1.2　花被

花被着生在花托的外围或边缘部分，是花萼和花冠的总称，由扁平状瓣片组成，在花中主要起保护作用，有些花的花被还有助于花粉传送。花被由于形态和作用的不同，可分为内、外两部分，在外的称为花萼，在内的称为花冠，这样的花称为两被花或双被花，如桃、番茄等。仅具一轮花被的花（只有花萼）称为单被花，如桑、蓖麻等。花被完全不存在的，称为无被花或裸花，如杨、柳等。

（1）花萼：由若干萼片组成，包被在花的最外层。萼片多为绿色的叶状体，在结构上类似叶，有丰富的绿色薄壁细胞，但无栅栏、海绵组织的分化。有的植物花萼大而具色彩，呈花瓣状，有利于昆虫的传粉，如飞燕草。

（2）花冠：位于花萼的上方或内方，由若干花瓣组成，排列成一轮或多轮，结构上主要由薄壁细胞所组成。通常花瓣比萼片薄，且多具鲜艳色彩。花瓣的色彩主要是因为花瓣细胞内含有色素所致。含杂色体的花瓣呈黄色、橙色或橙红色；含花青素的花瓣显示红、蓝、紫等色（主要受液泡内细胞液的酸碱度调节）；有的花瓣两种情况都存在，这样的花往往绚丽多彩。如果两种情况都不存在，花瓣便呈白色。花瓣基部常有分泌蜜汁的腺体存在，可以分泌蜜汁和香味。有的植物的花瓣细胞还能分泌挥发油类，产生特殊的香味。所以花冠除具保护雄、雌蕊的作用外，它的色泽、芳香以及蜜腺分泌的蜜汁，都有招致昆虫和鸟类传送花粉的作用，为进一步完成有性生殖创造了有利条件。

9.1.1.3　雄蕊群

雄蕊群是一朵花中雄蕊的总称，由多数或一定数目的雄蕊所组成，位于花被的内侧或上方，在花托上呈螺旋状或轮状排列。一般直接生于花托上，也有基部着生于花被上的。少数原始被子植物的雄蕊呈薄片状或扁平状，为"花的雄蕊是叶的变态"这一结论提供了佐证，但绝大多数被子植物的雄蕊由花丝和花药两部分组成。花丝通常细长，也有扁平如带、完全消失（栀子）或转化为花瓣状（美人蕉）的，顶端与花药相连。花药是产生花粉粒的地方，是雄蕊的主要部分，在结构上，由2个或4个花粉囊组成，分为两半，中间以药隔相连。花粉成熟后，花粉囊自行破裂，花粉由裂口处散出。

9.1.1.4　雌蕊群

雌蕊群是一朵花中雌蕊的总称，位于花的中央或花托顶部。每一雌蕊由柱头、花柱和子房三部分组成。构成雌蕊的基本单位称为心皮，是具生殖作用的变态叶。

柱头位于雌蕊的上部，是承接花粉粒的地方，常扩展成各种形状。风媒花的柱头多呈羽毛状，增加柱头接受花粉粒的表面积。虫媒花的柱头常能分泌水分、脂类、酚类、激素和酶等物质，有的能分泌糖类和蛋白质，有助于花粉粒的附着和萌发。

花柱位于柱头和子房之间，其长短因植物种类不同而异，是花粉萌发后花粉管进入子房的通道。花柱提供花粉管生长的营养物质，增加了花粉管进入胚囊的选择性。

子房是雌蕊基部膨大的部分，外为子房壁，内有1至多个子房室，子房室内有1至数枚胚珠。受精后，整个子房发育为果实，子房壁成为果皮，胚珠发育为种子。

　　子房着生在花托上，它与花托的连接方式也存在很大差异，与花萼、花冠、雄蕊群的相对位置也因植物种类不同而有变化。

　　一朵具备以上各部分结构的花称为完全花，如果有一部分或两部分缺少不全的，称为不完全花。雌蕊和雄蕊如果在一朵花上同时兼备的称为两性花，单具一种花蕊而缺乏另一种花蕊的称为单性花，其中只有雌蕊的，称为雌花；只有雄蕊的，称为雄花。花被保存而花蕊全缺的称为无性花或中性花。无被花、单被花、单性花和中性花都属不完全花。雌花和雄花生于同一植株上的，称为雌雄同株；分别生于两植株上的，称为雌雄异株。在同一植株上，两性花和单性花都存在的，称为杂性同株，如朴树、柿等。

9.1.2　花的发生

　　花或花序均是由花芽（花和花序的原始体）发育而来的结构。植物经一定时期的营养生长后，在适宜的温度、光照和营养条件下，植物的叶和茎生长锥分别对特定的光周期和温差产生感受反应，茎生长锥不再形成叶原基和腋芽原基，而发生花原基或花序原基，逐渐依次形成花或花序的各组成部分，最后分化成花或花序，这一过程称为花芽分化。

　　花芽各部分原基的分化和发育成熟的顺序通常由外而内、由下而上。花芽分化发育最早出现的是萼片原基，以后依次向内产生花瓣原基、雄蕊原基和雌蕊（心皮）原基。植物种类不同，花芽分化和发育成熟的顺序也有所变化。例如，牡丹属（*Paeonia* L.) 植物的花有多轮雄蕊，各轮的分化顺序则是离心式的。油菜和金粟兰［*Chloranthus spicatus* (Thunb.) Makino］等的花芽分化和成熟的顺序与一般植物无异，但其雄蕊的生长发育进程却快于花瓣。也有些植物，甚至是同一种植物的不同群体内，同一朵花中雌蕊、雄蕊成熟的先后顺序不同，有的花中雄蕊先成熟，有的花中雌蕊先成熟，这种特性有利于异花传粉。

　　花序的发生和分化与花相似，各组成单位由外而内、由下而上依次进行。花序基部或外侧的总苞通常最早分化，然后自下而上或由外而内地进行小苞片和各苞片腋内花芽的分化。

9.2　雄蕊的发育与结构

　　雄蕊由花丝和花药组成。雄蕊原基形成后，经过顶端生长和局部有限的边缘生长，原基迅速伸长，顶端分化发育成花药，基部形成花丝。通常，花丝呈细长的丝状，与花药的界限分明，但在有的植物中，花药花丝之间没有明显的界线，如木兰科（Magnoliaceae）植物。花丝的结构简单。横切花丝，最外一层为表皮，内为基本组织，中央有一个维管束，上连花药的药隔，下连花托。花药是雄蕊产生花粉的结构，由花粉囊和药隔组成。多数植物的花药有 4 个花粉囊，少数种类只有 2 个花粉囊。花粉囊是产生花粉的囊状结构，药隔是花药中部连接花粉囊的部分。药隔由通入花丝的维管束和周围的薄壁细胞所组成。

9.2.1　花药的发育与结构

　　雄蕊原基经顶端生长和边缘生长基本完成幼嫩花药的发育。幼嫩花药最初为一团分生组织，外面为一层原表皮，垂周分裂将来形成花药的表皮；内侧是基本分生组织，参与药隔和花粉囊的发育；原基的近中央部分为原形成层，将来形成药隔维管束，与花丝维管束相连。

幼嫩花药四个角隅处的细胞分裂较快，横切面上由近圆形变成四棱形。以后在四棱处原表皮层下面的第一层基本分生组织细胞分化成为多列的孢原细胞，其细胞较大，核大、质浓、分裂能力较强。有的植物（如小麦、棉花等）只有一列孢原细胞，这样，在幼嫩花药的横切面上，可见四个角隅各有一个孢原细胞。随后，孢原细胞进行平周分裂，形成内外两层，外层为初生周缘细胞，内层为造孢细胞。花药中部的原形成层细胞逐渐分裂、分化形成维管束，并和其他基本分生组织发育来的薄壁细胞一起构成药隔（图 9-2）。

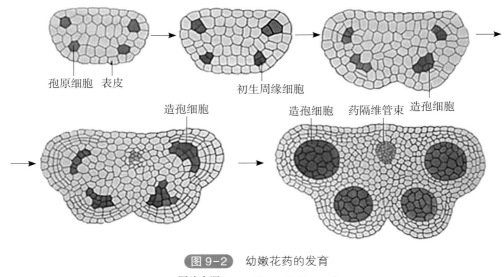

孢原细胞　表皮　　　　　初生周缘细胞

造孢细胞　　　　　　造孢细胞　药隔维管束　造孢细胞

图 9-2　幼嫩花药的发育

图片来源：https://image.baidu.com/

初生周缘细胞继续进行平周分裂和垂周分裂，自外而内逐渐形成药室内壁、中层和绒毡层，与表皮一起构成花粉囊壁。

药室内壁常为一层细胞，有的植物为 3～5 层细胞，初期常储藏大量的淀粉和其他营养物质。药室内壁细胞径向伸长，细胞壁内五面呈斜纵向条纹状的次生加厚（有的植物为螺旋状加厚），加厚的壁物质主要为纤维素和少量的木质素。在此过程中，细胞内的储藏物质逐渐消失，此时的药室内壁又称为纤维层。一些水生植物和闭花受精植物的药室内壁不发生带状加厚。药室内壁在纤维束状增厚时，常在两个相邻花粉囊交接处不发生加厚，留下一狭条状的薄壁细胞（或称为唇细胞）区域。开花后，花药暴露，细胞失水，因纤维层外切向壁不增厚而产生较多的皱缩，所形成的机械应力使邻近的花粉囊交接处断开，并形成裂口。花粉粒则由花粉囊的裂口散出。

中层位于药室内壁的内侧，由一层至数层较小而扁平的细胞组成，并有大量的淀粉等营养物质。中层细胞在花药成熟过程中，其细胞内的储藏物质被分解和转移，成为花粉粒发育成熟过程中的养分，其细胞壁被挤压变扁逐渐解体并被绒毡层吸收和利用。所以，成熟的花药中，无中层或仅有残留的中层。

绒毡层是花粉囊壁的最内层细胞，其细胞体积较大，初期为单核，中期可形成双核或多核细胞。绒毡层细胞质浓，细胞器丰富，含较多的 RNA、蛋白质、油脂和类胡萝卜素等，对小孢子的发育和花粉粒的形成起重要的营养和调节作用。绒毡层在花粉母细胞开始减数分裂时，其细胞核分裂但不伴随细胞质的分裂，常形成具有双核或多核的细胞。绒毡层细胞的生长过程可分为两个时期：① 前期，从花药特异组织的分化到花粉粒形成的早期，绒毡层处于一种旺盛的生长状态，它对花粉粒发育的影响也主要集中在这一时期；② 后期，随着单细胞花粉粒的中央大液泡的形成及第一次有丝分裂的进行，绒毡层细胞程序性死亡而逐渐衰退直至消失。根据绒毡层发育后期的形态差别，可将其分为腺质（分泌）绒毡层和变形（周原质团）绒毡层两种类型。第一种类型，绒毡层细胞在花粉发育过程中，不断分泌各种物质进入花粉囊，供小孢子发育，直到花粉成熟，绒毡层细胞才自溶消失；第二种类型，绒毡层细胞比较早地出现内切向壁和径向壁的破坏，各细胞的原生质体溢出细胞外，互相融合，形成多核的原生质团，并移向药室内，充塞于小孢子之间的空隙中，为小孢子吸收利用。由此可见，绒毡层为花粉发育提供营养，对花粉形成至关重要。不仅如此，绒毡层细胞合成和分泌的胼胝质酶，能适时地分解花粉母细胞和四分体的胼胝质壁，使幼期单核花粉粒互相分离而得以正常的发育。由于绒毡层对花粉的发育具有多种重要的作用，所以，如果绒毡层的功能有所失常，致使花粉粒不能正常发育，就有可能导致花粉败育，失去生殖作用。

花药成熟时，因绒毡层解体而消失或仅存痕迹，成熟的花粉囊只剩有表皮、纤维层和成熟的花粉粒。

在初生周缘细胞分生分裂的同时，造孢细胞经有丝分裂或不经过有丝分裂发育成花粉母细胞。在花药成熟过程中，花粉母细胞经减数分裂，发育成花粉粒。

9.2.2　花粉粒的发育与结构

花粉母细胞体积较大，细胞核大、细胞质浓且无明显的液泡。花粉母细胞之间以及与绒毡层细胞之间有胞间连丝存在，表明其结构与生理上保持密切联系，花粉母细胞逐渐积累胼胝质，形成胼胝质壁，并逐渐加厚直至胞间连丝被阻断，原有的纤维素壁消失。花粉母细胞发育到一定时期开始减数分裂。花粉母细胞经减数分裂形成四分体以后，四分体的细胞逐渐彼此分离，形成四个单核的花粉粒（小孢子）。但有些植物由同一花粉母细胞形成的四个花粉粒始终结合在一起，保持四分体的状态，如杜鹃、香蒲的花粉。兰科、萝藦科的花粉粒多数胶着成块，称为花粉块。

单核花粉粒从四分体中游离出来，释放到花粉囊中。花粉粒初期细胞壁薄，细胞质浓，核位于细胞的中央。它们不断地从周围吸取绒毡层的分泌物或其降解物，体积增大，细胞质中的小液泡合并成中央大液泡，细胞质成一薄层，细胞核通常被挤向与花粉粒壁上萌发孔相对的一侧（单核靠边期），随后，细胞核进行不均等分裂，其纺锤体多与花粉粒的壁垂直，细胞板呈弧形弯向生殖核一侧。细胞核分裂形成一大一小两个细胞，大的为营养细胞，小的为生殖细胞。生殖细胞形成后不久，细胞核即进行 DNA 复制，但 RNA 合成少。刚形成时的生殖细胞呈球形，以后伸长呈纺锤形，生长在营养细胞的细胞质中。营养细胞比生殖细胞要大，内含大量淀粉、脂肪等物质。两种细胞的生理作用是不同的，营养细胞以后与花粉管的生成和生长有关，而生殖细胞的作用是产生两个精子细胞，直接参与生殖。花粉成熟时，只有生殖细胞和营养细胞的花粉粒称为二细胞花粉粒（图 9-3），约 70% 的被子植物，如双子叶植物的棉花、茶、桃、梨、柑橘等；单子叶植物的百合、薯蓣、香蒲及许多兰科植物等的花粉粒成熟时是二细胞花粉粒。另外一些植物，如水稻、小麦、玉米、莎草和向日葵等，

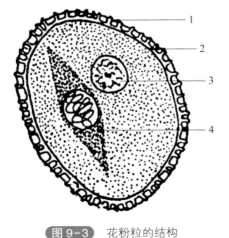

图 9-3　花粉粒的结构

1—外壁；2—内壁；3—营养细胞；4—生殖细胞

图片来源：https://image.baidu.com/

它们的花粉粒在花药中尚需进一步的发育，其生殖细胞进行一次有丝分裂，形成两个精细胞，成为三细胞花粉粒。

减数分裂后不久，花粉壁也开始发育。初生成的壁是花粉粒的外壁，继而在外壁内侧生成花粉粒的内壁。外壁较厚、硬且缺乏弹性。除少数植物的花粉粒表面光滑外，多数植物的花粉外壁上常具有条纹、皱波纹及网纹等不同形式的雕纹，并有刺状、疣状、棒状或圆柱状等各种附属物。花粉壁上有萌发孔（或萌发沟），其数量因种而异。萌发孔是外壁上不增厚的部位，它直接或间接地与花粉粒的萌发有关。

花粉粒的内壁较薄、软且有弹性，在萌发孔处常较厚。内壁的主要成分为纤维素、果胶质、半纤维素及蛋白质等。

花粉粒的形态和构造十分多样，其形状、大小、外壁上纹饰的差异，萌发孔的有无、数量和分布等特征，都因植物种类不同而异，且其特征非常稳定。成熟花粉粒的形状一般多呈球形、椭圆形，也有略呈三角形或长方形的。水稻、小麦、玉米、棉花、柑橘、桃、南瓜、紫云英等为球形；油菜、蚕豆、梨、苹果等为椭圆形；茶略呈三角形；此外，也有呈线形的。大多数植物花粉粒的直径为 15～50 μm，水稻花粉粒的直径为 42～43 μm，玉米的为 77～89 μm，桃的为 50～57 μm，棉花的为 125～138 μm；最大的如紫茉莉的花粉粒，其直径为 250 μm，属巨粒型；最小的花粉粒为高山勿忘草（*Myosotis sylvatica* Hoffm.) 的，仅为 2.5～3.5 μm，属微粒型。

花粉粒的形态、颜色、大小、表面雕纹、萌发孔或萌发沟等因植物种类不同而异，故花粉粒可作为植物鉴别的重要特征之一。由于花粉的外壁具抗酸、抗碱和抗分解的特性，在自然界中花粉壁可保持数万年不腐败，可为地质勘探和考古提供科学依据。利用花粉的特征鉴定植物属种、分析演化关系和植物地理分布的学科，称为孢粉学。

雄蕊花药的发育与结构总结如图 9-4 所示。

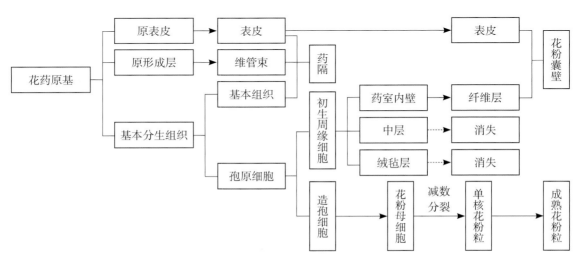

图 9-4　雄蕊花药的发育与结构总结

图片来源：https://image.baidu.com/

9.2.3　单倍体育种

利用花药和单（核）细胞靠边期的花粉粒离体培养，使其产生愈伤组织或胚状体，然后分化成植株的方法已得到普遍应用。这种来自花粉粒的植株，称为花粉植物，因花粉粒的染色体是单倍体，故又称其为单倍体植物。花粉植物的培养是一种新的育种手段，可以减少杂种分离，缩短育种年限，提高选择效率，减少田间实验用地和人力，对异花传粉的植物能迅速获得自交系。对品种提纯、复壮和研究器官的建成与遗传等很有意义。

9.2.4　雄性不育与利用

有些植物由于受其遗传、生理或环境等的因素影响，而花药或花粉不能正常发育的现象称为雄性不育。雄性不育植物常表现为花药瘦小萎缩、花药内不产生花粉、没有生活力等，其雌蕊一般发育正常。这种现象已见于 40 多个科的几百种植物或种间植物中。农林生产上，如水稻、高粱、玉米、油菜、棉花、南瓜等植物育出的雄性不育植株群体，称为雄性不育系。这样的雄性不育系有的属于遗传型雄性不育，如细胞核雄性不育、细胞质雄性不育和核质互作型雄性不育等；有的属于环境型雄性不育，受特定环境的影响导致雄性不育，如水稻的光敏核不育和温敏核不育等，它们分别在长日照和低温条件下才发生雄性不育现象。此外，应用化学杀雄等方法诱导，也可产生非遗传性的雄性不育植株。

雄性不育在杂交育种中有很重要的作用，杂种一代有着很强的杂种优势。利用雄性不育系进行杂交育种，可免去人工去雄这一复杂的操作过程，既能节约大量人力，又保证了种子的纯度。利用雄性不育开展杂交优势的研究和利用最成功的例子是我国科学家袁隆平院士在水稻杂交育种方面进行的研究与实践，使我国在这方面的工作居世界领先水平。

9.3　雌蕊的发育与结构

从形态发生上说，雌蕊由 1 至数个变态的叶卷合而成。组成雌蕊的基本单位称为心皮，心皮是适应于生殖的变态叶。每一心皮通常有三条维管束，其中相当于叶片中脉的维管束称为背束，两侧的维管束称为腹束。心皮在形成雌蕊时，常向内卷合，使近轴的一面（或称腹面）闭合起来，心皮边缘连接处称为腹缝线；与近轴相背的一面为远轴面（或称背面），称为背缝线。心皮卷合成雌蕊后，其上端为柱头，中间为花柱，下部为子房。

单雌蕊或离生单雌蕊，每一心皮只有一条背缝线和一条腹缝线（图 9-5）。复雌蕊或合生心皮雌蕊，由于合生的心皮多于 2 枚，

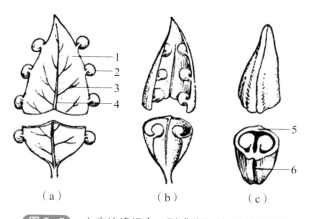

图 9-5　心皮边缘闭合，形成雌蕊过程的示意图

（a）、（b）、（c）表示由一片张开的心皮逐步内卷，边缘进行闭合的过程。1—心皮；2—心皮上着生的胚珠；3—心皮的侧脉；4—心皮的背脉；5—背缝线；6—腹缝线

图片来源：https://image.baidu.com/

则背缝线和腹缝线的数目与心皮数相同。

　　雌蕊的子房内生有胚珠，在结构上，一个成熟的胚珠由珠心、珠被、珠孔、合点和珠柄等几部分组成；在性质上雌蕊（心皮）相当于大孢子叶，胚珠相当于产生大孢子的大孢子囊，就如雄蕊的花粉囊是产生小孢子的小孢子囊一样。成熟胚珠的珠心内，将产生一个单倍核相的胚囊细胞，也就是大孢子，以后经过细胞分裂，形成七细胞（八核）结构的成熟胚囊（雌配子体）。卵细胞就在胚囊里产生。

9.3.1　胚珠的发育与结构

　　胚珠是在胎座上发生的，初出现时是一个很小的突起物，这个突起物称为珠心。珠心体积增大并从珠心的基部生出一种保护构造——珠被。珠被通常有两层，外层的称为外珠被，内层的称为内珠被。珠被基部的细胞生长加快，将珠心包被起来，形成胚珠。在胚珠的顶部珠被通常并未完全闭合，留有一个小孔，称为珠孔。胡桃、向日葵、银莲花属等的胚珠只有一层珠被。胚珠基部的一部分细胞发展成柄状结构，与心皮直接相连，称为珠柄。胚珠基部与珠孔相对的部位，珠被、珠心和珠柄相闭合的部分，称为合点。心皮的维管束分支由珠柄进入胚珠，最后到达合点。因此，一个发育成熟的胚珠，其结构包括珠心、珠被、珠柄、珠孔和合点等几部分（图9-6）。

　　胚珠在生长时，珠柄和其他各部分的生长速度，并不都是一样均匀的，因此，形成了不同类型的胚珠（图9-7）。胚珠各部分能平均生长，胚珠正直地着生在珠柄上，因而珠柄、合点、珠心和珠孔依次排列于同一直线上，珠孔在珠柄相对的一端，这种类型的胚珠，称为直生胚珠，如大黄、酸模、荞麦等的胚珠；另一种类型是倒生胚珠，这类胚珠呈180°倒转，

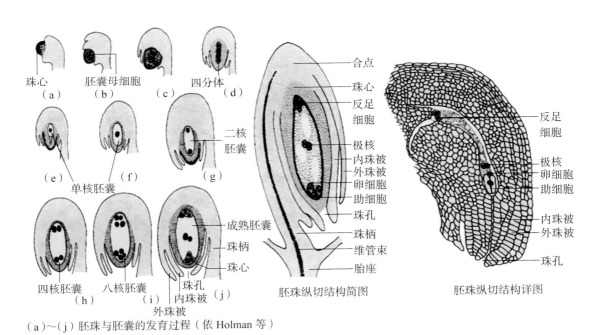

（a）～（j）胚珠与胚囊的发育过程（依Holman等）

图9-6　胚珠与胚囊的发育过程与结构（依Holman和Robbins）

图片来源：金根银.植物学［M］.北京：科学出版社，2018

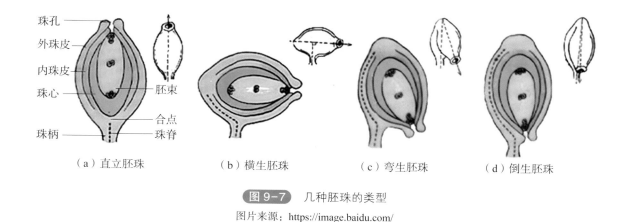

珠孔 ——
外珠皮 ——
内珠皮 ——
珠心 ——
　　　　　—— 胚束
　　　　　—— 合点
珠柄 ——　　—— 珠脊

（a）直立胚珠　　　（b）横生胚珠　　　（c）弯生胚珠　　　（d）倒生胚珠

图 9-7　几种胚珠的类型

图片来源：https://image.baidu.com/

珠心并不弯曲，珠孔位于珠柄基部，靠近珠柄的外珠被常与珠柄贴合，形成一条向外突出的隆起，称为珠脊，大多数被子植物的胚珠属于这一类型，如凤梨。直生胚珠和倒生胚珠可认为是两种基本类型，两者之间尚有一些过渡的形式，如有的胚珠在形成时胚珠的一侧增长较快，使胚珠在珠柄上呈 90° 扭曲，珠心和珠柄垂直，珠孔偏向一侧，如石竹，这类胚珠称为横生胚珠。此外还有弯生胚珠、拳卷胚珠等。

9.3.2　胚囊的发育和结构

9.3.2.1　大孢子的发生

胚珠的珠心由薄壁组织的细胞组成，以后在位于珠孔端内方的珠心表皮下，出现一个体积较大、原生质浓厚、具大细胞核的孢原细胞。在一些植物种类里，孢原细胞可以直接起到大孢子母细胞（即胚囊母细胞）的作用；但有些植物的孢原细胞须经过一次平周分裂，形成一个周缘细胞和一个造孢细胞，前者可以不再分裂，或经平周或垂周分裂后，增加珠心细胞数目，而后者通常不经分裂直接发育为大孢子母细胞。由大孢子母细胞进一步发育为大孢子的过程中有三种不同的情况。

1）大孢子母细胞经过两次连续的分裂，其中一次是染色体的减数，分裂后，每个细胞产生各自的细胞壁，成为 4 个含单倍核的大孢子。4 个大孢子一般以一直线或 T 形在珠孔端排列。其中位于珠心深处、近合点端的 1 个大孢子经过进一步发育，最终成为七细胞（八核）的胚囊，其余 3 个以后退化消失，如在银莲花、蓼科植物中。这种方式产生的胚囊称为单孢型胚囊，又称蓼型胚囊。

2）大孢子母细胞在减数分裂时两次分裂都没有形成细胞的壁，所以 4 个单倍的核共同存在于原来大孢子母细胞的细胞质中，以后这 4 个大孢子核一起参与胚囊的形成，如贝母、百合等植物的大孢子发生就属这一类型。这种方式产生的胚囊称为四孢型胚囊。

3）大孢子母细胞在减数分裂时的第一次分裂出现细胞壁，成为二分体；二分体中只有一个发育，进入第二次分裂，形成 2 个单倍的核，而另一个二分体即退化并消失。二分体中保留下来的一个细胞在第二次分裂时并没有形成新壁，所以 2 个单倍的核（大孢子核）同时存在于一个细胞中，以后共同参与胚囊的形成，如葱、慈姑等植物的大孢子发生就是经由这一途径的。这种方式产生的胚囊称为双孢型胚囊。

9.3.2.2 胚囊的形成

如上所述，由于大孢子起源方式的差异，造成被子植物胚囊的形成有不同的类型。但是，被子植物中 70% 以上的植物胚囊的发育类型是单孢型的，即由一个单相核的大孢子经 3 次有丝分裂，进一步发育成一个具七细胞（八核）的胚囊。现将发育过程概述如下。直列形的 4 个大孢子中合点端的 1 个逐渐长大，而另外 3 个逐渐退化消失。长大的大孢子也可称为单核胚囊，含有大的液泡。大孢子（单核胚囊）长大到相当程度的时候，连续发生三次有丝分裂。第一次分裂生成的 2 个核，依相反方向向胚囊两端移动，以后每个核又相继进行二次分裂，各形成 4 个核。每次分裂之后，并不伴随着新壁的产生，所以出现一个游离核时期。以后每一端的 4 个核中，各有一核向中央部分移动，这 2 个核称为极核，同时在胚囊两端的其余 3 核，也各自发生变化。靠近珠孔端的 3 个核，每个核的外面由一团细胞质和一层薄的细胞壁包住，成为 3 个细胞，其中 1 个较大，离珠孔较远，称为卵细胞，另 2 个离珠孔较近的较小，称为助细胞，这 3 个细胞组成卵器。另 3 个位于远珠孔端的细胞核，同样分别组成 3 个细胞，聚合在一起，成为 3 个反足细胞（图 9-8）。以后中央的 2 个极核结合，形成 1 个大型的中央细胞。至此，1 个成熟的胚囊形成了七细胞（八核），即 1 个卵细胞，2 个助细

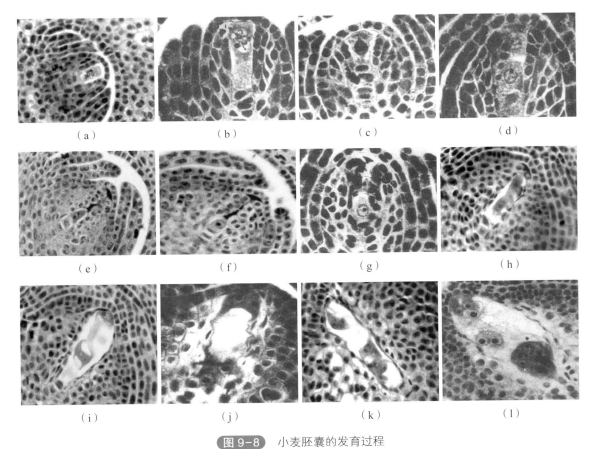

图 9-8　小麦胚囊的发育过程

（a）胚囊母细胞；（b）二分体；（c）中期Ⅱ；（d）四分体；（e）近珠孔 2 个子细胞解体；（f）近珠孔的 30 个子细胞已解体；（g）单细胞胚囊；（h）二核胚囊；（i）（j）四核胚囊；（k）八核胚囊；（l）成熟胚囊

图片来源：https://image.baidu.com/

胞，3 个反足细胞和 1 个中央细胞。

　　百合成熟胚囊的结构与单孢型胚囊一样为七细胞（八核），但它的发育过程属于四孢型，又称贝母型。具体过程是大孢子母细胞减数分裂后形成 4 个单倍体的核共同存在于大孢子母细胞的细胞质中，1 个核在珠孔端，另 3 个核在合点端。然后，珠孔端的核进行一次正常的有丝分裂并形成 2 个单倍体的子核，而合点端的 3 个核分裂时，染色体先合并再形成 2 个三倍体的子核，它的体积较单倍体的子核大，核仁也多，形状也不同。然后，所有的核各分裂一次成为 8 个核，4 个在合点端的为三相核，4 个在珠孔端的为单相核。接着两端各有 1 个核移向中央，与单孢型胚囊相似，在胚囊的珠孔端发育为 1 个卵和 2 个助细胞，在合点端为 3 个反足细胞，在中部的 2 个极核构成 1 个中央细胞。但不同的是它的反足细胞和一个极核是三相的（图 9-9）。

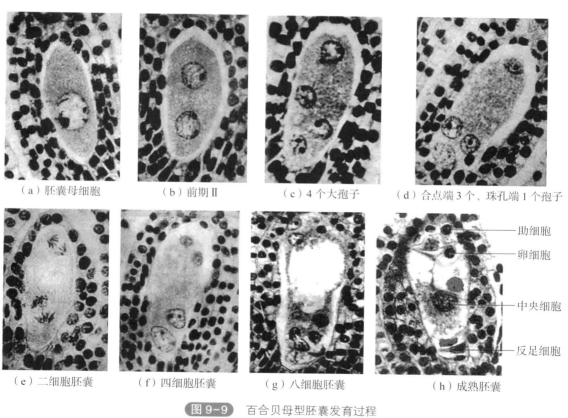

| （a）胚囊母细胞 | （b）前期Ⅱ | （c）4 个大孢子 | （d）合点端 3 个、珠孔端 1 个孢子 |

| （e）二细胞胚囊 | （f）四细胞胚囊 | （g）八细胞胚囊 | （h）成熟胚囊 |

助细胞
卵细胞
中央细胞
反足细胞

图 9-9　百合贝母型胚囊发育过程

图片来源：金根银. 植物学［M］. 北京：科学出版社，2018

9.3.2.3　成熟胚囊的结构和功能

　　卵细胞是胚囊中最重要的部分，它是雌配子，是有性生殖的直接参与者，经受精后将发育成胚。卵细胞有高度的极性，细胞中含有一个大液泡，位于近珠孔端；核大形，在细胞中的位置处于液泡的相反一边。卵细胞周围是否有壁包围，不同植物种类的情况不同。卵细胞和两侧的助细胞间有胞间连丝相通。

　　助细胞结构最为复杂，并在受精过程中起到极其重要的作用。助细胞紧靠卵细胞，与卵细胞成三角形排列，它们也有高度的极性，外有不完全的壁包围，壁的厚度同样是不均匀的，近珠孔一端较厚，相对的一端只有质膜包住。细胞内的大液泡位于靠合点的一端，而核在近珠孔端，与卵细胞的情况正相反。助细胞的特点是在近珠孔端的细胞壁上出现丝状器结构。丝状器是一些伸向细胞中间的不规则片状或指状突起，这些突起是通过细胞壁的内向生长而形成的，它们能使助细胞起到与传递细胞一样的作用。研究认为，助细胞在受精过程中能分泌某些物质诱导花粉管进入胚囊，同时还可能分泌某些酶，使进入胚囊的花粉管末端溶解，促使精子和其他内含物注入胚囊。此外，助细胞还能吸收、贮藏和转运珠心组织的物质进入胚囊。助细胞的寿命通常较短，一般在受精作用完成后解体。反足细胞的数目可以从无至十余个，即使蓼型胚囊的反足细胞，也不一定是 3 个，常常可以继续分裂成一群细胞。反足细胞的核有的是 1 个，也有具 2 个或更多的。反足细胞寿命通常短暂，往往胚囊成熟时，即消失或仅留残迹，但也有存在时间较长的，如禾本科植物。反足细胞的功能是将母体的营养物质转运到胚囊。中央细胞含有 2 个极核的内含物。正常类型胚囊的极核是 2 个，但也有 1 个、4 个或 8 个的。融合的极核也称次生核。中央细胞的绝大部分为 1 个大液泡所占据，次生核常近卵器，它的周围有细胞质围绕。2 个极核的融合，可以发生在受精作用之前，也可以发生在受精过程中。中央细胞与第二个精子融合后，发育成胚乳。

第 10 章
开花、传粉与受精

10.1　开花

当雄蕊中的花粉和雌蕊中的胚囊都达到成熟或两者之一发育成熟时，原来由花被紧紧包住的花张开，露出雌、雄蕊，为下一步的传粉做准备，这种现象称为开花。不同植物的开花年龄、开花季节和花期长短相差很大。例如，一年生或二年生的植物，一般生长几个月就能开花，一生中仅开花一次，开花后，整个植株枯萎凋谢。多年生植物在到达开花年龄后，通常每年按时开花。各种植物的开花年龄往往有很大差异，有 3～5 年的，如桃属；有 10～12 年的，如桦属；有 20～25 年的，如椴属。竹子虽是多年生植物，但一生往往只开花一次，花后即缓慢枯死。不同植物的开花季节虽不完全相同，但早春季节开花的较多。一般来说，开花植物多数先长叶后开花（后叶开花），但也有先叶开花的，如蜡梅、玉兰等。有的植物在冬天开花，如茶梅、枇杷。也有在晚上开花的，如晚香玉。至于花期的长短也有很大差异，有的仅几天或更短，如桃、杏、李等，也有持续一两个月或更长的，如蜡梅。有的一次盛开后全部凋落，如梅花。有的持久地陆续开放，如棉、番茄等。热带植物中有些种类几乎终年开花，如可可、桉树、柠檬等。各种植物的开花习性与它们原产地的生活条件有关，是植物长期适应的结果，也是它们的遗传所决定的。

雄蕊的花粉囊通过一定的方式开裂并散出花粉。花粉囊的开裂方式是多样的，最普遍的方式是纵裂，其他有横裂、孔裂、瓣裂等，可在不同植物属、种中见到。散放出来的花粉粒在适宜的温度、水湿条件下，可保持一定时期的萌发力。高温、干旱或过量的雨水，一方面能破坏花粉的生活力，同时对柱头的分泌作用产生不利的影响，所以作物在开花时遇到高温、干旱或连绵阴雨等恶劣天气，会导致减产。

有些植物的花，花苞不张开就能完成传粉，甚至进一步完成受精，这在闭花传粉的植物种类里可以见到。

10.2　传粉

由花粉囊散出的成熟花粉，借助一定的媒介力量，被传送到同一花或另一花的雌蕊柱头上的过程，称为传粉。传粉是有性生殖过程中的重要一环，通常情况下，没有传粉，也就不能完成受精。

10.2.1　自花传粉与异花传粉

自然界普遍存在两种传粉方式：一是自花传粉，二是异花传粉。

10.2.1.1　自花传粉

花粉从花粉囊散出后，落到同一花的柱头上的传粉现象，称为自花传粉。在实际应用上，自花传粉的概念，还指农业上同株异花间的传粉和果树栽培上同品种间的传粉。自花传粉植物的花必然是：① 两性花，花的雄蕊常围绕雌蕊而生，而且挨得很近，所以花粉易于落在本花的柱头上；② 雄蕊的花粉囊和雌蕊的胚囊必须是同时成熟的；③ 雌蕊的柱头对于本花的花粉萌发和花粉管中雄配子的发育没有任何生理阻碍，如大豆。栽培作物如水稻、大麦、小麦、番茄等，通常多行自花传粉，而它们仍保留典型的异花传粉结构。

传粉方式中的闭花传粉和闭花受精是一种典型的自花传粉，它和一般的开花传粉和开花受精是不同的。这类植物的花不待花苞张开，就已经完成受精。它们的花粉直接在花粉囊里萌发，花粉管穿过花粉囊的壁，向柱头生长，完成受精。因此，严格地讲不存在传粉这一环节，例如豌豆、广布野豌豆、落花生等。闭花受精在自然界中是一种合理的适应现象，植物在环境条件不适于开花传粉时，闭花受精就弥补了这一不足，完成生殖过程，而且花粉可以不致受到雨水的淋湿和昆虫的吞食。

10.2.1.2　异花传粉

一朵花的花粉传送到同一植株或不同植株另一朵花的柱头上的传粉方式，称为异花传粉。作物栽培上称不同植株间的传粉、果树栽培上称不同品种间的传粉都为异花传粉。异花传粉的植物和花，在结构上和生理上产生了一些特殊的适应性变化，使自花传粉成为不可能，主要表现在：① 花单性，而且是雌雄异株植物；② 两性花，但雄蕊和雌蕊不同时成熟，在雌、雄蕊异熟现象中，有雄蕊先熟的，如莴苣、含羞草等，也有雌蕊先熟的，如车前、甜菜等；③ 雌、雄蕊异长或异位，有利于进行异花传粉，如报春花；④ 花粉落在本花的柱头上不能萌发，或不能完全发育以达到受精，如荞麦、梨、苹果、葡萄等。异花传粉在植物界比较普遍地存在着，与自花传粉相比，是一种进化的方式。连续长期的自花传粉对植物是有害的，可使后代的生活力逐渐衰退，这在农业生产实践中已得到证明，例如小麦、大豆如果长期连续自花传粉，会逐渐衰退而失去栽培价值。异花传粉和异体受精的后代则往往具有强大的生活力和适应性。达尔文经过长期的观察研究后，指出："连续自花传粉对植物本身是有害的，而异花传粉对植物是有益的。"他的结论与农业实践是完全一致的。

自花传粉、自体受精之所以有害，异花传粉、异体受精之所以有益，是因为自花传粉植物所产生的两性配子，是处在同一环境条件下，所以融合产生的后代增加了有害隐性等位基因纯合的机会，降低了种群的适合度，造成近交衰退。而异花传粉由于雌、雄配子是在彼此不完全相同的生活条件产生的，遗传性具较大差异，融合后产生的后代就有了较强的生活力和适应性。

当缺乏必需的风、虫等媒介力量，而使异花传粉不能进行的时候，自花传粉对某些植物来说仍是必要的。用自花传粉的方法来繁殖种子，总比不繁殖种子或繁殖很少量来得好些。例如，石竹科孩儿参（*Pseudostellaria heterophylla*，又名太子参、异叶假繁缕）的花就有两种类型（图10-1）：一种为普通花，长在茎端或上部，依靠昆虫进行异花传粉；另一种花为闭锁花，是一种不完全花，这种花从不开放，由花萼紧紧地包着，它的2枚红棕色的花药就靠在柱头边上，自花传粉后，子房膨大，发育成为蒴果，散出种子。这两种花是互相弥补的：普通花能够通过传粉，进行植株间的

（a）普通花　　　　　　（b）闭锁花

图 10-1　孩儿参

图片来源：http://www.cfh.ac.cn/

种内的基因交流，使得植物充满活力，没有它，太子参就可能因长期的近亲繁殖而退化，最后导致灭亡；闭锁花则能够保证下一代的种群数量，没有它，太子参就可能因个体过少而得不到传粉的机会，也就是说，太子参主要以闭锁花繁殖后代，普通花随机地进行基因交流，既保证了种群的数量又保证了物种的生命力，两者缺一不可。

10.2.2　风媒花和虫媒花

植物进行异花传粉，必须依靠某种外力的帮助，才能把花粉传播到其他花的柱头上去。传送花粉的媒介有风力、昆虫、鸟和水等，最为普遍的是风和昆虫。借助各种不同外力传粉的花，往往产生一些特殊的适应性结构，使传粉得到保证。

10.2.2.1　风媒花

依靠风力传送花粉的传粉方式称为风媒，借助这类方式传粉的花称为风媒花。据估计，约有1/10的被子植物是风媒的，大部分禾本科植物和木本植物中的栎、杨、桦木、朴树等都是风媒植物。裸子植物也主要依靠风媒传粉。风媒植物的花多密集成穗状花序、柔荑花序等，能产生大量花粉，同时散发。花粉一般质轻、干燥、表面光滑，容易被风吹送。风媒花的花柱往往较长，柱头膨大呈羽状，高出花外，增加了接受花粉的概率。多数风媒植物有先叶开花的习性，散出的花粉受风吹送时，可以不致受枝叶的阻挡。此外，风媒植物也常是雌雄异花或异株，花被常消失，不具香味和色泽，但这些并非是必要的特征。有的风媒花照样是两性的，如禾本科植物的花。

10.2.2.2　虫媒花

依靠昆虫为媒介传送花粉的方式称为虫媒，借助这类方式传粉的花称为虫媒花。多数被子植物是靠昆虫传粉的，常见的传粉昆虫有蜂类、蝶类、蛾类、蝇类等，这些昆虫在花中产卵、栖息或采食花粉花蜜时，不可避免地要与花接触，从而将花粉从一朵花传到另一朵花

适应虫媒传粉的花，多具备以下特征：① 多有特殊的气味。不同植物散发的气味不同，所以趋附的昆虫种类也不一样，有喜芳香的，也有喜恶臭的。② 多具有花蜜。蜜腺或是分布在花的各个部分，或是发展成特殊的器官。花蜜积累在花的底部或特有的距内。花蜜暴露于外的，往往由甲虫、蝇和短吻的蜂类、蛾类所趋集；花蜜深藏于花冠之内的，多为长吻的蝶类和蛾类所吸取。昆虫取蜜时，花粉粒黏附昆虫体表而被传布开去。③ 花大而显著，并有鲜艳色彩。一般昼间开放的花多红、黄、紫等颜色，而夜间开放的多纯白色，只有夜间活动的蛾类能识别，帮助传粉。④ 花粉粒大且外壁粗糙，具黏性；雌蕊柱头也有黏液。⑤ 结构上常和传粉的昆虫互相适应。如昆虫的大小、体型、结构和行为，与花的大小、结构和蜜腺的位置等，都是密切相关的。

10.2.2.3　其他传粉方式

除风媒传粉和虫媒传粉外，水生被子植物中的金鱼藻、黑藻、浮萍、苦草等都是借水力来传粉的，这类传粉方式称为水媒。例如苦草属植物是雌雄异株的，它们生活在水底，当雄花成熟时，大量雄花自花柄脱落，浮升水面开放，同时螺旋状卷曲的雌花花柄迅速延长，把雌花的柱头顶出于水面上，当雄花飘近雌花时，两种花在水面相遇，柱头和雄花花药接触，完成传粉过程以后，雌花的花柄重新卷曲成螺旋状，把雌花带回水底，进一发育成果实和种子。其他如借鸟类传粉的称为鸟媒，传粉的是一些小型的蜂鸟、太阳鸟等。这些鸟在摄食花蜜时传播花粉。

10.3　受精

花内两性配子互相融合的过程，称为受精。这一过程包括花粉粒在柱头上的萌发、花粉管在雌蕊组织中的生长、花粉管进入胚珠与胚囊、花粉管中的两个精子分别与卵细胞和中央细胞融合。

10.3.1　花粉粒在柱头上的萌发

花粉粒落在柱头上后，首先向周围吸取水分，吸水后的花粉粒呼吸作用迅速增强，蛋白质的合成也显著地加快。同时，花粉粒因吸水而增大体积，高尔基体活动加强，产生很多大型小泡，带着多种酶和造壁物质，循着细胞质向前流动的方向，释放出小泡，参与花粉管壁的建成。吸水的花粉粒营养细胞的液泡化增强，细胞内部物质增多，细胞的内压增加，这就迫使花粉粒的内壁向着一个（或几个）萌发孔突出，形成花粉管（图10-2），这一过程称为花粉粒的萌发。花粉在柱头上有立即萌发的，如玉米、橡胶草等；也有需要经过几分钟以至更长一些时间后才萌发的，如棉花、小麦、甜菜等。空气湿度过高，或气温过低，不能达到萌发所需要的湿度或温度时，萌发就会受到影响。落到柱头上的花粉种类会很多，但并不都能萌发。一般认为，花粉与柱头之间存在某种识别反应过程。当花粉粒落到柱头上时，花粉粒壁蛋白（一种糖蛋白）与柱头细胞表面的蛋白相互识别，决定花粉与柱头的亲和性或不亲和性。对亲和性好的花粉，柱头提供水分、营养物质及刺激花粉萌发生长的物质，花粉内壁凸出，同时，花粉内壁分泌角质酶，溶解与柱头接触处的柱头表皮细胞的角质膜，以利于花粉管穿过柱头的乳突细胞。如果是自花或远缘花粉等不具亲和性的，则产生"拒绝"反应，柱头乳突细胞基部产生胼胝质，在花粉萌发孔或在开始伸出花粉管的一端形成胼胝质，将萌发孔阻塞，阻断花粉的萌发

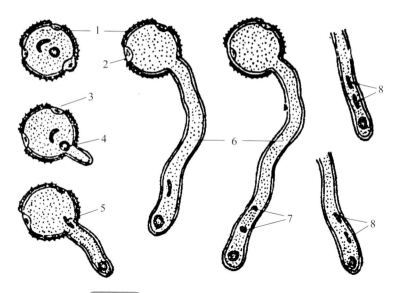

图 10-2　花粉粒的萌发和花粉管的发育

1—外壁；2—内壁；3—萌发孔；4—营养核；5—生殖细胞；6—花粉管；7—精子在形成中；8—精子

图片来源：https://image.baidu.com/

和花粉管的生长。因此，花粉与柱头的识别作用对于完成受精有决定性意义。

　　受精的不亲和性会在自交和杂交过程中导致不育，给育种工作造成困难。现在已有多种措施可以克服不亲和性的障碍，例如，用混合花粉授粉；在蕾期授粉；授粉前截除柱头或截短花柱；子房内授粉或试管授精，等等。

10.3.2　花粉管的生长及受精

　　花粉管有顶端生长的特性，它的生长只限于前端 3～5 μm 处，形成后能继续向下延伸，先穿越柱头，然后经花柱而达子房。同时，花粉粒细胞的内含物全部注入花粉管内，向花粉管顶端集中，如果是三细胞型的花粉粒，营养核和 2 个精子全部进入花粉管中，而二细胞型的花粉粒在营养核和生殖细胞移入花粉管后，生殖细胞便在花粉管内分裂，形成 2 个精子。花粉管通过花柱而达子房的生长途径，可分为两种不同的情况：一种情况是某些植物的花柱中间成空心的花柱道，花粉管在生长时沿着花柱道表面下伸，到达子房；另一种情况是花柱并无花柱道，而为特殊的引导组织或一般薄壁细胞所充塞，花粉管生长时需经过酶的作用，将引导组织或薄壁组织细胞的胞间层果胶质溶解，花粉管经由细胞之间通过。花粉管在花柱中的生长，除利用花粉本身贮存的物质作营养外，同时吸收花柱组织的养料，作为生长和建成管壁合成物质之用。花粉管到达子房以后，或者直接伸向珠孔，进入胚囊（直生胚珠），或者经过弯曲，折入胚珠的珠孔口（倒生、横生胚珠），再由珠孔进入胚囊，统称为珠孔受精。也有花粉管经胚珠基部的合点而达胚囊的，称为合点受精。前者是大多数植物具有的，后者是少见的现象，榆、胡桃的受精即属后者。此外，也有穿过珠被，由侧道折入胚囊的，称为中部受精，则更属少见，如南瓜。无论花粉管在生长中取哪一条途径，最后总能准确地伸向胚珠和胚囊。这一现象产生的原因，一般认为是由于在雌蕊某组织，如珠孔道、花柱道、引导组织、胎座、子房内壁和助细胞等存在某些化学物质，以诱导花粉管的定向生长。

10.3.3　被子植物的双受精过程及其生物学意义

花粉管经过花柱，进入子房，直达胚珠，然后过珠孔，进而伸向胚囊。在珠心组织较薄的胚珠里，花粉管可以直接进入胚囊，但在珠心较厚的胚珠里花粉管需要先通过厚实的珠心组织，才能进入胚囊。通常花粉管穿入一个助细胞，从其丝状器处进入胚囊。据推测可能是由于低压膨胀，引起压力的改变，导致花粉管的末端破裂，将精子及其他内容物注入胚囊。2 个精子中的 1 个和卵融合，形成受精卵（或称合子），将来发育为胚。另 1 个精子和 2 个极核（或次生核）融合，形成受精极核，亦称初生胚乳核，以后发育为胚乳。卵细胞和极核同时和 2 个精子分别完成融合的过程，是被子植物有性生殖的特有现象，称为双受精。

与卵细胞结合的精子，在进入卵细胞与卵核接近时，精核的染色体贴附在卵核的核膜上，然后断裂分散，同时出现一个小的核仁，之后精核和卵核的染色质相互混杂在一起，雄核的核仁也和雌核的核仁融合在一起，结束这一受精过程。另 1 个精子和极核的融合过程与上述两配子的融合是基本相似的，精子初时也呈卷曲的带状，以后松开与极核面接触，2 组染色质和 2 个核仁合并，完成整个过程。精子和卵的结合比精子和极核的结合要缓慢一些，所以精子和次生核的合并完成得较早。

受精时，精子的细胞质是否进入卵细胞中，可归纳为两种情况：一种是精子的细胞质与核均参与融合，另一种是受精作用发生时只有精子的核进入卵细胞，精子的其他构造并未进入。后一种情况在被子植物中占优势，这与大多数被子植物的质体和线粒体都具有母系遗传性的实际情况是相符的。

受精后胚囊中的反足细胞最初经分裂而略有增多，作为胚和胚乳发育时的养料，但最后全部消失。

被子植物的双受精，使两个单倍体的雌、雄配子融合在一起，成为一个二倍体的合子，恢复了植物原有的染色体数目。双受精在传递亲本遗传性、加强后代个体的生活力和适应性方面具有重要的生物学意义。精、卵融合将父本、母本具有差异的遗传物质结合在一起，形成具双重遗传性的合子。由于配子间的相互同化，形成的后代就有可能形成一些新的变异。由受精的极核发展成的胚乳是三倍体的，同样兼有父本、母本的遗传特性，作为新生代胚期的养料，可以为巩固和发展这一特点提供物质条件。所以，双受精在植物界成为有性生殖过程中最进化、最高级的形式。

10.3.4　无融合生殖及多胚现象

在正常情况下，被子植物的有性生殖是经过卵细胞和精子的融合，以发育成胚，但在有些植物里，不经过精卵融合，也能直接发育成胚，这类现象称为无融合生殖。无融合生殖可以发生在经过正常减数分裂的胚囊中，或发生在未经正常减数分裂的胚囊中，或发生在胚囊以外的其他细胞。通常被子植物的胚珠只产生一个胚囊，每个胚囊也只有一个卵细胞，所以受精后只能发育成一个胚。但有的植物种子里往往有 2 个或更多的胚存在，这一情况称为多胚现象。多胚现象的产生，可以是胚珠中发生多个胚囊、受精卵分裂成几个胚；也可以是由于无融合生殖的结果。

第 11 章
种子与果实

种子的发育与结构

受精作用完成后，胚珠便发育为种子，子房（有时还包括其他结构）发育为果实。种子植物除利用种子增殖本物种的个体数量外，还可借以应对干、冷等不良环境。而果实部分除保护种子外，往往兼有贮藏营养和辅助种子散布的作用。

11.1.1 种子的基本形态

不同植物的种子的大小、形状、颜色等有着明显的差别，但是其基本结构却是一致的。一般种子都由胚、胚乳和种皮三部分组成，少数种类的种子还具有外胚乳结构。

11.1.1.1 种皮

种皮是种子外面的覆被部分，具有保护种子不受外力损伤和防止病虫害入侵等作用，其性质和厚度随植物种类而异。有些植物的种子成熟后一直包在果实内，由坚韧的果皮起着保护种子的作用，这类种子的种皮比较薄，呈薄膜状或纸状，如桃、落花生的种子。有些植物的果实成熟后即自行开裂，种子散出，裸露于外，这类种子一般具坚厚的种皮，有发达的机械组织，有的为革质，如大豆、蚕豆；也有成硬壳的，如茶、蓖麻的种子。小麦、水稻等植物的种子，种皮与外围的果皮紧密结合，成为共同的保护层，因此种皮很难分辨。

成熟种子的种皮上，常可看到一些由胚珠发育成种子时残留下来的痕迹，如蚕豆种子较宽一端的种皮上，可以看到一条黑色的眉状条纹，称为种脐，是种子脱离果实时留下的痕迹，也就是和珠柄相脱离的地方；在种脐的一端有一个不易察见的小孔（即种孔），是原来胚珠的珠孔留下的痕迹，种子吸水后如在种脐处稍加挤压，即可发现有水滴从这一小孔溢出。蓖麻种子一端有一块由外种皮延伸而成的海绵状隆起物，称为种阜，种脐和种孔被种阜覆盖，只有剥去种阜才能见到；在沿种子腹面的中央部位，有一条稍为隆起的纵向痕迹，几乎与种子等长，称为种脊，是维管束集中分布的地方（图 11-1）。不是所有的种子都有种脊，其只有在由倒生胚珠所形成的种子上才能见到，因为倒生胚珠的珠柄和胚珠的

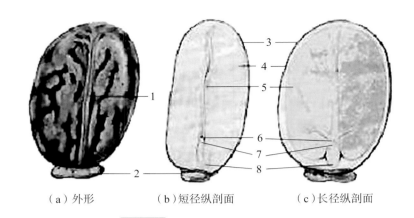

（a）外形　　　　　（b）短径纵剖面　　　　　（c）长径纵剖面

图 11-1　蓖麻种子形态与结构

1—种脊；2—种阜；3—种皮；4—胚乳；5—子叶；6—胚芽；7—胚轴；8—胚根

图片来源：https://image.baidu.com/

一部分外珠被是紧紧贴合在一起的，维管束是通过珠柄进入胚珠，所以当珠被发育成种子的种皮时，珠被与珠柄愈合的部分就在种皮上留下种脊这一痕迹，残存的维管束也就分布在种脊内。

11.1.1.2　胚

胚是种子的重要组成部分，是未发育的新个体的雏体。胚由胚芽、胚轴、子叶和胚根四部分组成。种子萌发后，胚芽、胚轴和胚根分别发育成植株的茎叶和根等结构。胚根和胚芽的体积很小。当种子萌发时，这些细胞能很快分裂、长大，使得胚根和胚芽生长并突破种皮长成具有根、茎和叶的新的幼小植株。胚轴是连接胚芽和胚根的轴状结构。在种子萌发过程中，胚轴也随之生长，成为幼根或幼茎的一部分。

子叶是新植株最早的叶，子叶的数目、生理功能因植物种类不同而异。具有 2 片子叶的植物，称为双子叶植物，如豆类、瓜类、棉、油菜等。只有 1 片子叶的植物，称为单子叶植物，如水稻、小麦、玉米、洋葱等。双子叶植物和单子叶植物组成被子植物的两个大类。子叶的生理作用具有多样性。有些植物的子叶里储有大量养料，供种子萌发和幼苗成长初期利用，如大豆、落花生；有些植物的子叶在种子萌发后露出土面可在短期内进行光合作用，如陆地棉、油菜等。另有一些植物的子叶呈薄片状，能在种子萌发时分泌酶等物质，消化、吸收和转移胚乳的养料，如小麦、水稻等。

11.1.1.3　胚乳

胚乳是有胚乳种子中储藏营养物质（主要是淀粉、蛋白质和脂肪）的薄壁组织。种子萌发时，胚乳被胚消化吸收、利用；有些植物的种子成熟后，不含有胚乳，这是因为在种子的发育过程中，胚乳被胚全部吸收利用，营养物质储存到子叶中的缘故。

少数植物种子在形成过程中，胚珠中的一部分珠心组织保留下来，在种子中形成类似胚乳的营养组织，称为外胚乳，其功能与胚乳相同。外胚乳不同于胚乳，它是非受精的产物，为二倍体组织。外胚乳可在有胚乳的种子中出现，如胡椒、姜等；也可以发生于无胚乳种子中，如石竹、苋等。

11.1.2　种子的形成

种子的三个部分（胚、胚乳和种皮），分别由受精卵（合子）、受精的极核和珠被发育而成。大多数植物的珠心部分，在种子形成过程中，被吸收利用而消失，少数种类的珠心发育成外胚乳。虽然不同植物种子的大小、形状以及内部结构颇有差异，但它们的发育过程却是大同小异的。

11.1.2.1　胚的发育

种子里的胚是由合子发育来的，合子是胚的第一个细胞。卵细胞受精后，便产生一层纤维素的细胞壁，进入休眠状态。合子休眠时期的长短，随植物种类不同而异，有仅数小时的，如水稻在受精后 4～6 h 便进入第一次合子分裂；小麦为 16～18 h；也有需 2～3 d 的，如棉；有的延续几个月，如茶、秋水仙等。以后，合子经多次分裂，逐步发育为种子的胚。一般情况下，胚发育的开始，较迟于胚乳的发育。

合子是一个高度极性化的细胞，它的第一次分裂，通常是横向的（极少数例外），成为两个细胞，一个靠近珠孔端，称为基细胞，具营养性，以后成为胚柄；另一个相对远离珠孔的，称为顶端细胞，是胚的前身。两细胞间有胞间连丝相通。这种细胞的异质性，是由合子的生理极性所决定的。胚在没有出现分化前的阶段，称为原胚。由原胚发展为胚的过程，在双子叶植物和单子叶植物间是有差异的。

在胚的发育过程中胚柄并不是一个永久性的结构，随着胚体的发育，胚柄也逐渐被吸收而消失。胚柄起着把胚伸向胚囊内部合适的位置以利于胚在发育中吸收周围的养料的作用，还可能起着从它的周围吸收营养转运到胚体供其生长发育等作用。

（1）双子叶植物胚的发育（以荠菜为例）

合子经短暂休眠后，不均等地横向分裂为 2 个细胞，靠近珠孔端是基细胞，远离珠孔端是顶端细胞。基细胞略大，经连续横向分裂，形成一列由 6～10 个细胞组成的胚柄，这些细胞之间有胞间连丝相通。电子显微镜观察胚柄细胞壁有内突生长，犹如传递细胞，细胞内含有未经分化的质体。顶端细胞先要经过 2 次纵分裂（第二次的分裂面与第一次的垂直），形成 4 个细胞，即四分体时期，然后各个细胞再横向分裂一次，形成 8 个细胞的球状体，即八分体时期。八分体的各细胞先进行一次平周分裂，再经过各个方向的连续分裂，成为一团组织。以上各个时期都属原胚阶段。以后由于这团组织的顶端两侧分裂生长较快，形成 2 个突起，迅速发育，成为 2 片子叶，又在子叶间的凹陷部分逐渐分化出胚芽。与此同时，球形胚体下方的胚柄顶端一个细胞，即胚根原细胞，和球形胚体的基部细胞也不断分裂生长，一起分化为胚根。胚根与子叶间的部分即为胚轴。这一阶段的胚体，在纵切面看，略呈心形。不久，由于细胞的横向分裂，使子叶和胚轴延长，而胚轴和子叶由于空间的限制也弯曲成马蹄形。至此，一个完整的胚体已经形成（图 11-2），胚柄也就退化消失。

（2）单子叶植物胚的发育（以小麦为例）

小麦胚的发育，与双子叶植物胚的发育情况有共同之处，但也有区别。合子的第一次分裂是斜向的，分为 2 个细胞，接着 2 个细胞分别各自进行一次斜向的分裂，成为 4 个细胞的原胚。以后，4 个细胞又各自不断地从各个方向分裂，增大了胚体的体积。到 16～32 个细

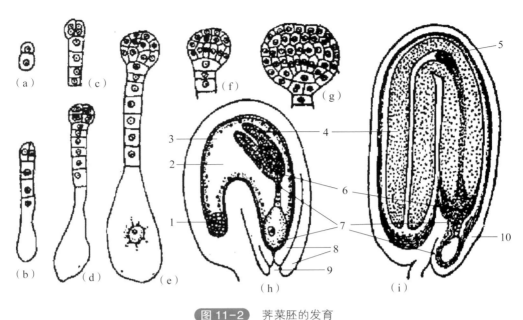

图 11-2　荠菜胚的发育

（a）合子的第一次分裂，形成两个细胞其一发育为胚，另一为胚柄（包括一列细胞）；（b）至（e）基细胞发育为胚柄（包括一列细胞），顶端细胞经多次分裂，形成球形胚体的情形；（f）至（g）胚继续发育；（h）胚在胚珠中已初步发育完成，出现胚的各部分结构；（i）胚和种子初步形成，胚乳消失无存

1—珠心组织；2—胚；3—胚乳细胞核；4—子叶；5—胚芽；6—胚根；7—胚柄；8—内、外珠被；9—珠孔；10—早期的种皮

图片来源：https://image.baidu.com/

胞时期，胚呈现棍棒状，上部膨大为胚体的前身，下部细长分化为胚柄，整个胚体周围由一层原表皮层细胞所包围（图 11-3）。

　　不久，在棒状胚体的一侧出现一个小型凹刻，就在凹刻处形成胚体主轴的生长点，凹刻以上的一部分胚体发展为盾片（子叶）。由于这一部分生长较快，所以很快突出在生长点之上。生长点分化后不久，出现了胚芽鞘的原始体，成为一层折叠组织，罩在生长点和第一片真叶原基的外面。与此同时，在与盾片相对的一侧，形成一个新的突起，并继续长大，成为外胚叶。

　　胚芽鞘开始分化出现的时候，就在胚体的下方出现胚根鞘和胚根的原始体，由于胚根和胚根鞘细胞生长的速度不同，所以在胚根周围形成一个裂生性的空腔，随着胚的长大，腔也不断地增大。

　　至此，小麦的胚体已基本上发育形成（图 11-3）。在结构上，它包括一片盾片（子叶），位于胚的内侧，与胚乳相贴近；胚芽生长点与第一片真叶原基合成胚芽，外面有胚芽鞘包被；相对于胚芽的一端是胚根，外有胚根鞘包被；在与盾片相对的面，可以见到外胚叶的突起。有的禾本科植物如玉米的胚，不存在外胚叶。

11.1.2.2　胚乳的发育

　　胚乳是被子植物种子贮藏养料的部分，由 2 个极核受精后发育而成，所以是三核融合的产物。极核受精后，不经休眠，就在中央细胞发育成胚乳。胚乳的发育，一般有核型、细胞

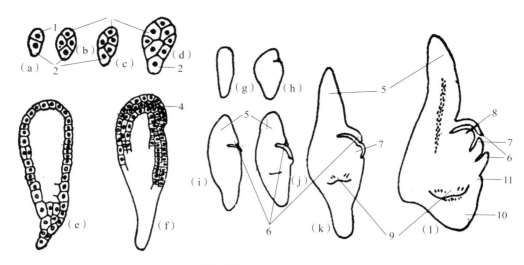

图 11-3　小麦胚的发育

（a）至（f）小麦胚初期发育时的纵切面，示发育的各个时期；（g）至（l）小麦胚发育过程的图解
1—胚细胞；2—胚柄细胞；3—胚；4—子叶发育早期；5—盾片；6—胚芽；7—第一片营养叶；8—胚芽生长锥；9—胚根；10—胚根鞘；11—外胚叶

图片来源：https://image.baidu.com/

型和沼生目型三种方式。以核型方式最为普遍，而沼生目型比较少见。

核型胚乳发育时，受精极核的第一次分裂以及其后一段时期的核分裂，不伴随细胞壁的形成，各个细胞核保留游离状态，分布在同一细胞质中，这时期称为游离核的形成期。游离核的数目常随植物种类而异。随着核数的增加，核和原生质逐渐由于中央液泡的出现，而被挤向胚囊的四周，在胚囊的珠孔端和合点端较为密集，而在胚囊的侧方仅分布成一薄层。核的分裂以有丝分裂方式为多，也有少数出现无丝分裂，特别是在合点端分布的核。

胚乳核分裂进行到一定阶段，即向细胞时期过渡，这时在部分或全部游离核之间形成细胞壁，进行细胞质的分隔，即形成胚乳细胞，整个组织称为胚乳。多数单子叶植物和多数双子叶植物胚乳的发育都属于这一类型（图 11-4）。

细胞型胚乳的发育不同于前者的地方，是在核第一次分裂后，随即伴随细胞质的分裂和细胞壁的形成，以后进行的分裂全属细胞分裂，所以胚乳自始至终是细胞的形式，不出现游离核时期，整个胚乳为多细胞结构。大多数合瓣花类植物胚乳的发育属于这一类型（图 11-5）。

沼生目型胚乳的发育，是核型和细胞型的中间类型。受精极核第一次分裂时，胚囊被分为 2 个室，即珠孔室和合点室。珠孔室比较大，这一部分的核进行多次分裂，呈游离状态。合点室核的分裂次数较少，并一直保留游离状态。以后，珠孔室的游离核形成细胞结构，完成胚乳的发育。属于这一胚乳发育类型的植物，仅限于泽泻亚纲（克朗奎斯特系统）的种类，如刺果泽泻、慈姑、独尾草属（*Eremurus* sp.）等（图 11-6）。

因为胚乳含有三倍数的染色体（由母本提供 2 倍、父本提供 1 倍），所以，它同样包含着父本和母本植物的遗传性。而且它又是胚体发育过程中的养料，为胚所吸收利用，因此，由胚发育的子代变异性更大，生活力更强，适应性也更广。

兰科、川苔草科、菱科等植物，种子在发育过程中极核虽也经过受精作用，但受精极核不久退化消失，并不发育为胚乳，所以种子内不存在胚乳结构。

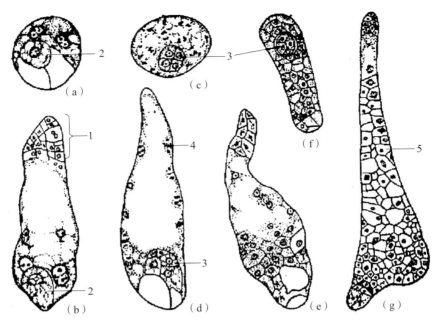

图 11-4 玉米胚乳的发育（核型）

（a）（c）（f）胚囊的横切面观；（b）（d）（g）胚囊的纵切面观；（e）胚囊斜切面观
（a）（b）示合子和少量胚乳核（传粉 26～84 h 后）；（d）胚发育早期，胚乳核在分裂中（由 128 个过渡到 266 个的游离核时期，传粉后 3 d）；（e）由游离核时期向细胞时期过渡（传粉后 3.5 d）；（f）（g）胚乳细胞形成（传粉后 4 d）
1—反足细胞群；2—合子；3—胚早期；4—游离的胚乳核在分裂中；5—胚乳细胞

图片来源：https://image.baidu.com/

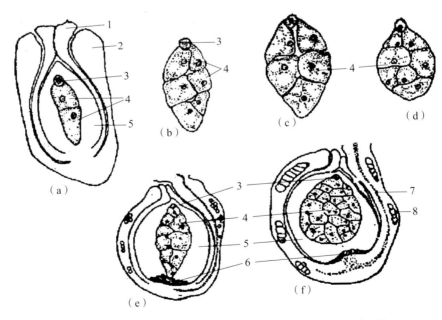

图 11-5 单心木兰属（*Degeneria*）胚乳的发育（细胞型）

（a）胚珠的纵切面，示合子和 2 细胞时期的胚乳；（b）至（d）胚乳发育的各期，示胚乳细胞；（e）（f）胚珠纵切，示胚乳继续发育，胚乳细胞增多，但合子仍未开始分裂
1—内珠被；2—外珠被；3—合子；4—胚乳细胞；5—珠心；6—退化的珠心；7—通向胚珠的维管束；8—含油细胞群

图片来源：https://image.baidu.com/

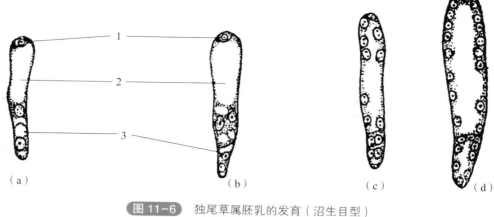

图 11-6　独尾草属胚乳的发育（沼生目型）

（a）至（d）发育过程

1—合子；2—珠孔室；3—合点室

图片来源：https://image.baidu.com/

11.1.2.3　种皮的形成

在胚和胚乳发育的同时，由胚珠的珠被发育成种皮。珠被有 1 层的，也有 2 层的，前者发育成的种皮只有一层，如向日葵、胡桃；后者发育成的种皮通常有 2 层，即外种皮和内种皮，如油菜、蓖麻等。但在许多植物中，一部分珠被的组织和营养被胚吸收，所以只有一部分的珠被变成种皮。有的种子的种皮由外珠被发育而成，如大豆、蚕豆，也有由内珠被发育而来的，如水稻、小麦等。不同物种的种皮，结构差异很大。

（1）蚕豆种皮

蚕豆胚珠的内珠被为胚吸收消耗，后来不复存在，所以种皮是由外珠被的组织发育而来的。外珠被发育成种皮时，分化为 3 层组织，外层细胞是 1 层长柱状厚壁细胞，细胞的长轴致密地平行排列，犹如栅状组织；第二层细胞分化为骨形厚壁细胞，这些细胞短柱状，两端膨大铺开呈工字形，壁厚，彼此紧靠排列，细胞间隙明显，有极强的保护作用和机械强度，再下面是多层薄壁细胞，是外珠被未经分化的细胞层，种子在成长时，这部分细胞常被压扁。

（2）小麦种皮

初时，每层珠被都包含 2 层细胞，合子进行第一次分裂时，外珠被开始出现退化现象，细胞内原生质逐渐丧失，细胞失去原来形状，终于消失。内珠被这时仍保持原有形状，并增大体积，到种子胚乳成熟时期，内珠被的外层细胞开始消失，内层细胞保持短期的存在，到种子成熟干燥时，它根本起不了保护作用，此时主要由心皮发育而来的组织层来保护种子。

11.2　果实的发育与结构

花期过后，花的各部分将起显著的变化，花萼（宿萼种类例外）、花冠一般枯萎脱落，雄蕊和雌蕊的柱头以及花柱也都凋谢，仅子房或子房以外与之相连的其他部分迅速生长，逐渐发育成果实。一般而言，果实的形成与受精作用有着密切联系，花只有在受精后才能形成果实。但是有的植物在自然状况或人为控制的条件下，虽不经过受精，子房也能发育为果实，这样的果实里面不含种子。果实的性质和结构是多种多样的，这与花的结构，特别是心皮的结构，以及受精后心皮及其相连部分的发育情况，有很大关系。

11.2.1 果实的形成和结构

果实有的单纯由子房发育而成，也有的由花的其他部分如花托、花萼、花序轴等一起参与组成。子房原是由薄壁细胞所构成，在发育成果实时，将进一步分化为各种不同的组织，分化的性质随植物种类而异。组成果实的组织，称为果皮，通常可分为3层结构，最外层是外果皮，中层是中果皮，内层是内果皮。3层果皮的厚度不是一致的，视果实种类而异。有些果实里，3层果皮分界比较明显，如桃、杏等核果类；也有分界不甚明确，甚至互相混合无从区别的。果皮的发育是个十分复杂的过程，因此通常不能单纯地和子房壁的内、中、外层组织对应起来，而且组成3层果皮的组织层，常在发育中出现分化，从而使追溯它们的起源更显困难。

严格地说，果皮是指成熟的子房壁，如果果实的组成部分，除心皮外，尚包含其他附属结构组织的，如花托等，则果皮的含义也可扩大到非子房壁的附属结构或组织部分。

11.2.2 单性结实和无子果实

不经受精，子房就发育成果实的现象，称为单性结实。单性结实的果实里不含种子，所以称这类果实为无子果实。

单性结实有自发形成的，称为自发单性结实，突出的例子如香蕉。香蕉的花序是穗状花序，总花序轴上部是雄花，下部是雌花，花可不经传粉、受精而形成果实。其他在自然条件下能进行单性结实的有葡萄的某些品种、柑橘、柿、某些瓜类等，这些栽培植物的果实中不含种子，品质优良，是园艺上的优良栽培品种。另一种情况是通过某种诱导作用引起单性结实，称为诱导单性结实，例如用马铃薯的花粉刺激番茄的柱头，或用爬山虎的花粉刺激葡萄的柱头，都能得到无子果实。又如，利用各种植物生长物质涂敷或喷洒在柱头上，也能得到无子果实。

11.3 果实与种子的传播

现将由花至果和种子的发育过程简要总结如图11-7所示。

种子是包被在果实里、受果实保护的。同时，果实的结构也有助于种子的散布。果实和种子散布各地，扩大后代植株的生长范围，对繁荣种族是有利的，也为丰富植物的适应性提供条件。

果实和种子的散布，主要依靠风力、水力、动物和人类的携带，以及果实本身所产生的机械应力。果实和种子对于各种散布力量的适应形式是不一样的，现分别叙述于下。

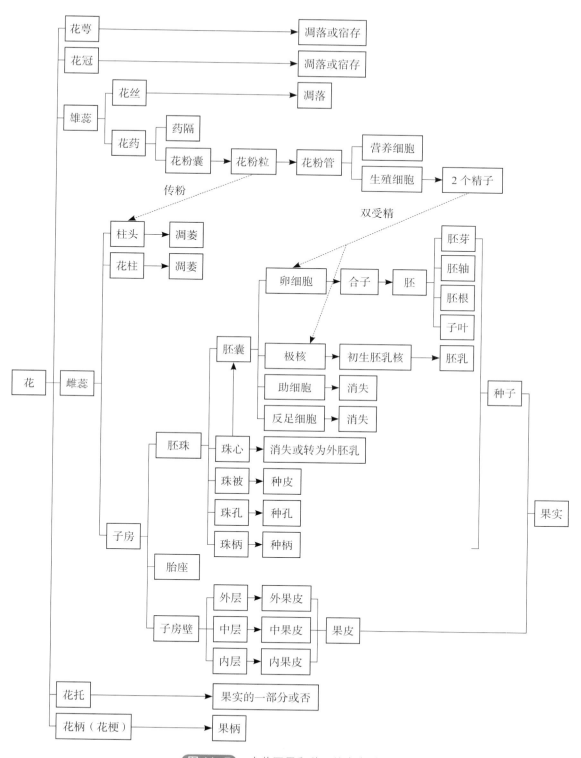

图 11-7　由花至果和种子的发育过程

11.3.1　对风力散布的适应

借助风力散布果实和种子的植物很多，这些果实和种子一般都细小质轻，能悬浮在空气中被风力吹送到远处。如兰科植物的种子小而轻，可随风吹送到数千米以外；其次是果实或种子的表面常生有毛、翅，或其他有助于承载风力的特殊构造。例如，垂柳的种子外面有细长的茸毛（柳絮），蒲公英果实上长有降落伞状的冠毛，铁线莲果实上带有宿存的羽状柱头，鸡爪槭、榆等的果实的一部分果皮以及美国凌霄、松、云杉等的种子的一部分种皮铺展成翅状，红姑娘的果实有薄膜状的气囊，这些都是适于风力散布的特有结构。草原和荒漠上的风滚草，其种子成熟时，球形的植株在根颈部断离，随风吹滚，从而散布到远方。

11.3.2　对水力散布的适应

水生和沼泽地生长的植物，其果实和种子往往借水力散布。莲的聚合果，俗称莲蓬，呈倒圆锥形，组织疏松，质轻，漂浮水面，随水流到各处，同时把种子远播各地。陆生植物中的椰子，它的果实也是靠水力散布的。椰果的中果皮疏松，富有纤维，适应在水上漂浮；内果皮又极坚厚，可防止水分侵蚀；果实内含大量椰汁，可促使胚发育，这就使椰果能在咸水的环境条件下萌发，因此热带海岸地带多椰林分布。

11.3.3　对动物和人类散布的适应

一部分植物的果实和种子是靠动物和人类的携带散布的，这类果实和种子的外面生有刺毛、倒钩或有黏液分泌，能挂在或黏附于动物的毛、羽，或人们的衣裤上，随着动物和人们的活动无意中把它们散布到较远的地方，如小槐花、鬼针草、苍耳、鹤虱、水杨梅、蒺藜、窃衣、猪殃殃等。果实中的槲果和坚果，常是某些动物（如松鼠）的食料。这些动物常把这类果实埋藏于地下或其他安全之处，除一部分被吃掉外，留存的就在原地自行萌发。蚂蚁对一些小型植物的种子，也有类似的散布方式。具有肉质部分的果实，多半是鸟兽等动物喜欢的食料。这些果实被吞食后，果皮部分被消化吸收，残留的果核或种子，由于坚韧果皮或种皮的保护虽经消化仍保持活力，随鸟兽的粪便排出，散落各处，如果条件适合，便能萌发，如杨梅。同样，多种植物的果实也是人类日常生活中的辅助食品，在取食时往往把种子随处抛弃，种子借此取得了广为散布的机会。

11.3.4　靠果实本身的机械应力使种子散布的适应结构

有些植物的果实在急剧开裂时，产生机械应力，使种子散布开去。干果中的裂果类果皮成熟后成为干燥坚硬的结构，由于果皮各层厚壁细胞的排列形式不一，随着果皮含水量的变化容易在收缩时产生扭裂现象，借此把种子弹出，分散远处。常见的刻叶紫堇、大豆、凤仙花等的果实都有此现象。喷瓜的果实成熟时，果柄脱落形成一个裂孔，果实由于大气压强的变化收缩使果内的种子从裂孔中喷出。

第 12 章
被子植物的生活史

多数植物在经过一个时期的营养生长以后，便进入生殖阶段，这时在植物体的一定部位形成生殖结构，产生生殖细胞进行繁殖。如属有性生殖，则形成配子体，产生配子（卵和精子），融合后形成合子，然后发育成新的一代植物体。像这样，植物在一生中所经历的发育和繁殖阶段，前后相继，有规律地循环的全部过程，称为生活史或生活周期。

种子在形成以后，经过一个短暂的休眠期，在获得适合的内在和外界环境条件时，便萌发为幼苗，并逐渐长成具根、茎、叶的植物体。经过一个时期的生长发育以后，一部分顶芽或腋芽不再发育为枝条，而是转变为花芽，形成花朵，在雄蕊的花药里生成花粉粒，在雌蕊子房的胚珠内形成胚囊。花粉粒和胚囊又各自分别产生精子和卵细胞。经过传粉、受精，其中一个精子和卵细胞融合，成为合子，以后发育成种子的胚；另一个精子和 2 个极核结合，发育为种子中的胚乳。最后花的子房发育为果实，胚珠发育为种子。种子中孕育的胚是新生代的雏体。

被子植物的生活史存在两个基本阶段：一个是二倍体植物阶段（2n），也称为孢子体阶段，这就是具根、茎、叶的营养体植株。这一阶段从受精卵发育开始，一直延续到花里的雌、雄蕊分别形成胚囊母细胞（大孢子母细胞）和花粉母细胞（小孢子母细胞）并进行减数分裂前为止，在整个被子植物的生活周期中，占了绝大部分时间。这一阶段植物体的各部分细胞染色体数都是二倍的。孢子体阶段也是植物体的无性阶段，所以也称为无性世代。另一个是单倍体植物阶段（n），也称为配子体阶段，或有性世代。这一阶段由大孢子母细胞经过减数分裂后，形成的单核期胚囊（大孢子），和小孢子母细胞经过减数分裂后，形成的单核期花粉细胞（小孢子）开始，一直到胚囊发育成含卵细胞的成熟胚囊，和花粉成为含 2 个（或 3 个）细胞的成熟花粉粒，经萌发形成有 2 个精子的花粉管，完成双受精为止。被子植物的这一阶段占有生活史中的极短时期，而且不能脱离二倍体植物体而生存。由精、卵融合生成合子，使染色体又恢复到二倍数，生活周期重新进入二倍体阶段，完成一个生活周期。被子植物生活史中的两个阶段，二倍体占整个生活史的优势，单倍体只是附属在二倍体上生存，这是被子植物和裸子植物生活史的共同特点。但被子植物的配子体比裸子植物的更加简化，而孢子体更为复杂。二倍体的孢子体阶段（或无性世代）和单倍体的配子体阶段（或有性世代），在生活史中有规律地交替出现的现象，称为世代交替。

被子植物世代交替中出现的减数分裂和受精（精卵融合），是整个生活史的关键，也是两个世代交替的转折点。被子植物生活史图解见图 12-1。

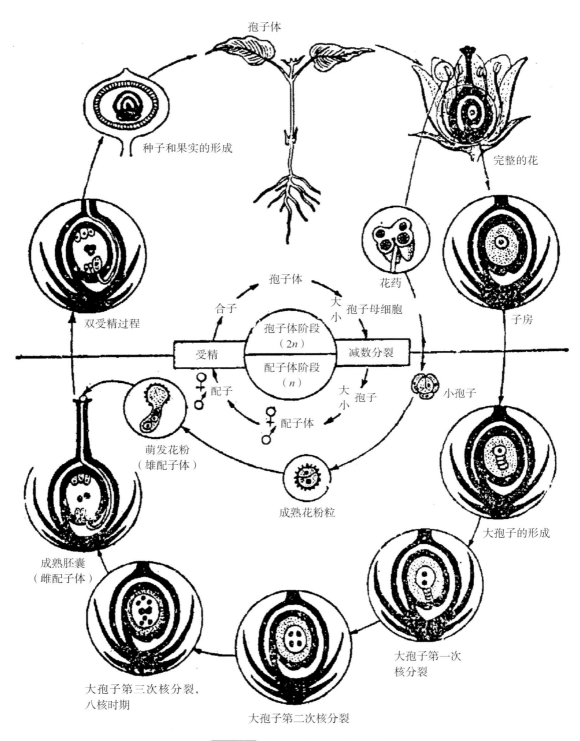

孢子体

种子和果实的形成

完整的花

双受精过程

花药

子房

孢子体

合子   大
                                            小
                      孢子体阶段   孢子母细胞
受精   （2n）   减数分裂
                      配子体阶段
配子   （n）   大
                                            小   孢子
                                                        小孢子
                      配子体

萌发花粉
（雄配子体）

成熟花粉粒

大孢子的形成

成熟胚囊
（雌配子体）

大孢子第一次
核分裂

大孢子第三次核分裂，
八核时期

大孢子第二次核分裂

图 12-1 被子植物生活史图解

图片来源：https://image.baidu.com/

第四编 PART IV

植物分类与识别

第 13 章
植物界基本类群与分类

13.1 植物界的概念

自然界中，凡是有生命的机体均属于生物。关于植物界的概念，有许多分类系统。最早是 200 多年前林奈提出的两界分类系统，即植物界和动物界，该系统把细菌类、藻类和真菌类归入植物界，把原生动物类归入动物界，这个系统在很多地方仍然沿用。其次，流传最广的是魏泰克提出的五界分类系统，其中的植物界包含苔藓类、蕨类、种子植物和部分藻类，而原核生物、原生生物和真菌都独自成界。除此之外，学者们也提出了三界、四界、五界、六界等许多分类系统，每个系统中植物界的内容也不尽相同。

在两界分类系统中，植物界可以分为 19 个门，如表 13-1 所示。

13.2 植物分类学及其依据

植物分类学是研究植物界不同类群在形态构造上的异同、习性的差别以及它们之间的亲缘关系，探讨其发生和发展规律，并按其演化趋势，分门别类，编制成有规律的系统，以便于学习、研究和应用的学科。

植物分类学的发展，除了形态学依据外，还有其他多种学科资源作为分类的依据或参考。

13.2.1 形态学依据

常指根、茎、叶、花、果、种子的外部形态，花器官特征对于科及科以上的等级分类更为重要，特别是雌蕊的心皮、子房、胎座，雄蕊的特征。有些科的特征还体现在果实和苞片上，如壳斗科、桑科等。营养器官，如树皮、皮孔、叶（叶脉、毛被等）、腺点等，都是在野外识别植物的重要特征。

13.2.2 细胞学依据

指以染色体性状进行分类，染色体不仅是遗传物质的载体，还能调节基因的活动或基因

表 13-1　两界分类系统中的植物界分类

界　别	序号	门　别	类　别		
孢子植物 （隐花植物）	1	蓝藻门	藻类植物	无维管植物	低等植物 （无胚植物）
	2	裸藻门			
	3	金藻门			
	4	甲藻门			
	5	黄藻门			
	6	硅藻门			
	7	绿藻门			
	8	轮藻门			
	9	红藻门			
	10	褐藻门			
	11	地衣门	地衣植物		
	12	细菌门	菌类植物		
	13	卵菌门			
	14	黏菌门			
	15	真菌门			
	16	苔藓植物门	颈卵器植物	维管植物	高等植物 （有胚植物）
	17	蕨类植物门			
种子植物 （显花植物）	18	裸子植物门	雌蕊植物		
	19	被子植物门			

重组的频率。染色体的数目在各类植物中甚至在同类不同种植物中是不一样的，对划分类群有参考意义，虽然并非都如此，但有时对确定种级也有辅助意义。染色体减数分裂时的配对和配对程度在一定程度可以对种群间和种间关系的判断有一定的帮助。

13.2.3　孢粉学依据

用电镜扫描观察植物花粉性状，如花粉粒形状及大小、花粉壁形态、极性、对称性等，对植物的分类起到了很重要的作用，这对于标本的物种鉴定尤为关键，因为在形态学特征方面，标本制作和保存过程中很多特征已缺失，如颜色、气味等。例如，一般认为被子植物中单沟花粉较原始，三沟花粉较进化。

13.2.4　分子系统学依据

指根据植物 DNA 序列上的差异来测定类群间的亲缘关系。测定的关键是针对某一特定类群选择相应合适的片段。因不同部位的植物基因组进化速率不同，同基因组内，不同位置的序列变异速度也不同，这些序列在进化速率上的差异为不同的类群提供了多种选择的来源，如有核基因组（nDNA）、叶绿体基因组等。

13.2.5　化学成分依据

指将植物的化学成分用于植物分类，因为亲缘关系相近的类群必然有类似的化学成分和化学产物，反过来，又可根据植物的化学成分或产物来检验类群划分的合理性。专家按照分子质量将对植物分类有意义的成分分为：小分子类——生物碱、氨基酸、色素、酚类、萜烯类化合物；大分子类——蛋白质、DNA、RNA、铁氧化还原蛋白等。一些科中含有特定的生物碱，如豆科含羽扇豆碱等。

13.2.6　数量分类学依据

指利用数学理论和电子计算机研究生物分类，其已在植物分类学、古生物学中取得丰硕的成果。如应用数量分类法对燕麦属（*Avena*）进行研究，得到了较好的分类系统，探讨了栽培燕麦的变异和演化关系，为农学发展提供了有意义的科学资料。数量分类还有一个最大的优势，就是可以综合利用各学科的研究成果进行大数据分析，从而更客观地反映植物间的相似关系和进化规律。

13.3　植物分类学的发展

13.3.1　人为分类系统时期（远古时期—1830）

我国植物分类的历史是与人们的生活密不可分的，最初是根据植物习性、用途将各类植物进行分门别类的，其中最著名的是明代李时珍的《本草纲目》（1578），全书共收集 1 892 种，其中植物药 1 195 种。此书编著历时 27 年，将植物分为草、谷、菜、果、木等 5 部，草部根据环境分为山草、芳草、湿草、青草、蔓草、水草等 11 类；木部分为乔木、灌木等 6 类。此书虽然分类方法粗放，但从当时的实用性、植物的习性和生境出发来分，已经大大超前了。清代吴其濬的《植物名实图考》和《植物名实图考长编》（1848）是我国植物学领域的又一部巨著，记载野生和栽培植物 1 714 种，图文并茂，为研究我国植物的重要书籍。

国外学者对植物学的发展也作出了巨大的贡献，如希腊人切奥弗拉斯特（Theophrastus）（公元前 370—前 285）著《植物的历史》（*Historia plantarum*）和《植物研究》（*Enquiry into plans*），记载当时的已知植物 480 种，分为乔木、灌木、半灌木和草本，并分为一年生、二年生和多年生，而且当时还注意了有限花序和无限花序、离瓣花和合瓣花、子房的位置等，这在当时是很伟大的认知，后人称他为"植物学之父"，其中被子植物的 1 个科 Theoprastaceae（假轮叶科）就是为纪念他而命名的。其后，瑞士人格斯纳（Conrad Gesner）（1516—1565）将植物分类的首要依据应为花和果的特征，其次是叶和茎，并由此定义植物"属"（Genera）的概念，成为植物学上"属"的创始人，现今的苦苣苔属（*Gesneria*）就是为纪念他而命名的。意大利人西沙尔比诺（Andrea Caesalpino）（1519—1603）发表《植物》（*Die platis*）（1583），记载 1 500 种植物，人们从中认识了豆科、伞形科、菊科等几个自然科，知道子房上位和下位的不同。尤其是他认为植物生殖器官的性质比一般习性重要。他的见解对后期的植物分类研究影响致远，林奈尊称其为"第一个分类学者"，豆科的云实属（*Caesalpinia*）就是为纪念他而命名的。瑞典植物学家林奈发表《自然系统》（*Systema naturae*）（1737），其中的系统是以花为依据，故又称性系统（Sexual system），根据花构造和花部数目（尤其雄蕊数目）将植物分为 24 纲，按雄蕊数目分 1～13 纲，按雄蕊长短、雄雌蕊关系以及雄蕊的联合情况分 14～20 纲，按花的性别（雌雄同株、异株、杂性花等）分 21～23 纲，隐花植物即今天的蕨类、苔藓等孢子植物，分为 24 纲。这个植物分类系统为现代植物分类学奠定了基础，但这个系统，受当时物种不变思想的束缚，认为物种没有进化，更谈不上物种间的亲缘关系。

13.3.2 进化论发表前的自然系统时期（1763—1920）

自然系统有很多，其中有几个系统是具有重要的历史影响的，如英国的本生（George Bentham）和胡克（William Jackson Hooker）系统，法国的裕苏（A. L. de Jussieu）系统等。

本生和胡克系统将植物分为双子叶植物（Dicotyledones）和单子叶植物（Monocotyledones），其中双子叶植物分为多瓣、离瓣花类（Polypetalae）和合瓣花类（Gamopetalae）；单子叶植物根据花萼、花冠等再进行分类。

13.3.3 系统发育时期（1983 至今）

达尔文（Charles Darwin）发表《物种起源》，提出生物进化的学说，即任何生物有它的起源、进化和发展的过程，物种是变化发展的，各类生物间有或近或远的亲缘关系。进化论开阔了人们的眼界，分类学者开始重新评估已建立的系统，考虑物种间的亲缘关系，取得了显著的成绩。其中最著名的系统有德国的恩格勒（A. Engler）系统；英国哈钦松（J. Hutchinson）的被子植物分类系统；苏联的塔赫他间（A. Takhtajan）系统；美国的克朗奎斯特（A. Cronquist）系统。

我国植物分类学家也先后发表了很多植物系统，如 1950 年胡先骕教授发表《被子植物的一个多元的新分类系统》；1998 年吴征镒院士提出"多系-多期-多域系统"，2003 年出版《中国被子植物科属综论》对系统进行详细论述；2004 年张宏达教授出版《种子植物系统学》，介绍了其种子植物分类系统。

13.4 植物分类的等级

植物界的基本分类有 6 个等级：门、纲、目、科、属、种；有时有辅助等级：亚门、亚纲、亚目、亚科、亚属、组、亚种等。每种植物的命名必须明确在这个阶层系统中的位置，并且只占一个位置，以银杏为例说明如下：

界（Regunm，Kingdom）　　　　植物界（Regnum vegetabile）

门（Divisio，Phylum）　　　　　种子植物门（Spermatophyta）

亚门（Subdivisio，Subphylum）　被子植物亚门（Angiospermae）

纲（Clasis，Class）　　　　　　双子叶植物纲（Dicotyledoneae）

目（Ordo，Order）　　　　　　银杏目 Ginkgoales

科（Famili，Family）　　　　　银杏科 Ginkgoaceae

属（Genus，Genus）　　　　　　银杏属 *Ginkgo*

种（Species，Species）　　　　银杏 *Ginkgo biloba* Linn.

13.4.1　种（Species）

（1）种（Species）

是分类学的基本单位，是由一群形态类似的个体所组成，来自共同的祖先，并繁衍类似的后代。由于细胞学的进展，种的定义又加上了遗传学的内容，即认为同种个体间可正常交配并繁殖正常的后代，而不同种个体间的交配则产生不正常的后代。

（2）亚种（Subspecies，subsp.）

用于在形态上有较大差异且占据不同分布区的变异类型，如美丽胡枝子 *Lespedeza thunbergii* subsp. *formosa* (Vogel) H. Ohashi。

（3）变种（Variety，var.）

使用最广的种下等级，一般用于不同的生态分化，而在形态上有异常特征的变异居群，如新疆杨 *Populus alba* var. *pyramidalis* Bunge。

（4）变型（Form，f.）

用于种内变异小但很稳定的类群，如葫芦枣 *Ziziphus jujuba* f. *lageniformis* (Nakai) Kitag.。

栽培品种根据《国际栽培植物命名法规》（*International Code of Nomenclature for Cultivated Plants, ICNCP*），自 1959 年 1 月 1 日起发表的新品种其品种名必须是现代语言种的一个词或几个词，中国用汉语拼音即可。其中属名 + 种加词的拼写规范同上，品种名用单引号加汉语拼音，首字母大写，如杉木的栽培品种灰叶杉，写成 *Cunninghamia lanceolata* 'Glauca'，不能用 cv. 或 ""等。

13.4.2　属（Genera）

形态特征相似且具有密切关系的种集合为属，属较种具有更大的稳定性，同时又是亲缘关系上很自然的类群等级，一般属的分类范围和名称很少变动，如木犀属 *Osamanthus*、含笑属 *Michelia*、杨属 *Populus*、榆属 *Ulmus* 等。

13.4.3　科（Families）

科是有亲缘关系属的综合，或者将一些特征类似的属归并为科。与属相比，科不如属严密，有些科特征比较容易掌握。科的命名一般以该科模式属的属名词干加词尾 -aceae 组成，如木兰科 Magnoliaceae，由木兰属 *Magnolia* 的词干 Magnoli+aceae 组成；壳斗科 Fagaceae，由水青冈属 *Fagus* 的词干 Fag+aceae 组成；百合科 Liliaceae，由百合属 *Lilium* 的词干 Lili+aceae 组成。所有的科命名中有两类例外，分别是：① 词尾为 x 则变为 c 加 aceae，如杨柳科 Salicaceae，由柳属 *Salix* 的词干 Salic+aceae 组成；词尾为 s 则变为 d 加 aceae，如小檗科 Berberidaceae，由小檗属 *Berberis* 的词干 Berberid+aceae 组成；② 植物科的命名中有 8 个科例外或有 2 个学名，包含：禾本科 Gramineae——Poaceae、豆科 Leguminosae——Fabaceae、十字花科 Cruciferae——Brassicaceae、棕榈科 Palmae——Arecaceae、伞形科 Umbelliferae——Apiaceae、菊科 Compositae——Asteraceae、唇形科 Labiatae——Lamiaceae、藤黄科 Guttiferae——Clussiaceae。

13.5　植物命名

13.5.1　名词解释

（1）学名

学名（Scientific name）指用拉丁文书写的符合《国际栽培植物命名法规》各项原则的科学名称，每种植物有且仅有一个学名。由于对植物的认识是逐步的过程，在此过程中，也会出现错误的鉴定，这个错误的学名就被称为异名。

（2）中文名

中文名指在《中国植物志》及地方植物志等权威著作中的中文名称。中文名和学名应该是一一对应的，但有时各个书籍中也有学名一致、中文名不一致的情况。由于中国地域差异，人们对植物的利用和认识不同，必然会有多个别名、地方名或俗名。

13.5.2　双名法

一个植物完整的学名必须符合双名法（Binomial nomenclature）。双名法是植物分类学家林奈在 1753 年发表的《植物种志》（*Species Plantarum*）一书中。双名法要求一个物种的学名必须由三部分构成，即属名 + 种加词 + 命名人。其中属名相当于"姓"，种加词相当于"名"，命名人是给这个植物命名的作者，如银杏的学名是 *Ginkgo biloba* L.。

植物的属名和种加词常具有特定的含义和来源以及具体的表述规定。

（1）属名

一般采用拉丁化的名词，如用其他文字或专有名词，也必须使其拉丁化，即词尾转化为拉丁文语法上的单数，第一格（主格）。书写时，第一个字母一律大写。属名的来源很多，常用有：① 以古老的拉丁文名字命名，如蔷薇属 *Rosa*，松属 *Pinus*；② 以古希腊文字命名，如香桃木属 *Myrtus*，悬铃木属 *Platanus*；③ 根据植物的某些特征、特性命名，如蓼属 *Polygonum*，由 "poly-" + "gonum" 组成，"poly-" 是复合词，意为许多，gonum 意为膝，连在一起的意思是茎生许多膨大的节；④ 根据颜色、气味命名，如悬钩子属 *Rubus*，rubeo 是变红色，特指果实成熟时为红色；木犀属 *Osmanthus*，由 "Osme-" 和 "anthus" 组成，意思是有气味的花，特指桂花的花香；⑤ 根据用途命名，如红豆属 *Ormosia*，Ormos 是项链，是指其鲜红色的种子可供制作项链；⑥ 纪念某个人名，如珙桐属 *Davida*，是纪念法国传教士 Pere Armand David，他曾在中国采集植物标本；⑦ 根据习性和生活环境命名，如石斛属 *Dendrobium*，由 "dendron" 树木和 "bion" 生活组成，特指本属植物多附生在树上；⑧ 根据植物产地命名，如台湾杉 *Taiwania*；⑨ 以原产地或产区的方言或俗名经拉丁化而成，如荔枝属 *Litchi*，来自广东方言；银杏属 *Ginkgo* 是由日本称银杏为金果的译音经拉丁化而来；⑩ 采用加前缀或后缀组成属名，如金钱树属 *Pseudolarix*，系在 Larix（落叶松属）前加前缀 Pseudo-（假的）而成。

（2）种加词

大多为形容词，少数为名词的所有格或同位名词。其来源不拘，但不可重复属名，如用 2 个或多个词组成种加词时，则必须用连字符号或连写来表示。用形容词作种加词时，在拉丁文语法上，要求性、数、格上均与属名保持一致。如板栗 *Castanea mollissima*，*Castanea*（栗属）是阴性、单数、第 1 格，mollissima 被柔软毛，也是阴性、单数、第 1 格。种加词来源常有：① 表示植物的特征，如小叶石楠 *Photinia parvifolia*，种加词是指小叶的；② 表示方位，一球悬铃木 *Platanus occientalis*，种加词意为西方的；③ 表示用途，如山茱萸 *Cornus officinalis*，种加词意为药用的；④ 表示习性，如葎草 *Humulus sandens*，种加词意为攀缘的；⑤ 表示人名，如 *Senecio oldhamianus*，来自人名 Oldham，*Rosa webbiana* 来自人名 Webb；⑥ 表示原产地的，如橡胶树 *Hevea brasiliensis*，种加词来自地名 Brasilia（巴西）等。

（3）命名人

不仅为了完整的表述学名，也为了便于查考其发表日期，且该命名者对他所命名的植物名负有科学责任。① 命名人通常以其姓氏的缩写表示。命名人的姓氏要拉丁化，第一个字母大写，缩写时在右下角加省略号 "."，如林奈 Linnaeus，缩写 Linn. 或 L.；两个命名人如果同姓，则可在姓前加上名字缩写，如 Robert Browun，缩写 R. Br.；如果命名人有两个，则在两个人之间加 "et" 或 "&"，如枫叶秋海棠 *Begonia heracleifolia* Cham. et Schlecht，如果命名人有多个，则在第一个人后面加 "et al."。② 当父子（女）均为命名人时，儿子 / 女儿的姓后加上 f./fil.。如胡克 Hook. 代表 William Jackson Hooker，其儿子写成 Hook. f.，如雷公藤 *Tripterygium wilfordii* Hook. f.；③ 如一学名系由甲植物学家命名，但由乙植物学家描述代为发表，则命名人表述时，需甲在前，乙在后，两者之间加 "ex"，如厚叶红淡比 *Cleyera pachyphylla* Chun ex Hung T. Chang。

13.6　植物分类的方法

植物分类的方法很多，最基础的是对植物的形态特征进行鉴定，从而达到快速识别植物的目的。植物鉴定要具备两个基本条件：第一，正确运用植物分类学的基本知识；第二，学会查阅工具书和资料。

植物志是记载一个国家或地区植物的书籍，书中一般包含各科、属的特征及检索表，植物种的形态描述、产地、生境、经济用途等，并有插图。目前这些书籍主要有：《中国植物志》、*Flora of China*、各省及地区植物志；此外，还有《中国高等植物科属检索表》、《植物图鉴》、《植物学》、《高等植物学》（南方版和北方版）、《植物》期刊等。

植物检索表是根据二歧分类法的原理，以对比的方式而编制成的区分植物种类的表格。通过检索表，可以根据各类植物的关键性特征进行逐项查找，从而达到鉴定种类的目的。常用的检索表格式有定距检索表和平行检索表。

13.6.1 定距检索表

把每一种相对特征的描述，给予同一号码，并列在同一距离处，逐项列出，逐级向右错开，直到植物名称出现为止。例如：

1. 一年生草本；花序总状
  2. 花被片外面 3 片背部具龙骨状突起或狭翅，果时稍增大
            …………………………………… *Fallopia convolvulus* 蔓首乌
  2. 花被片外面 3 片背部具翅，果时增大 ………… *Fallopia dentatoalata* 齿翅首乌
1. 多年生草本或半灌木；花序圆锥状 ………………… *Fallopia multiflora* 何首乌

13.6.2 平行检索表

把每一种相对特征的描写，并列在相邻两行里，每一条后面注明往下查的号码或是植物名称。例如：

1. 多年生草本或半灌木；花序圆锥状 ………………… *Fallopia multiflora* 何首乌
1. 一年生草本；花序总状 ……………………………………………………… 2
2. 花被片外面 3 片背部具龙骨状突起或狭翅，果时稍增大
            …………………………………… *Fallopia convolvulus* 蔓首乌
2. 花被片外面 3 片背部具翅，果时增大 ………… *Fallopia dentatoalata* 齿翅首乌

当对某一类不知名的植物标本或新鲜植物样本进行鉴定时，必须全面细心地进行观察，必要时要借助解剖镜和放大镜进行细心的观察与解剖，弄清鉴定对象的各部特征，再仔细反复对照检索表进行查找。鉴定时，一定先要找到植物原产地的工具书，如在植物发现地的地方植物志中进行查找。当然，对植物鉴定时，有结果是最好的事情，没有结果也不要勉强定名，可以请教同行的专家或到有关研究所、大学等查找标本进行核对。

第 14 章
有胚植物和维管植物

14.1　有胚植物和维管植物概念及其演化

14.1.1　有胚植物概念及其演化

　　有胚植物构造上有组织分化，有多细胞生殖器官，合子在母体内发育成胚，胚的出现是其标志性事件，故称为有胚植物。有胚植物又称为高等植物。那些最熟悉的植物大多都是有胚植物，包括苔藓植物、蕨类植物、裸子植物、被子植物等，但不包括藻类。有胚植物都是具有专门的生殖器官的复杂多细胞真核生物，除极少例外，都通过光合作用获取能量，如吸收光，从二氧化碳中生成养料。有胚植物具有的特化的生殖器官中有非生殖性的组织，这一点可以与多细胞藻类相区分。有胚植物大多适应陆生环境，只有少数在水中生活，所以有胚植物也被称为陆生植物。

　　有胚植物是在古生代时期从复杂的绿藻发展而来的。有胚植物现存的关系最近的亲戚是轮藻。这些藻类经历单倍体世代（配子体）和双倍体世代（孢子体）的世代交替。显微镜下，原始有胚植物的细胞结构类似于绿藻，区别在于细胞分裂时有成膜体形成细胞壁。有胚植物的另一个特点是其细胞大多有一个较大的中央液泡，由中央液泡的膨胀压提供植物细胞的支持力，使它能维持形状。多细胞藻类虽然也有世代交替，但是有胚植物的名称来自在母本的配子体组织中养育受精卵——孢子体胚胎这一共有衍征。

　　植物界从苔藓植物开始，才真正出现了胚的结构，当然也是最简单的胚。最早的有胚植物的孢子体在结构和功能上非常弱小，孢子体在短暂的生命周期中依赖于母体（胚子体）。所以，苔藓植物都相对小并局限于潮湿环境中，依赖水来散播它们的孢子。

14.1.2　维管植物概念及其演化

　　有一些植物在志留纪更好地适应了新出现的陆地环境，并在泥盆纪变得更加多样化，并传播到不同的陆地环境。这些植物逐渐进化成为维管植物或导管植物。维管植物具有维管组织或管胞，水分通过维管在植物体内输送，外面还有减少水分蒸腾的表皮。大部分维管植物的孢子体已经发展成独立的植株，进化出真正的叶、茎和根，但配子体仍然很小。但有的维管植物依然依靠孢子繁殖。

最进化的维管植物是在古生代后期出现的，已经不用孢子繁殖，进化出可以抵御恶劣环境的种子，所以称为种子植物。种子植物的有受精卵发育的整个幼年孢子体都包含在种子之中，有的种子即使它们的母体是生长在多水的环境之下，也可以抵御极度干旱的环境。

14.2   苔藓植物简介

苔藓植物是最原始的高等植物，目前有 40 000 余种。它们虽然脱离水生环境进入陆地生活，但大多数仍需生长在潮湿地区。因此它们是从水生到陆生过渡的代表类型。植物体构造比较简单而矮小，较低等的苔藓植物常为扁平的叶状体，较高等的则有类似茎叶的分化，而无真正的根，仅有单列细胞构成的假根。茎中尚未分化出维管束的构造。在它们的生活史中，世代交替的特征为配子体世代很发达，具有叶绿体，自营养生活，而孢子体世代不发达，不能独立生活，寄生在配子体上，由配子体供给营养。它们的雌性生殖器官——颈卵器很发达，呈长颈花瓶状。

在植物的系统演化过程中，苔藓植物的生活史中出现了胚，具有多细胞的生殖器官已经出现了茎叶分化。根据以上这些特征，把苔藓植物列入高等植物。而苔藓植物的世代交替类型在高等植物中是比较特别的，这种以配子体世代发达为特征的世代交替类型，在植物进化过程中没有继续向前发展，到苔藓植物已经是最高阶段了。所以，其生活史以配子体世代发达为特征的进化路线在植物进化过程中是一条盲支。

苔藓植物大多数生活在阴湿的土壤上或林中的树皮、树枝及朽木上，极少数生长于急流中的岩石上或干燥地区。在阴湿的森林中常形成森林苔原。苔藓植物和地衣植物一样有促进岩石风化、加快土壤形成的作用。根据植物体的构造不同，苔藓植物可分为苔纲与藓纲。

14.2.1   苔纲

苔纲植物的植物体为叶状体，或有茎、叶的分化。具有茎、叶分化的苔纲植物体有背腹之分，常为两侧对称，有单细胞的假根。下面以常见的地钱为例说明苔纲植物的特征。地钱生于阴湿处，植物体（配子体）呈扁平二叉分枝的叶状体，匍匐生长，生长点在二叉凹陷处。以孢芽进行营养繁殖。孢芽生于叶状体背面的孢芽杯内。绿色带柄的孢芽为圆片状，两侧有缺口，成熟后脱落，能发育成新的配子体。

地钱（图 14-1）是雌雄异株植物，着生伞状性器的雌托和雄托分别生长在不同叶状体的背部。雌托边缘深裂，呈星芒状，腹面倒悬着许多颈卵器，颈卵器腹部有一个卵细胞；雄托边缘浅裂，状如盘，背面生有许多小腔，每一个小腔内有一个精子器，其中有两条鞭毛卷曲的游动精子。精子以水为媒介游入颈卵器中与卵结合形成合子。合子在颈卵器内萌发成胚，长成孢子体。孢子体基部有基足，伸入配子体中吸收养分。上部球状孢子囊称为孢蒴，孢蒴中孢子母细胞经过减数分裂形成孢子。孢蒴下为蒴柄。孢子在适宜的环境中萌发成原丝体，进而分别长成雌雄配子体。

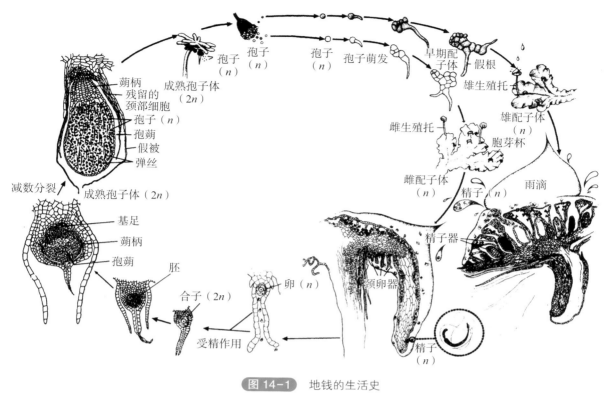

图 14-1　地钱的生活史

图片来源：贾东坡. 植物与植物生理［M］. 重庆：重庆大学出版社，2019

14.2.2　藓纲

藓纲植物的植物体（配子体）无背腹之分，矮小，直立；具有茎、叶的分化，假根由单列细胞构成。叶常具中肋，但非维管束。植物体多为辐射对称。喜生于阴湿、含有机质或氮素丰富的地方，如房屋墙脚、沟边、林下等处，成片生长，犹如地毯。下面以葫芦藓（图14-2）为例说明藓纲植物的特征。葫芦藓植物体为绿色，茎细而短，基部分枝，其下生有多细胞的假根。叶小而薄、具中肋，生于茎上。雌雄同株，雌雄性器官分别生于不同枝顶。生有精子器的枝顶密生较大的叶片，形似花状，称为雄器苞。精子器丛生在雄器苞内，形似棒状，内有许多螺旋状弯曲，前端有两条鞭毛的精子。精子器之间有多数顶部膨大呈球形的隔丝。生有颈卵器的枝顶称为雌器苞，叶片紧密包被，状如芽。雌器苞内有许多颈卵器，腹中有卵，卵之间有隔丝。精子游入颈卵器与卵结合成合子。合子在颈卵器内发育成胚，由胚进一步发育形成孢子体，孢子体寄生在配子体上。成熟的孢子体分基足、蒴柄、孢蒴三部分。孢蒴的结构比较复杂，其内孢子母细胞经过减数分裂形成孢子，孢子成熟散出，萌发形成原丝体，由原丝体上的芽形成配子体。

苔藓植物可以分泌一些酸性物质，对促进岩石的分解和土壤的形成起先锋作用。它们生长快，吸水力强，含水量多，如山地大量覆被苔藓植物，对水分的蓄积和土壤保持有很大的作用。泥炭藓能形成泥炭，可当肥料，干馏后可以得到染料及其他产物。苔藓包裹苗木可保持水分，长途运输中不致干死。大金发藓等可入药，用于消炎、镇痛、止血、止咳。

图 14-2　葫芦藓的生活史

1—孢子；2—孢子萌发；3—具芽的原丝体；4—成熟的植物体，具有雌、雄配子体；
5—雄器苞的纵切面，示有许多的精子器和隔丝，外有许多苞叶；6—精子；
7—雌器苞的纵切面，示有许多颈卵器和正常发育的孢子体；
8—成熟的孢子体仍着生在配子体上，孢萌中有大量的孢子，孢萌的萌盖脱落后，孢子散发出萌外
图片来源：贾东坡.植物与植物生理［M］.重庆：重庆大学出版社，2019

14.3　蕨类植物简介

14.3.1　蕨类植物的基本特征

　　蕨类植物又称羊齿植物，具明显的世代交替现象，无性繁殖产生孢子；有性生殖器官为精子器和颈卵器。蕨类植物的孢子体远比配子体发达，并有根、茎、叶的分化。蕨类植物的孢子体和配子体都能独立生活。维管组织包括木质部和韧皮部两部分，其中木质部由专门运输水分和无机盐的管胞组成，韧皮部由专门运输有机物的筛胞组成，一般无次生构造。植物体内除了维管组织外，还有细胞壁加厚以支持植物体直立的机械组织，它们按一定的方式聚集成各种形式的中柱。中柱有原生中柱、管状中柱、网状中柱和多环管状中柱等多种类型（图 14-3）。中柱的产生是蕨类植物能够从水生到陆生并直立于陆上生活的一个重要因素。除极少数原始种类仅具假根外，蕨类植物均生有吸收能力较好的不定根。茎通常为根状茎，少数为直立的地上茎。叶有小型叶和大型叶两类。小型叶没有叶隙和叶柄，只有一条单一不分枝的叶脉，为原始类型的叶，如松叶蕨（ *Psilotum nudum* ）、石松（ *Lycopodium clavatum* ）等的叶。大型叶有叶柄，维管束有或无叶隙，叶脉多分枝，为较进化的类型。仅进行光合作用的叶称为营养叶或不育叶；能产生孢子和孢子囊的叶称为孢子叶或能育叶。有些蕨类植物的营养叶和孢子叶不分，而且形状相同，称为同型叶；营养叶和孢子叶形状完全不相同的，称为异型叶。在系统演化过程中，小型叶朝着大型叶、同型叶朝着异型叶的方向发展。

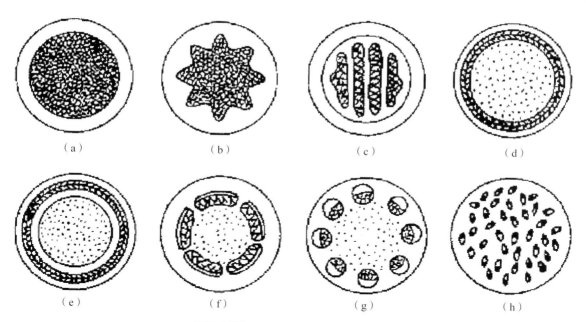

图片来源：https://image.baidu.com/

图 14-3　蕨类植物中柱类型剖面图

（a）单中柱；（b）星状中柱；（c）编织中柱；（d）外韧管状中柱；（e）双韧管状中柱；（f）网状中柱；（g）真中柱；（h）散状中柱（黑色表示木质部，白色表示韧皮部，黑点表示髓部）

　　蕨类植物的孢子囊，在小型叶蕨类中，是单生在孢子叶的叶腋或叶基上的，孢子叶通常集生在枝的顶端，形成球状或穗状，称为孢子囊穗。较进化的真蕨类（大型叶蕨类），其孢子囊通常生在孢子叶的背面、边缘或集生在一个特化的孢子叶上，往往由多数孢子囊聚集成群，称为孢子囊群或孢子囊堆。水生蕨类的孢子囊群生在特化的孢子果（或称孢子荚）内。多数蕨类产生的孢子大小相同，称为同型孢子；而卷柏和少数水生蕨类的孢子有大小之分，称为异型孢子。

　　孢子萌发后发育成微小的原叶体（或配子体）。有性生殖时，在原叶体的腹面（少数为背面）产生颈卵器和精子器。精卵成熟后受精形成合子，合子发育成胚，胚进一步发育成孢子体。蕨类植物的配子体和孢子体皆能独立生活，但孢子体发达、占优势，有明显的世代交替。

　　蕨类植物的分类系统，各植物学家有着不同的观点。我国蕨类植物学家秦仁昌教授（1978）将蕨类植物门分为 5 个亚门：石松亚门（Lycophytina）、水韭亚门（Isoephytina）、松叶蕨亚门（Psilophytina）、楔叶亚门（Sphenophytina）和真蕨亚门（Filicophytina）。本书即采用此分类法。前 4 个亚门为小叶型蕨类，又称为拟蕨植物，是一些较原始而古老的蕨类植物，现存的种类很少；真蕨亚门为大叶型蕨类，是较进化的蕨类植物。

14.3.2　石松亚门（Lycophytina）

　　石松亚门植物起源较古老，在最繁盛的石炭纪时期，既有草本的种类，也有高大乔木，直到二叠纪时，绝大多数石松植物相继灭绝，现在遗留下的仅有石松目（Lycopodiales）和卷柏目（Selaginellales）的一些草本类型。代表植物有：

（1）石松（*Lycopodium clavatum*）

石松为石松目石松科（Lycopodiaceae）植物［图 14-4（a）］。孢子体为多年生草本，具不定根。茎匍匐生长，叉状分枝，小枝密生鳞片状叶，螺旋状着生；茎分表皮、皮层和中柱三部分［图 14-4（b）］，中柱为编织中柱，属原生中柱。孢子囊生于孢子叶的近叶腋处，孢子叶集生在分枝的顶端，形成孢子囊穗。孢子同型，成熟孢子落地后，经多年休眠才能萌发。配子体为不规则的块状体，全部埋在土中，有假根，无叶绿体，与特定的真菌共生。精子器和颈卵器生于配子体上并埋在组织中。精子器椭圆状，具厚壁，产生双鞭毛精子。颈卵器颈部露出配子体外，内具颈沟细胞、腹沟细胞和卵。受精时颈沟细胞和腹沟细胞解体消失，精子借助于水游入其中，并和卵结合为受精卵。受精卵进行分裂发育成胚，胚进一步发育为孢子体，孢子体能独立生活时配子体就死亡了。

图 14-4　石松

（a）植株形态；（b）茎的横切面

1—叶；2—表皮；3—皮层；4—内皮层；5—中柱；6—原生木质部；7—韧皮部；8—后生木质部

图片来源：http://mms2.baidu.com/

（2）卷柏（*Selaginella tamariscina*）

卷柏为卷柏目卷柏科（Selaginellaceae）植物（图 14-5）。与石松比较，其叶具叶舌（叶上面近叶腋处一突出的小片）。茎的内部构造分表皮、皮层和中柱三部分。皮层和中柱间有巨大的细胞间隙，一种辐射状排列的长形细胞连接皮层与中柱，这种长形细胞被称为横桥细胞。

孢子囊生于孢子叶的叶腋内，每个孢子叶上着生一个孢子囊，孢子囊有大小之别。大小孢子叶集生于枝的顶端，形成四棱形的孢子囊穗。大孢子囊通常只有 1～4 枚大孢子，小孢子囊产生许多小孢子。大孢子萌发成雌配子体，小孢子萌发成雄配子体，其性分化已在孢子中形成。配子体极度退化，是在孢子壁内发育的。精子和卵结合形成受精卵，并发育

成为胚。胚形成幼子孢子体并附着在雌配子
体上。

14.3.3　水韭亚门（Isoephytina）

　　水韭亚门植物的孢子体为草本，茎粗短
呈块茎状，具原生中柱，具形成层，有螺纹
及网纹管胞。叶具叶舌，孢子叶的近轴面生
长孢子囊，孢子异型，游动精子具多鞭毛。
现存水韭亚门植物仅水韭目（Isoetales）水
韭科（Isoetaceae）水韭属（*Isoetes*），250 多
种，我国产 5 种。最常见的为中华水韭（*I.
sinensis*）（图 14-6），产于长江中下游。另
外，我国西南地区还产有云贵水韭（*I. yunguiensis*）。

图 14-5　卷柏
图片来源：http://mms1.baidu.com/

图 14-6　中华水韭
（a）植物形态；（b）茎基部（茎基部膨大内生孢子囊）
图片来源：http://mms0.baidu.com/

14.3.4　松叶蕨亚门（Psilophytina）

　　松叶蕨亚门植物的孢子体无根，茎分为匍匐的根状茎和直立的气生枝，仅在根状茎上生
毛状假根。气生枝二叉分枝，具原生中柱、小型叶。孢子囊大都生在枝端，孢子同型。

　　现存松叶蕨亚门植物，仅松叶蕨目（Psilotales），包含两个小属，即松叶蕨属
（*Psilotum*）和梅溪蕨属（*Tmesipteris*）。前者有 2 种，我国仅有 1 种，即松叶蕨（*Psilotum
nudum*），产于热带和亚热带地区；后者仅有 1 种，即梅溪蕨（*Tmesipteris tannensis*），产于
澳大利亚和南太平洋诸岛。代表植物为松叶蕨。

　　松叶蕨的孢子体分根状茎和气生枝，具星状中柱（原生中柱中的一种），无真根，仅有
假根，体内有共生的内生菌丝。孢子囊 3 室，系由 3 个孢子囊聚集而成，具短柄，生在孢子
叶的叶腋内。孢子同型。成熟孢子散发后，萌发为配子体。配子体呈不规则圆柱状，棕色，

有单细胞假根，内具断续的中柱，有菌丝共生。配子体的表面有颈卵器和精子器，游动精子为螺旋形，具多鞭毛，受精时需要水湿条件，胚的发育要有菌丝的共生。

14.3.5　楔叶亚门（Sphenophytina）

楔叶亚门植物在石炭纪最为繁盛，有高大的木本，也有矮小的草本，现在大多已绝迹，只有少数草本种类保存下来。

孢子体有根、茎、叶的分化。茎有明显的节与节间之分，节间中空，茎上有纵肋。中柱由管状中柱转化为具节中柱，内始式木质部。小型叶不发达，轮生成鞘状。孢子囊生于特殊的孢子叶上，这种孢子叶又称孢囊柄，孢囊柄在某些枝端聚集成孢子囊穗。孢子同型或异型，孢子的外壁分裂成 2 条弹丝，孢子成熟时弹丝的游离端与内壁分离，弹丝是具有吸湿性的，当它们的水分含量减少时就松开，水分含量增加时又可以卷起来，以此促使孢子囊的开裂和孢子的散放。

楔叶亚门植物现存仅木贼科（Equisetaceae）的木贼属（*Equisetum*）。代表植物：犬问荆（*Equisetum palustre*），生殖枝绿色，与营养枝同时生出。问荆（*E. arvense*），与犬问荆的主要区别是营养枝秋季生出，节上轮生许多分枝，绿色；生殖枝春季生出，不分枝，褐色。常见种类还有木贼（*E. hiemale*）和节节草（*E. ramosissimun*）。

14.3.6　真蕨亚门（Filicophytina）

真蕨亚门植物的孢子体发达，有根、茎和叶的分化。根为不定根。除树蕨外，茎为根状茎，中柱复杂，有原生中柱、管状中柱和多环网状中柱等，木质部有各式管胞，少数种类具导管，表皮上往往具有各种形态的鳞片或毛，起保护作用。叶为大型叶。幼叶拳卷，长大后伸展平直，由叶柄和叶片两部分组成。叶片为全缘叶或一至多回分裂的单叶或复叶。叶片的中轴称为叶轴；第一次分裂出的小叶称为羽片，羽片的中轴称为羽轴；从羽轴分裂出来的小叶称为小羽片，小羽片的中轴称为小羽轴；最末次分裂出来的小羽片或裂片上的中脉称为主脉。孢子囊一般生在孢子叶的边缘或背面，在较低等的种类中生于特化了的孢子叶上，由多数孢子囊聚集在一起形成各种形状的孢子囊群。有的孢子囊群具有囊群盖，形状与孢子囊群一致，常见的囊群有圆形、肾形、成行或集生在叶背网脉上。原始种类的孢子囊壁是多层细胞，无环带；较进化的种类孢子囊壁为一层细胞，有环带。

蕨类孢子囊的开裂十分精巧，从而引起学者的很大注意，环带是与开裂和强烈弹出孢子相结合的一种结构。当孢子囊成熟时，由于蒸腾作用，环带细胞失去水分，细胞壁与水分之间有很强的附着力。每个环带细胞失水，就使薄的外弦向壁向里凹陷，而径向壁的端部则互相拉近，先是环带的唇细胞处被拉开，这时环带受到两股相反方向的力的作用：一股是由于失水而不断增强的将环带拉开的张力，另一股是环带维持它本身原来弯曲形状的力。随着水分的进一步丧失，两股力都在不断增强，而失水引起的张力始终强于环带维持原状的力，于是环带不断反转成为相反方向的一个圈。这时环带中的水分全部蒸腾变为气体状态，水的表面张力（也就是使径向壁端部互相拉近的力）突然由很高降到零。于是便表现出了另一股力——环带突然恢复到原来的位置，与此同时孢子便被抛撒出去。据不同渗透浓度的吸水测定，开裂前张力（第一股力）形成的压强达 30.4 MPa，可见抛撒孢子的力度是很大的。

真蕨亚门的配子体小，多数为背腹性叶状体，绿色、心形，有假根；精子器和颈卵器多生于腹面，有螺旋状精子，具多数鞭毛。现存真蕨亚门植物可分为厚囊蕨纲、原始薄囊蕨纲和薄囊蕨纲。

14.3.6.1 厚囊蕨纲（Eusporangiopsida）

厚囊蕨纲植物的孢子囊壁由几层细胞组成。孢子囊较大，是由几个细胞共同起源的，内含多数同型孢子。配子体的发育需要有菌根共生，精子器埋在配子体的组织里。本纲包括瓶尔小草目和莲座蕨目两个目。代表植物：瓶尔小草（*Ophioglossum vulgatum*）系瓶尔小草目（Ophioglossales）瓶尔小草科（Ophioglossaceae）瓶尔小草属植物，孢子体为小草本（图14-7）；莲座蕨目，常见的有福建莲座蕨（*Angiopteris fokiensis*）（图14-8）等，福建莲座蕨为多年生草本，较瓶尔小草高大。

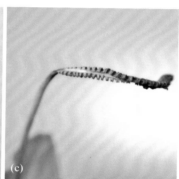

图 14-7 瓶尔小草

（a）群体；（b）单株；（c）孢子囊穗

图片来源：http://mms0.baidu.com/it/u=2518507970，3117422445&fm=253&app=138&f=JPEG&fmt=auto&q=75?w=667&h=500
　　　　　http://mms0.baidu.com/it/u=3849487603，4230494669&fm=253&app=138&f=JPEG&fmt=auto&q=75?w=500&h=375
　　　　　https://img2.baidu.com/it/u=3127404242，997798147&fm=253&fmt=auto&app=138&f=JPEG?w=667&h=500

14.3.6.2 原始薄囊蕨纲
（Protoleptosporangiopsida）

原始薄囊蕨纲植物的孢子囊壁由单层细胞构成，仅在一侧有数个具加厚壁的细胞形成的盾形环带。孢子囊是由一个细胞发育而来，但囊柄可由多细胞发生。配子体为长心形的叶状体。代表植物：紫萁（*Osmunda japonica*），属紫萁科（Osmundaceae）紫萁属，孢子体根状茎粗短，直立或斜生，外面包被着宿存的叶基。叶簇生于茎的顶端，幼叶拳卷

图 14-8 福建莲座蕨

图片来源：http://mms2.baidu.com/it/u=1842908467，925133982&fm=253&app=138&f=JPEG&fmt=auto&q=75?w=890&h=500

并具棕色茸毛，成熟的叶平展。一或二回羽状复叶，孢子叶和营养叶分开，孢子叶的羽片缩成狭线状，红棕色，无叶绿素，不能进行光合作用。孢子囊较大，生于羽片边缘。

本科约有 60 多种。除紫萁外，常见的还有华南紫萁（*O. vachelli* ）。

14.3.6.3　薄囊蕨纲（Leptosporangiopsida）

薄囊蕨纲植物的孢子囊起源于一个原始细胞，孢子通常聚集成孢子囊群，着生在孢子叶的背面、边缘或特化的孢子叶边缘，囊群盖有或无，孢子少，有定数，除水生蕨类形成孢子果，具异型孢子外，大多数种类具同型孢子。孢子囊壁由一层细胞构成，具有各式环带。环带细胞内侧的壁及侧壁均木质化加厚，少数不加厚，有 2 个不加厚的细胞，称为唇细胞。

代表植物：蕨（*Pteridium aquilinum* var. *latiusculum* ）为水龙骨目［Polypodiales，或称真蕨目（Filicales，Eufilicales）］碗蕨科（Dennstaedtiaceae）蕨属。蕨的孢子体为多年生草本，具明显的根、茎、叶分化。茎为根状茎，横卧地下，有分枝，其上不定根。叶每年从根状茎上生出并钻出地面，有长而粗壮的叶柄。叶片大型，幼叶拳卷，成熟后平展二至四回羽状复叶。从横切面上看，茎的最外层为表皮（老茎表皮破裂），向内依次为皮层、机械组织、薄壁组织、内皮层（皮层与维管相连的一层细胞）和维管组织，孢子囊生于叶背，沿叶缘生长。孢子囊一般有 1 条纵列的环带和 64 枚孢子。孢子散落在适宜的环境中，次年开始萌发成为配子体。配子体四周仅 1 层细胞，中部为多层细胞，细胞内含叶绿体，能进行光合作用。腹面生有起固着作用的假根和雌雄生殖器官。

精子借助于水和颈沟细胞分解物的刺激，游向颈卵器与卵细胞受精（图 14-9）。受精后 3～4 h 就开始分裂，至 4 个细胞时，即形成幼胚，幼胚已具发育成叶、初生根、茎及基足的发生区域。当茎、叶及根发育后，幼胚从配子体下面伸出，成为独立生活的孢子体，配子体亦随之死亡。在整个生活史中，配子体世代和孢子体世代均具叶绿体，能独立生活；孢子体具有较发达的维管系统，能适应较干旱的陆生生活；但是受精仍然离不开水。

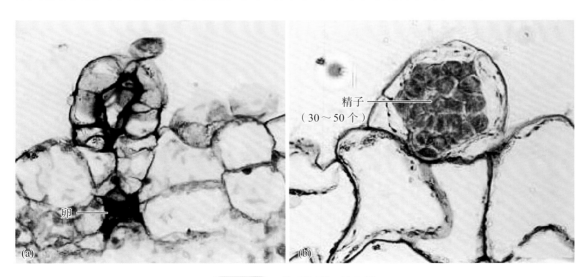

图 14-9　蕨颈卵器及精子器

（a）颈卵器；（b）精子器

图片来源：http://mms1.baidu.com

现存薄囊蕨纲的植物通常分为 3 个目：水龙骨目（Polypodiales）、苹目（Marsileales）和槐叶苹目（Salviniales）。

（1）水龙骨目（Polypodiales）

水龙骨目是蕨类植物门中最大的一个目，现存真蕨亚门植物中，95%以上的种属于此目。常见的种类除蕨以外，还有海金沙科（Lygodiaceae）的海金沙（*Lygodium japonicum*）；里白科（Gleicheniaceae）的芒萁（*Dicranopteris pedata*）和里白（*Diplopterygium glauca*）；金毛狗蕨科（Cibotiaceae）的金毛狗蕨（*Cibotium baronetz*）（图 14-10）；肾蕨科（Nephrolepidaceae）的肾蕨（*Nephrolepis cordifolia*）；凤尾蕨科（Pteridaceae）的水蕨（*Ceratopteris thalictroides*）和铁线蕨（*Adiantum capillus-veneris*）；铁角蕨科（Aspleniaceae）的巢蕨（*Asplenium nidus*）；桫椤科（Cyatheaceae）的黑桫椤（*Alsophila podophylla*）；毛蕨科（Dryopteridaceae）的贯众（*Cyrtomium fortunei*）、水龙骨科（Polypodiaceae）的瓦韦

图 14-10 金毛狗蕨（*Cibotium baronetz*）

（a）植株形态 （b）根状茎 （c）孢子囊群

图片来源：http://mms1.baidu.com/

图 14-11　石韦（*Pyrrosia lingua*）

图片来源：http://www.cfh.ac.cn/

图 14-12　苹（*M. quadrifolia*）

图片来源：http://www.cfh.ac.cn/

（*Lepisorus thunbergianus*）和石韦（*Pyrrosia lingua*）（图 14-11）等。它们的孢子囊群形态各不相同。

（2）苹目（Marsileales）

苹目植物为浅水生或湿生性，孢子异型，孢子囊生长在特化的孢子果中，孢子果的壁是由羽片变态形成的。本目仅苹科（Marsileaceae）1 科 3 属。我国仅有苹属（*Marsilea*）的苹（*M. quadrifolia*），广泛分布于南北各地。苹，又称田字苹或四叶苹，根状茎横走节上生不定根。叶柄长，顶生 4 小叶十字形排列（图 14-12）。

（3）槐叶苹目（Salviniales）

槐叶苹目为浮水生，孢子果圆球形，单性，小孢子囊分别着生在不同的孢子果内。本目仅槐叶苹科（Salviniaceae）1 科。槐叶苹（*Salvinia natans*），植物体漂浮水面，茎横卧，有毛，无根（图 14-13）。每节 3 叶轮生，上侧 2 叶矩圆形，表面密布乳头状突起，背面被毛，浮于水面，称为漂浮叶；下侧 1 叶细裂成丝状，悬垂水中，形如根，称为沉水叶。孢子果成簇，着生在沉水叶的基部，孢子果有大、小两种，大孢子果较小，内生少数大孢子囊，每个大孢子囊内含大孢子 1 枚；小孢子果较大，内含多数小孢子囊，每个小孢子囊内生 64 枚小孢子。满江红（*Azolla pinnata* subsp. *asiatica*），又称红苹或绿苹。植物体小，茎卧，羽状分枝，须根垂于水中。叶肉质无柄，互生，覆瓦状排列，叶片裂为上、下两瓣，上瓣浮于水面，具有光合作用；下瓣斜生水中，无色素，并与鱼腥藻（*Anabena azollae*）共生。叶片内含有大量红色花青素，幼时绿色，到秋冬季转为棕红色，故称满江红。满江红的大小孢子果成对，大孢子果小，长卵形，内含 1 个大孢子囊，囊内有 1 枚大孢子；小孢子果大，球形，内生多个小孢子囊，每个小孢子囊内生有 64 枚小孢子。以上两种在我国均广泛分布。

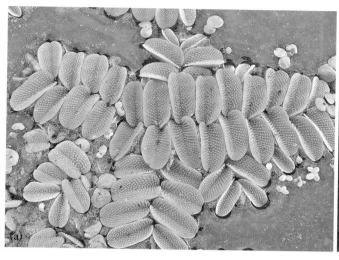

（图中标注）漂浮叶　孢子果　沉水叶

图 14-13　槐叶苹（*Salvinia natans*）

（a）植物形态；（b）孢子果和叶的形态

图片来源：http://mms1.baidu.com/it/u=2246421423，1393556273&fm=253&app=138&f=JPEG&fmt=auto&q=75?w=668&h=500

14.3.7　蕨类植物的经济价值

地球上现存的蕨类植物占维管植物物种的 2%～5%。其中，85% 的蕨类植物分布于热带地区，特别是中海拔的雨林或海洋性岛屿（如夏威夷群岛），在这些地区它们可占维管植物总数的 16% 以上。它们与其他绿色植物一样，承担着合成和积累有机物、释放氧气、净化环境等作用。

在我国，作蔬菜食用的蕨类植物常见的有菜蕨［*Callipteris esculenta* (Retz.) J. Smith］或蕨［*Pteridium aquilinum* (L.) Kuhn.］等。可供药用的蕨类植物有 400 多种，常见的如木贼、问荆、卷柏、石松、瓦韦、海金沙等。贯众（*Cyrtomium fortunei* J. Sm.）的根状茎可治流感、腹痛，还可作农药。

凤尾蕨属植物全株含有鞣质，可提取栲胶。石松的孢子粉可用于制作铸造脱模剂和闪光剂等。蕨类植物的生活对于外界环境条件的反应具有高度的敏感性，许多种类要求不同的特殊生态环境条件，因而可以作为地质、土壤、岩石、矿物质、气候等的指示植物。芒萁、紫萁常作为酸性土的指示植物，铁线蕨、肾蕨可作为钙质土或石灰岩的指示植物。

在农业上，满江红叶内共生有固氮蓝藻，可以固定大气中的氮，风干后其含氮量可达总质量的 4.65%，是很好的稻田绿肥，也是家畜家禽的良好饲料。

许多蕨类植物由于具有奇特而优雅的形体，无性繁殖能力强，管理简易，有很高的观赏价值，如卷柏、铁线蕨、肾蕨、凤尾蕨（*Pteirs cretica* var. *nervosa* Ching et S. H. Wu）、鹿角蕨属（*Platycerium*）等，都是著名的观叶植物。

桫椤［*Alsophila spinulosa* (Wall. ex Hook.) R. M. Tryon.］为世界上最古老的植物活化石之一，是极少数幸存下来的木本蕨类。目前，桫椤已经极其稀少，处于濒危状态，被列为国家一级保护植物。

此外，大量古代蕨类植物残体被埋入地下，形成了煤炭，成为人类重要的能源之一。

第 15 章
裸子植物

裸子植物的拉丁名为 Gymnopdermae，是由 "gymno-"（裸露的）和 "-sperma"（种子）组合而成，意思为种子裸露，无心皮包裹，不形成果实。

15.1 裸子植物的一般特征

15.1.1 裸子植物的起源

地质史上，在泥盆纪出现各种的种子蕨，到了二叠纪，银杏等裸子植物相继出现，逐渐取代了古生代盛极一时的蕨类植物。

15.1.2 裸子植物的特征

1）种子裸露，不形成果实；

2）孢子体发达，营养器官：根、茎、叶；繁殖器官：球花、球果和种子；

3）配子体简化，寄生在孢子体上，具有颈卵器的构造；

4）大部分裸子植物的雌配子体有颈卵器，只有买麻藤属和百岁兰属无；

5）花粉萌发产生花粉管，花粉管用于吸收珠心的养护（如苏铁属和银杏属）或输送精子（如松属）；

6）有些类型的精子有环生鞭毛，能游动（如苏铁、银杏）；

7）孢子体多为乔木，有形成层和次生构造，多数裸子植物的次生木质部有管胞无导管，盖子植物纲中如麻黄属和买麻藤属等植物有导管；

8）种子的胚具有 2 至多个子叶；

9）胚乳很丰富。

15.1.3 裸子植物生活史

（1）苏铁（*Cycas revolute* Thunb.）的生活史

1）孢子体：指种子萌发长成的植株；

2）雌雄异株；

3）雌株茎顶生大孢子叶球（雌球花），由多数大孢子叶聚生而成，呈球形。每个大孢子叶呈扁形羽状，黄褐色，下部两侧生有 2 个以上的胚珠（即大孢子囊），胚珠有珠心和珠被，顶端的小孔称为珠孔（micropyle）。珠心顶端有内陷的小空室，称为花粉室（pollen chamber），珠心中央有一细胞膨大为大孢子母细胞（胚囊母细胞），经 2 次分裂，第一次减数分裂成 4 个大孢子（近珠孔端 3 个退化），仅 1 个继续发育为单倍体，不脱离胚珠。大孢子核进行分裂（细胞不分裂），形成游离核，此时为雌配子体初期。以后核和细胞质组成细胞，并有细胞壁，新细胞生长充满整个雌配子体。在雌配子体近珠孔端，生长数个颈卵器，内有一大形卵，卵上有 2 个颈细胞。

4）雄株茎顶生一棒形粗壮的小孢子叶球（雄球花），由多数小孢子叶（雄蕊）组成，螺旋排列于中轴上，每个小孢子叶呈长鳞片状，背部生无数小孢子囊（花粉囊），小孢子囊内有小孢子母细胞（花粉母细胞），有 2 倍染色体，经 2 次分裂，第一次减数分裂，形成 4 个小孢子（花粉）含单倍体染色体。成熟的小孢子在孢子壁内萌发成 2 个细胞，一个称为原叶细胞（prothallial cell），为原叶体营养细胞遗迹。另一个细胞减数分裂为 2 细胞，分别称为管细胞（tube cell）和生殖细胞（generative cell）。所以成熟的花粉粒是含 3 细胞的雄配子体。

5）小孢子囊裂开后，小孢子（花粉）由风吹至胚珠上，胚珠由珠孔溢出液体，称为传粉滴（pollination drop），液体挥发时，花粉入珠孔，直达花粉室内。继续发育，生出花粉管，横向穿入珠心组织吸取养料，以后生殖细胞分类为 2 细胞，1 个为体细胞（body cell）或次生生殖细胞；1 个较小，形如一柄，称为柄细胞（stalk cell）。此后体细胞又分为 2 细胞，各形成 1 个精子（成熟后形如陀螺，有多数鞭毛环生其上，长 0.3 mm，号称生物界最大的精子）。花粉管先端破裂时，精子和花粉管中液体流至颈卵器边。精子与卵结合，核互相融合后又经分裂，形成许多自由核（胚的初期），以后在颈卵器基部组成细胞，并伸入颈卵器下雌配子体的组织中，这部分细胞下部发育成胚本身，上部发育成胚柄（suspensor）。

6）成熟的胚有 2 子叶，这时的雌配子体称为胚乳，珠心消失。珠被发育种皮，3 层，外层肉质，中层石细胞组成，坚硬，内层薄如纸。

15.2　裸子植物的分类

本书裸子植物分类系统按照郑万钧 1978 年提出的郑万钧系统编制，共分为 4 纲 9 目 12 科 71 属约 800 种。我国有 4 纲 8 目 11 科 41 属 236 种 47 变种，其中引种栽培 1 科 7 属 51 种 2 变种。

裸子植物分科检索表

1. 茎常不分枝；叶大型，羽状，集生于粗大的树干或分枝顶端…… 苏铁科 Cycadaceae
1. 茎或树干通常分枝；叶较小，单生或簇生，不集生于树干顶端

2. 叶常扇形，有多数 2 叉状叶脉；落叶乔木 ······················· 银杏科 Ginkgoaceae
2. 叶不为扇形，也不具 2 叉状叶脉；常绿，稀落叶乔木或灌木
　　3. 雌球花发育成球果状；种子无肉质假种皮。
　　　　4. 雌球花的珠鳞与苞鳞相互分离；每片珠鳞有 2 个胚珠；花粉具气囊
　　　　　　··· 松科 Pinaceae
　　　　4. 雌球花的珠鳞与苞鳞相互半合生或全合生；每片珠鳞有 1 至多个胚珠；
　　　　　花粉无气囊
　　　　　　5. 种鳞与叶均螺旋状排列，少交互对生；能育种鳞有 2～9 颗种子
　　　　　　　·· 杉科 Taxodiaceae
　　　　　　5. 种鳞与叶均对生或轮生；能育种鳞有 1 至数颗种子
　　　　　　　·· 柏科 Cupressaceae
　　3. 雌球花发育成单粒种子，不形成秋果；种子有肉质假种皮
　　　　6. 雄蕊有 2 枚花药，花粉常有气囊；胚珠常倒生 ····· 罗汉松科 Podocarpaceae
　　　　6. 雄蕊有 3～9 枚花药，花粉无气囊；胚珠直立
　　　　　　7. 雌球花具长梗；雄花数朵或多朵聚生成头状或穗状花序
　　　　　　　·· 三尖杉科 Cephalotaxaceae
　　　　　　7. 雌球花无梗或近无梗；雄花单生在叶腋内 ·········· 红豆杉科 Taxaceae

15.2.1　苏铁纲（Cycadopsida）

形态特征：常绿木本植物，树干粗壮，圆柱形，稀在顶端呈二叉状分枝，或成块茎状，髓部大，木质部及韧皮部较窄。叶螺旋状排列，有鳞叶及营养叶，两者相互成环着生；鳞叶小，密被褐色毡毛，营养叶大，深裂成羽状，稀叉状二回羽状深裂，集生于树干顶部或块状茎上。雌雄异株，雄球花单生于树干顶端，直立，小孢子叶扁平鳞状或盾状，螺旋状排列，其下面生有多数小孢子囊，小孢子萌发时产生 2 个有多数纤毛能游动的精子；大孢子叶扁平，上部羽状分裂或几不分裂，生于树干顶部羽状叶与鳞状叶之间，胚珠 2～10 枚，生于大孢子叶柄的两侧，不形成球花；或大孢子叶似盾状，螺旋状排列于中轴上，呈球花状，生于树干或块状茎的顶端，胚珠 2 枚，生于大孢子叶的两侧。种子核果状，具三层种皮，胚乳丰富。

分类及代表植物：本纲共有 3 目，分别是种子蕨目（Pteridospermae）、苏铁目（Cycadales）、本内苏铁目（Bennettitales）。其中种子蕨目为最原始的裸子植物，起源于泥盆纪，繁盛于石炭纪，中生代全部灭绝；本内苏铁目出现于二叠纪，繁盛于侏罗纪，至白垩纪全部灭绝；苏铁目起源于石炭纪，繁盛于侏罗纪、白垩纪，现代存留的仅苏铁科 1 科。

15.2.1.1　苏铁科（Cycadaceae）

识别特征：茎干直立不分枝。羽状复叶，坚硬，丛生于茎顶。雌雄异株，雄球花（小孢子叶球）单生于茎顶，直立，由多数小孢子叶组成，每个小孢子叶下面有多数球形的小孢子，常 3～5 个聚生；雌球花（大孢子叶球）单生于茎顶羽状叶与鳞叶之间，大孢子叶扁

平，上部羽状分裂，边缘生 2～8 个胚珠，直立。

模式属：苏铁属 *Cycas* Linn.

分布概况：本科有 10 属 110 种以上，分布于热带及亚热带地区。我国仅有苏铁属，共 8 种，分布于台湾及华南、西南各省区，以苏铁（*Cycas revoluta* Thunb.）栽培较广，供观赏和药用。

（1）苏铁（*Cycas revoluta* Thunb.）

形态特征：常绿小乔木，有明显螺旋状排列的菱形叶柄残痕。羽状叶丛生茎顶，羽状裂片达 100 对以上，条形，厚革质，坚硬，向上斜展微呈 V 字形，边缘显著地向下反卷。雄球花圆柱形，长 30～70 cm，直径 8～15 cm，有短梗，小孢子叶窄楔形，长 3.5～6 cm，顶端宽平，其两角近圆形，宽 1.7～2.5 cm，有急尖头，尖头长约 5 mm，直立，下部渐窄，上面近于龙骨状，下面中肋及顶端密生黄褐色或灰黄色长绒毛，花药通常 3 个聚生；大孢子叶长 14～22 cm，密生淡黄色或淡灰黄色绒毛，上部的顶片卵形至长卵形，边缘羽状分裂，裂片 12～18 对，条状钻形，长 2.5～6 cm，先端有刺状尖头，胚珠 2～6 枚，生于大孢子叶

图 15-1　苏铁（*C. revoluta*）

柄的两侧，有绒毛。种子红褐色或橘红色，倒卵圆形或卵圆形，稍扁，长 2～4 cm，直径 1.5～3 cm，密生灰黄色短绒毛，后渐脱落，中种皮木质，两侧有两条棱脊，上端无棱脊或棱脊不显著，顶端有尖头。花期 6～7 月，种子 10 月成熟。

分布：产于福建、台湾、广东，各地常有栽培。在福建、广东、广西、江西、云南、贵州及四川东部等地多栽植于庭园，江苏、浙江及华北各省区多栽于盆中，冬季置于温室越冬。日本南部、菲律宾和印度尼西亚也有分布。模式标本采自日本。

习性：苏铁喜暖热湿润的环境，不耐寒冷，生长甚慢，寿命约 200 年。

用途：苏铁株形优美，栽培极为普遍。茎内含淀粉，可制成"西米"供食用；种子含油和丰富的淀粉，微毒，供食用和药用，有治痢疾、止咳和止血之效。

15.2.2　银杏纲（Ginkgopsida）

形态特征：落叶乔木，树干直，有分枝，枝有长短枝两种，次生木质部由管胞组成，无导管。单叶，扇形，具长柄，叶脉叉状。雌雄异株，球花单性，生于短枝顶部的鳞片状叶的腋内；雄球花具梗，柔荑花序状，雄蕊多数，具短梗，螺旋状着生，常具 2 花药，花粉萌发时产生 2 个有纤毛能游动的精子；雌球花具长梗，梗端常分 2 叉，稀分多叉，叉顶具珠座，每珠座生 1 枚直立胚珠。种子核果状，具 3 层种皮，胚乳丰富。

分类及代表植物：本纲现仅有 1 目 1 科 1 属 1 种，为我国特产。

15.2.2.1　银杏科（Ginkgoaceae）

识别特征：落叶乔木。枝分长短枝。叶扇形，具长柄，在长枝上螺旋状排列，短肢上簇生。球花单性，雌雄异株；雄球花具梗，柔荑花序状；雌球花具长梗，梗端常分 2 叉，其上各具 1 枚直立胚珠。种子核果状，具长梗，下垂。

模式属：银杏属（*Ginkgo* Linn.）

分布概况：本科仅有 1 属 1 种，浙江天目山有野生植株，其他各地栽培很广。

（1）银杏（*Ginkgo biloba* Linn，图 15-2）

形态特征：落叶乔木，高达 40 m，直径可达 4 m；幼树树皮浅纵裂，大树之皮呈灰褐色，深纵裂，粗糙；幼年及壮年树冠圆锥形，老则卵形；枝近轮生，斜上伸展（雌株的大枝常较雄株开展）；一年生的长枝淡褐黄色，二年生以上变为灰色，并有细纵裂纹；短枝密被叶痕，黑灰色，短枝上亦可长出长枝；冬芽黄褐色，常为卵圆形，先端钝尖。叶扇形，有长柄，淡绿色，无毛，有多数叉状并列细脉，顶端宽 5～8 cm，在短枝上常具波状缺刻，在长枝上常 2 裂，基部宽楔形，柄长 3～10 cm（多为 5～8 cm），幼树及萌生枝上的叶常较大而深裂（叶片长达 13 cm，宽 15 cm），有时裂片再分裂（这与较原始的化石种类之叶相似），叶在一年生长枝上螺旋状散生，在短枝上 3～8 叶呈簇生状，秋季落叶前变为黄色。球花雌雄异株，单性，生于短枝顶端的鳞片状叶的腋内，呈簇生状；雄球花柔荑花序状，下垂，雄蕊排列疏松，具短梗，花药常 2 个，长椭圆形，药室纵裂，药隔不发；雌球花具长梗，梗端常分 2 叉，稀 3～5 叉或不分叉，每叉顶生一盘状珠座，胚珠着生其上，通常仅一个叉端的胚珠发育成种子，风媒传粉。种子具长梗，下垂，常为椭圆形、长倒卵形、卵圆形或近圆球形，长 2.5～3.5 cm，径为 2 cm，外种皮肉质，熟时黄色或橙黄色，外被白粉，有臭味；中种皮白色，骨质，具 2 或 3 条纵脊；内种皮膜质，淡红褐色；胚乳肉质，味甘略苦；子叶

图 15-2　银杏（*G. biloba*）

2 枚，稀 3 枚，发芽时不出土，初生叶 2～5 片，宽条形，长约 5 mm，宽约 2 mm，先端微凹，第 4 或第 5 片之后生叶扇形，先端具一深裂及不规则的波状缺刻，叶柄长 0.9～2.5 cm；有主根。花期 3～4 月，种子 9～10 月成熟。

分布：银杏为中生代孑遗的稀有树种，系我国特产，仅浙江天目山有野生植株，生于海拔 500～1 000 m、酸性（pH=5～5.5）黄壤、排水良好地带的天然林中，常与柳杉、槭树、蓝果树等针阔叶树种混生，生长旺盛。银杏的栽培区甚广：北自沈阳，南达广州，东起华东海拔 40～1 000 m 地带，西南至贵州、云南西部（腾冲）海拔 2 000 m 以下地带均有栽培，以生产种子为目的，或作园林树种。朝鲜、日本及欧美各国庭园均有栽培。

用途：银杏为中生代孑遗的稀有用材树种，种子可供食用及药用。树形优美，为重要的庭园观赏树种，亦可作行道树。

15.2.3　松柏纲（Coniferopsida）

形态特征：常绿或落叶乔木或灌木，茎的髓部小，次生木质部发达，由管胞组成，无导管，多具树脂细胞。叶条形、钻形、针形、鳞形、刺形或披针形，单生或成束，有中脉或无中脉，具短柄或无柄，稀叶较宽、有多数并行脉。花单性，雌雄异株或同株；

雄球花单生或组成花序，雄蕊多数，具 2～9 花药（稀多至 20 花药），有背腹面区别或辐射排列、药隔顶生、鳞片状，稀不明显，花粉有气囊或无气囊，萌发时不产生游动精子；雌球花的珠鳞两侧对称，生于苞鳞腋部，胚珠生于珠鳞腹面的基部，多数至 3 枚珠鳞组成球花；或胚珠 1 或 2 枚（稀多枚）生于花梗上部或顶端的苞腋，具辐射对称或近于辐射对称的囊状或杯状套被；或胚珠单生于花轴或侧生短轴顶端的苞腋，具辐射对称的盘状或漏斗状珠托，或花轴上具数对交叉对生的苞片，胚珠 2 枚成对生于苞腋，具辐射对称的囊状珠托。球果的种鳞鳞片形、扁平或盾形，木质、革质或近肉质，两侧对称，成熟时张开，稀合生，种子有翅或无翅；或种子核果状或坚果状，全部或部分包于肉质假种皮中。

分类及代表植物：本纲有 4 目 7 科 57 属约 600 种，我国有 4 目 7 科 36 属 209 种 44 变种（其中引入栽培 1 科 7 属 51 种 2 变种）。分布全国，许多种类为重要森林组成树种，经济意义重大。

15.2.3.1 松杉目（Pinales）

形态特征：常绿或落叶乔木，稀为灌木。叶单生或成束，条形、钻形、针形、披针形、刺形或鳞形，螺旋状着生或交叉对生或轮生。花单性，雌雄同株或异株；雄球花具多数螺旋状着生或交叉对生的雄蕊，雄蕊有柄，上部有两个（稀多数）单室的花药，顶端具鳞片状药隔，花粉具气囊或无气囊，或具退化气囊；雌球花的珠鳞两侧对生（稀无珠鳞或珠鳞发育极弱），胚珠生于珠鳞腹部，多数至 3 个排列紧密或疏松。球果的种鳞两侧对称，扁平或腹面扁平、背面肥厚，或盾形，种鳞与苞鳞离生（仅基部合生）、半合生（顶端分离）或完全合生，成熟时种鳞张开，稀合生呈肉质浆果状；种子有翅或无翅，胚乳丰富；子叶 2～10 余枚。

分类及代表植物：本目约有 400 余种，分属于 4 科 44 属，分布于南北两半球，以北半球温带、寒带、高山地带最为普遍。我国产 3 科 23 属 125 种 34 变种，为国产裸子植物中种类最多、经济价值较大的目，分布遍及全国。另引种栽培 1 科 7 属 50 种 2 变种，多为庭园绿化及造林树种。本目国产 3 科为松科、杉科和柏科。

（1）松科（Pinaceae）

识别特征：常绿或落叶乔木，稀为灌木状，常有树脂；枝仅有长枝，或兼有长枝与短枝。叶条形或针形，基部不下延生长；条形叶扁平，稀呈四棱形，在长枝上螺旋状散生，在短枝上呈簇生状；针形叶 2～5 针（稀 1 针或多至 81 针）成一束，着生于极度退化的短枝顶端，基部包有叶鞘。花单性，雌雄同株；雄球花腋生或单生枝顶，或多数集生于短枝顶端，具多数螺旋状着生的雄蕊，每雄蕊具 2 花药，花粉有气囊或无气囊，或具退化气囊；雌球花由多数螺旋状着生的珠鳞与苞鳞所组成，每珠鳞的腹（上）面具 2 枚倒生胚珠，背（下）面的苞鳞与珠鳞分离（仅基部合生），花后珠鳞增大发育成种鳞。球果直立或下垂，当年或次年成熟，稀第三年成熟，熟时张开，稀不张开；种鳞背腹面扁平，木质或革质，宿存或熟后脱落；苞鳞与种鳞离生（仅基部合生），较长而露出或不露出，或短小而位于种鳞的基部；种鳞的腹面基部有 2 粒种子，种子通常上端具一膜质之翅，稀无翅或二几无翅；胚具 2～16 枚子叶。

模式属：松属（*Pinus* Linn.）

分布概况：本科有 3 亚科 10 属 230 余种，多产于北半球。我国有 10 属 113 种 29 变种

（其中引种栽培 24 种 2 变种），分布遍于全国，几乎均系高大乔木，绝大多数都是森林树种及用材树种，在东北、华北、西北、西南及华南地区高山地带组成广大森林，亦为森林更新、造林的重要树种。有些种类可供采脂、提炼松节油等多种化工原料，有些种类的种子可食或供药用，有些种类可作园林绿化树种。

国产松科 10 属分属检索表

1. 叶针形，通常 2、3、5 针一束，稀多至 7、8 针一束，生于苞片状鳞叶的腋部，着生于极度退化的短枝顶端，基部包有叶鞘（脱落或宿存），常绿性；球果第二年成熟，种鳞宿存 ⋯⋯⋯⋯⋯⋯⋯⋯⋯⋯⋯⋯⋯⋯⋯⋯⋯⋯⋯ 松属 *Pinus*
1. 叶均不成束，螺旋状着生，或在短枝上端成簇生状。
　2. 叶质硬，枝仅一种类型。
　　3. 球果成熟后，种鳞自中轴脱落 ⋯⋯⋯⋯⋯⋯⋯⋯⋯⋯⋯⋯⋯⋯ 冷杉属 *Abies*
　　3. 球果成熟后，种鳞不脱落
　　　4. 球果生枝顶，叶在枝上均匀排列。
　　　　5. 球果直立，形大；种子连翅与种鳞约等长，雄球花簇生枝顶
　　　　⋯⋯⋯⋯⋯⋯⋯⋯⋯⋯⋯⋯⋯⋯⋯⋯⋯⋯⋯⋯⋯ 油杉属 *Keteleeria*
　　　　5. 球果常下垂，较小，种子连翅较种鳞段，雄球花单生叶腋。
　　　　　6. 小枝无明显叶枕或叶枕极短，叶多扁平，有短柄。
　　　　　　7. 球果大，苞鳞伸出种鳞外，先端 3 裂 ⋯⋯⋯⋯ 黄杉属 *Pseudotsuga*
　　　　　　7. 球果小，苞鳞不伸出或偶微伸出，先端不裂或 2 裂
　　　　　　⋯⋯⋯⋯⋯⋯⋯⋯⋯⋯⋯⋯⋯⋯⋯⋯⋯⋯⋯⋯⋯ 铁杉属 *Tsuga*
　　　　　6. 小枝有隆起较长的叶枕，叶多扁棱形或四棱形，有时条形扁平，无叶柄 ⋯⋯⋯⋯⋯⋯⋯⋯⋯⋯⋯⋯⋯⋯⋯⋯⋯⋯⋯⋯⋯⋯ 云杉属 *Picea*
　　　4. 球果生于叶腋，叶在节间上部排列紧密，下部稀疏 ⋯⋯⋯⋯ 银杉属 *Cathaya*
　2. 叶柔软或为坚硬针状，枝分长短枝。
　　　　8. 叶扁平，较柔软，落叶，球果当年成熟
　　　　　9. 雄球花单生于短肢顶部，种鳞成熟后不脱落
　　　　　⋯⋯⋯⋯⋯⋯⋯⋯⋯⋯⋯⋯⋯⋯⋯⋯⋯⋯⋯⋯⋯ 落叶松属 *Larix*
　　　　　9. 雄球花数个簇生于短枝顶端，种鳞成熟后脱落
　　　　　⋯⋯⋯⋯⋯⋯⋯⋯⋯⋯⋯⋯⋯⋯⋯⋯⋯⋯⋯ 金钱松属 *Pseudolarix*
　　　　8. 叶针形，坚硬，常 3 棱或 4 棱状，常绿；球果第二年成熟，种鳞脱落 ⋯⋯⋯⋯⋯⋯⋯⋯⋯⋯⋯⋯⋯⋯⋯⋯⋯⋯⋯⋯ 雪松属 *Cedrus*

代表属及植物：

1）油杉属（*Keteleeria*）

本属共 11 种。除 2 种产于越南外，其他均为我国特有种，产于秦岭以南、雅砻江以东，长江下游以南及台湾、海南等地的温暖山区。上海常见有油杉（图 15-3）和江南油杉（图 15-4）。

1. 一年生枝常有疏毛或无毛，干后橘红、浅粉红或淡褐色；叶窄而稍厚，边缘不向下反曲，或宽而向下反曲，上面无气孔线，先端钝圆；种鳞宽圆形，上部宽圆或中央微凹或上部圆、下部宽楔形；种翅中上部较宽 ·························· 油杉 *K. fortunei*

1. 一年生枝多少有毛，很少无毛，干后红褐、褐或紫褐色；叶较宽薄，边缘常向下反曲，上面通常无气孔线，或沿中脉两侧有 1～5 条气孔线，或仅先端或中上部有少数气孔线，先端微圆或微凹；种鳞斜方形或斜方状圆形，上部通常圆而窄，很少呈宽圆形；种翅通常中部及中下部较宽 ·············· 江南油杉 *K. fortunei* var. *cyclolepis*

图 15-3　油杉（*K. fortunei*）

图 15-4 江南油杉（*K. fortunei* var. *cyclolepis*）

2）松属（*Pinus*）

本属有 80 余种，分布于北半球，北至北极地区，南至北非、中美、中南半岛至苏门答腊赤道以南地区。我国产 22 种 10 变种，分布几遍全国。华东地区常见种类有黄山松、黑松、马尾松等。

1. 叶鞘早落，针叶基部的鳞叶不下延。
  2. 种鳞鳞脐背生，有刺；种植有关节短翅；3 针一束（栽培）
                                      ·········· 白皮松 *P. bungeana*
  2. 种鳞鳞脐顶生，无刺状尖头；针叶常 5 针一束；球果无梗；种子具宽翅，
    翅与种植近等长（栽培）············· 日本五针松 *P. parviflora*
1. 叶鞘宿存，稀脱落，针叶基部的鳞叶下延
  3. 2 针一束
    4. 针叶细柔；鳞盾平或微隆起，鳞脐无刺 ·············· 马尾松 *P. massoniana*
    4. 针叶粗硬；鳞盾隆起，鳞脐有尖刺

5. 冬芽褐色或栗褐色，卵圆形或长卵圆形；球果卵形，近无梗
   ·· 黄山松 *P. taiwanensis*
5. 冬芽银白色，圆柱状椭圆形或圆柱形；球果圆锥状卵圆形，有短梗
   ·· 黑松 *P. thunbergii*
3. 3 针一束或 2、3 针并存。
   6. 针叶 3 针一束，稀 2 针一束；小枝红褐色，无白粉；种子红褐色，
      长 6～7 mm，种翅长 2.5～2.8 cm（栽培）····················· 火炬松 *P. taeda*
   6. 针叶 2、3 针并存；小枝灰色，被白粉；种子黑色并有灰色斑点，
      种翅易脱落（栽培）·································· 湿地松 *P. elliottii*

图 15-5 白皮松（*P. bungeana*）

图 15-6　日本五针松（*P. parviflora*）

图 15-7　马尾松（*P. massoniana*）

图 15-8　黑松（*P. thunbergii*）

图 15-9　火炬松（*P. taeda*）

3）雪松属（*Cedrus*）

本属共有4种，我国栽培1种即雪松（*C. deodara*），为大乔木，高可达50 m（图15-10）。小枝常下垂。叶在长枝上辐射状展开，短枝上簇生。雄球花长卵圆形或椭圆状卵圆形；雌球花卵圆形，较小。球果熟时红褐色，较大，长7～12 cm。本种主要分布在阿富汗至印度地区，海拔1 300～3 300 m高原山地。树形呈宽塔形，常绿，极富观赏价值，为世界三大庭园树种之一。喜强阳，也稍耐荫，喜酸性或弱碱性土壤。

图 15-10　雪松（*C. deodara*）

（2）杉科（Taxodiaceae）

识别特征：常绿或落叶乔木，树干端直，大枝轮生或近轮生。叶螺旋状排列，散生，很少交叉对生（水杉属），披针形、钻形、鳞状或条形，同一树上之叶同型或二型。球花单性，雌雄同株，球花的雄蕊和珠鳞均螺旋状着生，很少交叉对生（水杉属）；雄球花小，单生或一簇生枝顶，或排成圆锥花序状，或生叶腋，雄蕊有 2～9（常 3、4）花药，花粉无气囊；雌球花顶生或生于去年生枝近枝顶，珠鳞与苞鳞半合生（仅顶端分离）或完全合生，或珠鳞甚小（杉木属），或苞鳞退化（台湾杉属），珠鳞的腹面基部有 2～9 枚直立或倒生胚珠。球果当年成熟，熟时张开，种鳞（或苞鳞）扁平或盾形，木质或革质，螺旋状着生或交叉对生（水杉属），宿存或熟后逐渐脱落，能育种鳞（或苞鳞）的腹面有 2～9 粒种子；种子扁平或三棱形，周围或两侧有窄翅，或下部具长翅；胚有子叶 2～9 枚。

模式属：落羽杉属（*Taxodium* Rich.）

分布概况：杉科共有 10 属 16 种，主要分布于北温带。我国产 5 属 7 种，引入栽培 4 属 7 种。

国产杉科 5 属分属检索表

1. 叶和种鳞均对生，叶排成 2 列 ……………………………………………… 水杉属 *Metasequoia*
1. 叶和种鳞均螺旋着生
  2. 球果的种鳞盾形，木质；叶钻形，种鳞上部有 3～7 裂齿 …… 柳杉属 *Cryptomeria*
  2. 球果的种鳞（或苞鳞）扁平
    3. 半常绿植物，侧生小枝冬季脱落，有鳞形叶的小枝不脱落；种鳞木质，种子下端有长翅 ………………………………………………… 水松属 *Glyptostrobus*
    3. 常绿植物，种鳞或苞鳞革质，种子两侧有翅
      4. 叶条状披针形，边缘锯齿，苞鳞大，种鳞退化，苞鳞腹部有 3 粒种子 ………………………………………………………… 杉木属 *Cunninghamia*
      4. 叶鳞状钻形或钻形，全缘；苞鳞退化；能育种鳞有 2 粒种子 ………………………………………………………… 台湾杉属 *Taiwania*

代表属及植物：

1）**柳杉属**（*Cryptomeria*）

1 种 1 变种，分布于我国及日本。柳杉（*C. japonica* var. *sinensis*），常绿乔木（图 15-11）。叶螺旋状着生，钻形，微内弯，基部下延。雌雄同株，雄球花单生叶腋，近枝顶聚生；雌球花单生枝顶，近球形，每珠鳞有 2 胚珠，苞鳞与珠鳞合生，先端分离。球果近球形；种鳞盾形，木质；每个种鳞有 2 个种子，周围具狭翅。主要分布于浙江天目山，福建北部和江西庐山。中等喜光，忌积水，抗风力差。

---

1. 叶先端向内弯曲；种鳞较少，20 片左右，苞鳞的尖头和种鳞先端的齿裂长 2～4 mm，每种鳞有 2 粒种子 ……………………… 柳杉 *C. japonica* var. *sinensis*
1. 叶直伸，先端通常不内曲；种鳞 20～30 片，苞鳞的尖头和种鳞先端的齿裂长 6～7 mm，每种鳞有 2～5 粒种子………………………… 日本柳杉 *C. japonica*

图 15-11　柳杉（*C. japonica* var. *sinensis*）

图 15-12　日本柳杉（*C. japonica*）

2）水杉属（*Metasequoia*）

本属仅 1 种，水杉（*M. glyptostroboides*），乔木，高达 35 m（图 15-13）。叶条形，淡绿色，在侧生小枝上排成 2 列，对生，冬季与小枝同落。球果下垂，呈球形，具长梗；种鳞木质，盾形，有 11 或 12 对，交互对生；能育种鳞 5～9 粒种子，扁平，常倒卵形，周围有翅，先端凹缺。水杉曾被认为已经灭绝，被我国植物学者于 1941 年在四川万县磨刀溪发现。现普遍栽培于水岸和路边，树形优美，为优良的风景树种。喜光，不耐贫瘠和干旱，但耐低温。

图 15-13　水杉（*M. glyptostroboides*）

3）杉木属（*Cunninghamia*）

最重要特征是雌球花珠鳞退化，下部与苞鳞合生，先端 3 裂，裂片先端与苞鳞分离，每一裂片基部着生 1 枚胚珠，雌球花发育成球果时，苞鳞增大，种鳞很小位于苞鳞腹面的基部。代表种杉木（*C. lanceolata*），常绿乔木，树皮灰褐色，条状脱落，内皮淡红色（图 15-14）。叶主枝上辐射伸展，侧枝上基部扭转二列状，披针形，镰状。坚硬革质，边缘有细齿，上面深绿色，下面淡绿色，沿中脉两侧各有 1 条白色气孔带。雄球花圆锥形，多个簇生枝顶。雌球花单生或 2 或 3 个集生。球果卵圆形，熟时苞鳞革质，棕黄色，腹面有 3 个种子，扁平，遮盖了种鳞。广布于长江流域及秦岭以南地区，多栽培。木材优质，有香味，耐腐。喜光，喜温暖湿润气候，喜肥，怕盐碱土，最喜深厚肥沃排水良好的酸性土壤，但也可在弱碱性土壤中生长。

图 15-14　杉木（*C. lanceolata*）

4）落羽杉属（*Taxodium*）

本属共有 3 种，原产北美及墨西哥，我国均已引种，作庭园树及造林树用。

1. 叶钻形，不排成 2 列；大枝向上伸展 ⋯⋯⋯⋯⋯⋯⋯⋯池杉 *T. distichum* var. *imbricatum*

1. 叶条形，扁平，排列成 2 列，呈羽状；大枝水平开展。

  2. 落叶；叶长 1～1.5 cm，排列较疏，侧生小枝排列成 2 列 ⋯⋯ 落羽杉 *T. distichum*

  2. 半常绿性或常绿性；叶长约 1 cm，排列紧密，侧生小枝螺旋状散生

  ⋯⋯⋯⋯⋯⋯⋯⋯⋯⋯⋯⋯⋯⋯⋯⋯⋯⋯⋯⋯ 墨西哥落羽杉 *T. mucronatum*

图 15-15　池杉（*T. distichum* var. *imbricatum*）

图 15-16　墨西哥落羽杉（*T. mucronatum*）

（3）柏科（Cupressaceae）

识别特征：常绿乔木或灌木。叶交叉对生或 3、4 片轮生，稀螺旋状着生，鳞形或刺形，或同一树本兼有两型叶。球花单性，雌雄同株或异株，单生枝顶或叶腋；雄球花具 3～8 对交叉对生的雄蕊，每雄蕊具 2～6 花药，花粉无气囊；雌球花有 3～16 枚交叉对生或 3、4 片轮生的珠鳞，全部或部分珠鳞的腹面基部有 1 至多个直立胚珠，稀胚珠单心生于两珠鳞之间，苞鳞与珠鳞完全合生。球果圆球形、卵圆形或圆柱形；种鳞薄或厚，扁平或盾形，木质或近革质，熟时张开，或肉质合生呈浆果状，熟时不裂或仅顶端微开裂，发育种鳞有 1 至多粒种子；种子周围具窄翅或无翅，或上端有一长一短之翅。

模式属：柏木属（*Cupressus* Linn.）

分布概况：柏科共有 22 属约 150 种，分布于南北两半球。我国产 8 属 29 种 7 变种，分布几遍全国，多为优良的用材树种及园林绿化树种。另引入栽培 1 属 15 种。

国产柏科 9 属分属检索表

1. 球果肉质，多呈球形，熟时不张开或上端微张开，种子无翅。
　　2. 刺叶基部无关节，下延生长；球花单生枝顶；胚珠生于珠鳞腹面基部
　　　　 ·· 圆柏属 *Sabia*
　　2. 刺叶基部有关节，不下延生长；球花单生叶腋；胚珠生于珠鳞之间
　　　　 ·· 刺柏属 *Juniperus*
1. 种鳞木质或革质，成熟时张开，种子有翅稀无翅。
　　3. 种鳞扁平或鳞背隆起，不为盾形。
　　　　4. 鳞叶长 4～7 mm，下面有白粉带，种鳞有种子 3～5 粒
　　　　　　 ·· 罗汉柏属 *Thujopsis*
　　　　4. 鳞叶长不及 4 mm，下面无明显白粉带，种鳞有种子 2 粒
　　　　　　5. 鳞叶长 1～2 mm，球果中间 2～4 对，种鳞有种子。
　　　　　　　　6. 有鳞叶小枝平展，种鳞 4～6 对，种子有窄翅 ················ 崖柏属 *Thuja*
　　　　　　　　6. 有鳞叶小枝直展，种鳞 4 对，种子无翅 ··········· 侧柏属 *Platycladus*
　　　　　　5. 鳞叶长 2～4 mm，球果仅中部一对种鳞有种子，种子上部有 2 个不等长翅
　　　　　　　　 ··· 翠柏属 *Calocedrus*
　　3. 种鳞盾形
　　　　7. 鳞叶长不及 2 mm，种子两侧有窄翅。
　　　　　　8. 有鳞叶的小枝通常不排列成平面，球果次年成熟，种鳞有 5 粒种子
　　　　　　　　 ··· 柏木属 *Cupressus*
　　　　　　8. 有鳞叶的小枝平展，排列成平面，球果当年成熟，种鳞常有 3 粒种子
　　　　　　　　 ·· 扁柏属 *Chamaecyparis*
　　　　7. 两侧的鳞叶长 3～6 mm 或更长，种子上部有 2 个大小不等的翅
　　　　　　 ·· 福建柏属 *Fokienia*

代表属及植物：

1）**扁柏属**（*Chamaecyparis*）

本属约 6 种，分布于北美、日本及我国台湾。我国有 1 种及 1 变种，均产台湾。另引入栽培 4 种。

> 1. 小枝下面的鳞叶微有白粉；雄球花深红色；球果径约 8 mm
> ·· 美国扁柏 *C. lawsoniana*
> 1. 小枝下面之鳞叶有显著的白粉。
> 　2. 鳞叶先端钝或钝尖；鳞叶先端钝；球果径 8～10 mm，种鳞 4 对
> ··· 日本扁柏 *C. obtuse*
> 　2. 鳞叶先端锐尖；球果圆球形，径约 6 mm，种鳞 5 对·········· 日本花柏 *C. pisifera*

图 15-17　日本扁柏（*C. obtuse*）

图 15-18　日本花柏（*C. pisifera*）

日本花柏栽培品种颇多，庭园常栽培的有：

线柏（*C. pisifera* 'Filifera'）。丛生灌木或小乔木，小枝细长下垂，新枝近四棱（图 15-19）。

羽叶花柏（*C. pisifera* 'Plumosa'）。分枝密，成圆锥形树冠，大枝近直立，具软弱羽毛状的小枝，叶淡绿色。

绒柏（*C. pisifera* 'Squarrosa'）。分枝密，具开展的羽毛状分枝和外展的叶片，上面灰白色，下面银白色。

日本扁柏栽培品种颇多，庭园常栽培的有：

云片柏（*C. obtuse* 'Breviramea'）。灌木，生鳞叶小枝排成片状，顶端叶带黄色（图 15-20）。

孔雀柏（*C. obtuse* 'Tetragona'）。枝近直展，短，末端枝四棱形，鳞叶背部有纵脊，光绿色。

凤尾柏（*C. obtuse* 'Filicoides'）。分枝短而密、片状，外观像凤尾蕨状，鳞叶钝，常有腺点。

图 15-19 线柏（*C. pisifera* 'Filifera'）

图 15-20 云片柏（*C. obtuse* 'Breviramea'）

2）圆柏属（*Sabina*）

本属约有 50 种，分布于北半球，北至北极圈，南至热带高山。我国产 15 种 5 变种，多数分布于西北部、西部及西南部的高山地区，能适应干旱、严寒的气候。另引入栽培 2 种。圆柏（*S. chinensis*），常绿乔木，高 20 m。叶有鳞叶和刺叶，刺叶生于幼树，老树全为鳞叶。鳞叶交互对生。雌雄异株，雄球花椭圆形，有 3 或 4 花药。球果圆球形，两年成熟，常被白粉，种子 1～4 粒，卵圆形。喜光但耐荫性很强。耐寒、耐热，对土壤要求不高，能生于酸性、中性及石灰质土壤上，对土壤的干旱及潮湿均有一定的抗性。

> 1. 叶全为刺形，三叶交叉轮生；球果具 2、3 粒种子；匍匐灌木
>   ··· 铺地柏 *S. procumbens*
> 1. 叶全为鳞形，或兼有鳞叶和刺叶，或仅幼龄植株全为刺叶。
>   2. 鳞叶先端急尖或渐尖，腺体位于叶背的中下部或近中部；幼树上的刺叶交叉对生，不等长；球果具 1、2 粒种子 ·············· 北美圆柏（铅笔柏）*S. virginiana*
>   2. 鳞叶先端钝，腺体位于叶背的中部；3 叶交叉轮生；球果次年成熟，具 2～4 粒种子 ·· 圆柏 *S. chinensis*

圆柏栽培品种颇多，庭园常栽培的有：

金叶桧（*S. chinensis* 'Aurea'）。直立灌木，树冠瘦削直耸；叶全为鳞叶，初时深金黄色，后变绿。

龙柏（*S. chinensis* 'Kaizuca'）。树冠瘦削直耸，狭圆锥形，端稍扭转上升，侧枝短，小枝密生，在枝端成稍等长之密簇；叶全为鳞叶，嫩时黄绿，老时灰绿色。

匍地龙柏（*S. chinensis* 'Procumbens'）。叶全为鳞叶，枝条匍伏。

图 15-21　铺地柏（*S. procumbens*）

图 15-22 圆柏（*S. chinensis*）

图 15-23 龙柏（*S. chinensis* 'Kaizuca'）

3）侧柏属（*Platycladus*）

本属仅 1 种，侧柏（*P. orientalis*），乔木，高 20 m（图 15-24）。有鳞形叶，小枝扁平，排成平面。叶交互对生。雌雄同株，雄球花黄绿色，6 对交互对生雄蕊；雌球花近球形，蓝绿色，白粉。球果成熟前蓝绿色，白粉，成熟后木质，红褐色，开裂。每种鳞有种子 2 粒，无翅或极窄翅。侧柏自古以来常被植于庭院、庙宇附近，为观赏风景树。喜光，幼时稍耐荫，适应性强，对土壤要求不严，在酸性、中性、石灰性和轻盐碱土壤中均可生长。

图 15-24 侧柏（*P. orientalis*）

15.2.3.2　罗汉松目（Podocarpales）

形态特征：常绿乔木或灌木。叶多型：条形、披针形、椭圆形、钻形、鳞形，或退化成叶状枝，螺旋状散生、近对生或交叉对生。球花单性，雌雄异株，稀同株；雄球花穗状，单生或簇生叶腋，或生枝顶，雄蕊多数，螺旋状排列，各具 2 个外向一边排列、有背腹面区别的花药，药室斜向或横向开裂，花粉有气囊，稀无气囊；雌球花单生叶腋或苞腋，或生枝顶，稀穗状，具多数至少数螺旋状着生的苞片，部分或全部、或仅顶端之苞腋着生 1 枚倒转生或半倒转生（中国种类）、直立或近于直立的胚珠，胚珠由辐射对称或近于辐射对称的囊状或杯状的套被所包围，稀无套被，有梗或无梗。种子核果状或坚果状，全部或部分为肉质或较薄而干的假种皮所包，或苞片与轴愈合发育成肉质种托，有梗或无梗，有胚乳，子叶 2 枚。

分类及代表植物：本目仅罗汉松科 1 科，共 8 属约 130 余种；分布于热带、亚热带及南温带地区，在南半球分布最多。我国产 2 属 14 种 3 变种，分布于长江以南各省区；其中长叶竹柏与竹柏等的种子可榨油供食用或作工业用油；罗汉松、短叶罗汉松等为普遍栽培的庭园树种。

（4）罗汉松科（Podocarpaceae）

识别特征：常绿乔木或灌木。叶多型，螺旋状散生、近对生或交叉对生。球花单性，雌雄异株，稀同株；雄球花穗状，单生或簇生叶腋，或生枝顶，雄蕊多数，螺旋状排列，各具 2 个外向一边排列、有背腹面区别的花药；雌球花单生叶腋或苞腋，或生枝顶，稀穗状，具多数至少数螺旋状着生的苞片，部分或全部、或仅顶端之苞腋着生 1 枚倒转生或半倒转生（中国种类）、直立或近于直立的胚珠，胚珠由辐射对称或近于辐射对称的囊状或杯状的套被所包围，稀无套被，有梗或无梗。种子核果状或坚果状，全部或部分为肉质或较薄而干的假种皮所包，或苞片与轴愈合发育成肉质种托，有梗或无梗。

模式属：罗汉松属（*Podocarpus* L'Her. ex Persoon）

分布概况：本目仅罗汉松科 1 科，共 8 属约 130 余种；分布于热带、亚热带及南温带地区，在南半球分布最多。我国产 2 属 14 种 3 变种，分布于长江以南各省区。

> 1. 叶对生，具多数并列的细脉，无中脉；种托不发育或肉质肥厚 ⋯⋯ 竹柏属 *Nageia*
> 1. 叶螺旋状排列，有明显的中脉；种托肉质肥厚 ⋯⋯⋯⋯⋯⋯ 罗汉松属 *Podocarpus*

代表属及植物：

1）罗汉松属（*Podocarpus*）

本属有 13 种 3 变种，分布长江以南和台湾。代表种罗汉松（*P. macrophyllus*），乔木，叶片条状披针形，微弯。雄球花穗状，腋生，2 或 3 个簇生短梗；雌球花单生叶腋，有梗。种子卵圆形，成熟时肉质假种皮紫黑色，有白粉。种托肉质圆柱形，红色或紫红色，有柄。本种长江以南分布广，大多庭院栽培。稍耐寒，耐阴，喜排水良好湿润砂质壤土，对土壤适应性强。

2）竹柏属（*Nageia*）

本属有 5～7 个种，分布中国华东、华南，缅甸、越南、印度也有分布。代表种竹柏（*N. nagi*），常绿乔木。叶交叉对生或螺旋状排列，排成 2 列，卵状披针形或披针形，无中脉，有多数并行的细脉。雌雄异株；雌球花腋生。种子核果状，为肉质假种皮所包，种托不增大，稀肥厚肉质。喜温热湿润气候，耐阴，喜湿润、无积水的地带生长。

图 15-25　罗汉松（*P. macrophyllus*）

图 15-26　竹柏（*N. nagi*）

15.2.3.3　三尖杉目（Cephalotaxales）

形态特征： 常绿乔木或灌木，髓心中部具树脂道；小枝对生或不对生，基部具宿存芽鳞。叶条形或披针状条形，稀披针形，交叉对生或近对生，在侧枝上基部扭转排列成 2 列，上面中脉隆起，下面有 2 条宽气孔带，在横切面上维管束的下方有一树脂道。球花单性，雌雄异株，稀同株；雄球花 6～11 聚生成头状花序，单生叶腋，有梗或几无梗，基部有多数螺旋状着生的苞片，每一雄球花的基部有 1 枚卵形或三角状卵形的苞片，雄蕊 4～16 枚，各具 2～4（多为 3）个背腹面排列的花药，花丝短，药隔三角形，药室纵裂，花粉无气囊；雌球花具长梗，生于小枝基部（稀近枝顶）苞片的腋部，花梗上部的花轴上具数对交叉对生的苞片，每一苞片的腋部有 2 枚直立胚珠，胚珠生于珠托之上。种子次年成熟，核果状，全部包于由珠托发育成的肉质假种皮中，常数个（稀 1 个）生于轴上，卵圆形、椭圆状卵圆形或圆球形，顶端具突起的小尖头，基部有宿存的苞片，外种皮质硬，内种皮薄膜质，有胚乳；子叶 2 枚，发芽时出土。

分类及代表植物： 本目仅三尖杉 1 科 1 属、共 9 种，产于亚洲东部至南亚次大陆，以我国分布最为集中。

（5）三尖杉科（Cephalotaxaceae）

识别特征： 常绿乔木或灌木，髓心中部具树脂道；小枝对生或不对生，基部具宿存芽鳞。叶条形或披针状条形，稀披针形，交叉对生或近对生，在侧枝上基部扭转排列成 2 列，上面中脉隆起，下面有 2 条宽气孔带，在横切面上维管束的下方有一树脂道。球花单性，雌雄异株，稀同株；雄球花 6～11 聚生成头状花序，单生叶腋，有梗或几无梗，基部有多数螺旋状着生的苞片，每一雄球花的基部有 1 枚卵形或三角状卵形的苞片，雄蕊 4～16 枚，各具 2～4（多为 3）个背腹面排列的花药，花丝短，药隔三角形，药室纵裂，花粉无气囊；雌球花具长梗，生于小枝基部（稀近枝顶）苞片的腋部，花梗上部的花轴上具数对交叉对生的苞片，每一苞片的腋部有 2 枚直立胚珠，胚珠生于珠托之上。种子次年成熟，核果状，全部包于由珠托发育成的肉质假种皮中，常数个（稀 1 个）生于轴上，卵圆形、椭圆状卵圆形或圆球形，顶端具突起的小尖头，基部有宿存的苞片，外种皮质硬，内种皮薄膜质，有胚乳；子叶 2 枚，发芽时出土。

模式属： 三尖杉属（*Cephalotaxus* Sieb. & Zucc. ex Endl.）

分布概况： 本科仅有 1 属 9 种，我国产 7 种 3 变种，分布于秦岭至山东鲁山以南各省区及台湾。另有 1 引种栽培变种。

代表属及植物：

1）**三尖杉属**（*Cephalotaxus*）

代表种三尖杉（*C. fortunei*），乔木，叶 2 列，叶片上面深绿色，中脉隆起，下面气孔带白色。雄球花 8～10 个聚成头状，总梗短，基部及总花梗上面有多数苞片。每一雄球花有 6～16 个雄蕊，3 花药；雌球花胚珠 3～8 个发育成种子，总梗长 2 cm。种子椭圆状卵形或近圆球形，假种皮成熟时红紫色，顶端有小尖头。花期 4 月，种子成熟 8～10 月。

> 1. 叶长 4～13 cm，先端渐尖成长尖头，基部楔形；雄球花有明显的总梗，梗长
>   6～8 mm ……………………………………………………三尖杉 *C. fortunei*
> 1. 叶较短，长 2.5～5 cm，先端微急尖或渐尖，基部圆形；雄球花的总梗粗短，梗长
>   3 mm ………………………………………………………………粗榧 *C. sinensis*

图 15-27　三尖杉（*C. fortunei*）

图 15-28　粗榧（*C. sinensis*）

15.2.3.4　红豆杉目（Taxales）

形态特征：常绿乔木或灌木。叶条形或披针形，螺旋状排列或交叉对生，上面中脉明显、微明显或不明显，下面沿中脉两侧各有 1 条气孔带，叶内有树脂道或无。球花单性，雌雄异株，稀同株；雄球花单生叶腋或苞腋，或组成穗状花序集生于枝顶，雄蕊多数，各有 3～9 个辐射排列或向外一侧排列有背腹面区别的花药，药室纵裂，花粉无气囊；雌球花单生或成对生于叶腋或苞片腋部，有梗或无梗，基部具多数覆瓦状排列或交叉对生的苞片，胚珠 1 枚，直立，生于花轴顶端或侧生于短轴顶端的苞腋，基部具辐射对称的盘状或漏斗状珠托。种子核果状，无梗则全部为肉质假种皮所包，如具长梗则种子包于囊状肉质假种皮中，其顶端尖头露出；或种子坚果状，包于杯状肉质假种皮中，有短梗或近于无梗；胚乳丰富；子叶 2 枚。

分类及代表植物：本目仅 1 科 5 属约 23 种，除 *Austrotaxus spicata* Campton 1 属 1 种产南半球外，其他属种均分布于北半球。我国有 4 属 12 种 1 变种及 1 栽培种，其中榧树、云南榧树、红豆杉及云南红豆杉等树种能生产优良的木材；香榧的种子为著名的干果，亦可榨油供食用；其他树种如穗花杉、白豆杉、东北红豆杉、红豆杉及南方红豆杉等为庭园树种。

（6）红豆杉科（Taxaceae）

识别特征：常绿乔木或灌木。叶条形或披针形，螺旋状排列或交叉对生，上面中脉明显、微明显或不明显，下面沿中脉两侧各有 1 条气孔带，叶内有树脂道或无。球花单性，雌雄异株，稀同株；雄球花单生叶腋或苞腋，或组成穗状花序集生于枝顶，雄蕊多数，各有 3～9 个辐射排列或向外一侧排列有背腹面区别的花药，药室纵裂，花粉无气囊；雌球花单生或成对生于叶腋或苞片腋部，有梗或无梗，基部具多数覆瓦状排列或交叉对生的苞片，胚珠 1 枚，直立，生于花轴顶端或侧生于短轴顶端的苞腋，基部具辐射对称的盘状或漏斗状珠托。种子核果状，无梗则全部为肉质假种皮所包，如具长梗则种子包于囊状肉质假种皮中，其顶端尖头露出；或种子坚果状，包于杯状肉质假种皮中，有短梗或近于无梗；胚乳丰富；子叶 2 枚。

模式属：红豆杉属（*Taxus* Linn.）

分布概况：我国有 4 属 12 种 1 变种及 1 栽培种，其中榧树、云南榧树、红豆杉及云南红豆杉等树种能生产优良的木材；香榧的种子为著名的干果，亦可榨油供食用。

1. 叶上面中脉不明显或微明显；雄球花单生叶腋；雌球花 2 个成对生于叶腋，无梗；种子全部包于肉质假种皮中。 ·················· 榧树属 *Torreya*
1. 叶上面有明显的中脉；雌球花单生叶腋或苞腋；种子生于杯状或囊状假种皮中，上部或顶端尖头露出。
  2. 叶交叉对生，叶内有树脂道；雄球花多数，组成穗状花序，2～6 序集生于枝顶；雌球花生于新枝上的苞腋或叶腋，有长梗；种子包于囊状肉质假种皮中，仅顶端尖头露出。 ·················· 穗花杉属 *Amentotaxus*
  2. 叶螺旋状着生，叶内无树脂道；雄球花单生叶腋，不组成穗状球花序；雌球花单生叶腋，有短梗或几无梗；种子生于杯状假种皮中，上部露出。
    3. 小枝近对生或近轮生；叶下面有 2 条白粉气孔带，种子成熟时肉质假种皮白色。 ·················· 白豆杉属 *Pseudotaxus*
    3. 小枝不规则互生；叶下面有 2 条淡黄色或淡灰绿色的气孔带；种子成熟时肉质假种皮红色。 ·················· 红豆杉属 *Taxus*

代表属及植物：

1）红豆杉属（*Taxus*）

本属约有 11 种，分布于北半球。我国有 4 种 1 变种。代表种红豆杉（*T. wallichiana* var. *chinensis*），大乔木。叶 2 列，叶片条形，微弯或直，先端微急尖，上面深绿色，下面淡黄绿色，气孔带 2 条。下面中脉带有密生均匀微小的圆形角质乳头状突出。雄球花淡黄色，雄蕊 8～14 个，花药 4～8 个。种子生于杯状红色肉质假种皮。种托是未发育成肉质假种皮的珠托。种子卵圆形，上部有 2 钝棱脊。我国特有种，产于甘肃南部、陕西南部、四川、云南东北部及东南部、贵州西部及东南部、湖北西部、湖南东北部、广西北部和安徽南部（黄山），常生于海拔 1 000～1 200 m 以上的高山上部。模式标本采自四川巫山。喜温暖、湿润的气候和排水良好、腐殖质丰富的酸性土，对中性及钙质土也能适应。

1. 叶较短，条形，微呈镰状或较直，通常长 1.5～3.2 cm，宽 2～4 mm，上部微渐窄，先端具微急尖或急尖头；边缘微卷曲或不卷曲，下面中脉带上密生均匀而微小圆形角质乳头状突起点，其色泽常与气孔带相同；种子多呈卵圆形，稀倒卵圆形
   ··红豆杉 *T. wallichiana* var. *chinensis*

1. 叶较宽长，披针状条形或条形，常呈弯镰状，通常长 2～5 cm，宽 3～4.5 mm，上部渐窄或微窄，先端通常渐尖；边缘不卷曲，下面中脉带的色泽与气孔带不同，其上无角质乳头状突起点，或与气孔带相邻的中脉带两边有 1 行至数行或成片状分布的角质乳头状突起点；种子多呈倒卵圆形，稀柱状矩圆形
   ··· 南方红豆杉 *T. wallichiana* var. *mairei*

图 15-29 红豆杉（*T. wallichiana* var. *chinensis*）

2）榧树属（*Torreya*）

本属有 7 种，我国有 4 种及引入栽培 1 种。代表种榧树（*T. grandis*），乔木。树皮有纵裂，一年生枝绿色，二、三年生枝黄绿色。叶条形，2 列，先端凸尖，中脉不隆起。雄球花圆柱状，雄蕊多数，各有 4 个花药。种子椭圆形，卵圆形。成熟时假种皮淡紫褐色，有白粉，顶端微凸，基部有宿存的苞片。花期为当年 4 月；种子次年 10 月成熟。我国特有，产于江苏南部、浙江、福建北部、江西北部、安徽南部，西至湖南西南部及贵州松桃等地，生于海拔 1 400 m 以下。其种子为著名干果，俗名"香榧"。模式标本采自浙江。喜肥，在有机质丰富，土壤疏松，质地由砂壤到轻黏，pH 5.2～6.5 的土壤中生长发育良好。

图 15-30　榧树（*T. grandis*）

15.2.4　盖子植物纲（Chlamydospermopsida）

形态特征：直立灌木或缠绕木质藤本，稀有乔木或草本状小灌木；茎有节与节间，或粗短肥大无明显节间，次生木质部常具导管，无树脂道。叶对生或轮生，有柄或无柄，叶片有各种类型，为细小膜质鞘状，或绿色扁平似双子叶植物，或肉质而极长大、呈带状似单子叶植物。球花单性，雄球花中常有不育雌花；球花具苞片2至多对、交叉对生，或苞片多数轮生，各轮苞片彼此愈合成一环状总苞；雄花单生于每一苞片上，或多数排成数行着阵于环状总苞内，每花具一膜质囊状或肉质管状的假花被，假花被无维管束；雄蕊2～8枚，稀1枚，花丝合生成一体或二体，有时上端分离，花药1～3室，通常顶缝开裂，花粉无气囊，有纵棱肋或细微棘突；雌花单生于雌球花顶端1～3枚苞片的腋部，或4～12轮生于雌球花穗的环状总苞内，假花被厚韧，稀膜质，具数条维管束，瓶状，紧包于胚珠之外，珠胚1枚，直立，珠被1、2层，上端（2层者仅内被）延长成珠被管，由假花被顶端开口处伸出；风媒或虫媒传粉。成熟雌球花球果状或细长穗状；种子包于由假花被发育而成的假种皮中，种皮1、2层，胚乳丰富，肉质或粉质；子叶2枚，发芽时出土。

分类及代表植物：本纲共3目3科3属约80种。我国有2目2科2属19种4变种，分布几遍全国。

15.2.4.1　麻黄目（Ephedrales）

形态特征：灌木、亚灌木或草本状，稀为缠绕灌木，高5 cm～2.5 m，最高可达8 m（*Ephedra altissima*），茎直立或匍匐，分枝多，小枝对生或轮生，绿色，圆筒形，具节，节间有多条细纵槽纹，横断面常有棕红色髓心。叶退化成膜质，在节上交叉对生或轮生2、3片合生成鞘状，先端具三角状裂齿，通常黄褐色或淡黄白色，裂片中央色深，有2条平行脉。雌雄异株，稀同株，球花卵圆形或椭圆形，生枝顶或叶腋；雄球花单生或数个丛生，或3～5个成一复穗花序，具2～8对交叉对生或2～8轮（每轮3片）苞片，少苞片厚膜质或膜质，每片生一雄花，雄花具膜质假花被，假花被圆形或倒卵形，大部分合生、仅顶端分离，雄蕊2～8枚，花丝连合成1、2束，有时先端分离使花药具短梗，花药1～3室，花粉椭圆形，具5～10条纵肋，肋下有曲折线状萌发孔；雌球花具2～8对交叉对生或2～8轮（每轮3片）苞片，仅顶端1～3片苞片生有雌花，雌花具顶端开口的囊状革质假花被，包于胚珠外，胚珠具一层膜质珠被，珠被上部延长成珠被管，自假花被管口伸出，珠被管直或弯曲；雌球花的苞片随胚珠生长发育而增厚成肉质、红色或橘红色，稀为干燥膜质、淡褐色，假花被发育成革质假种皮。种子1～3粒，胚乳丰富，肉质或粉质；子叶2枚，发芽时出土。

分类及代表植物：本目仅1科1属，约40种，分布于亚洲、美洲、欧洲东南部及非洲北部等干旱、荒漠地区。我国有12种4变种，分布区较广，除长江下游及珠江流域各省区外，其他各地皆有分布，以西北各省区及云南、四川等地种类较多；常生于干旱山地及荒漠中。

多数种类含生物碱，为重要的药用植物；生于荒漠及土壤瘠薄处，有固沙保土的作用，也作燃料；麻黄雌球花的苞片熟时肉质多汁，可食，俗称"麻黄果"。

（7）麻黄科（Ephedraceae）

识别特征：与麻黄目相同。

模式属：麻黄属（*Ephedra* Tourn ex Linn.）

分布概况：仅 1 属，约 40 种，分布于亚洲、美洲、欧洲东南部及非洲北部干旱、荒漠地区。我国 12 种及 4 变种，分布较广，以西北各省及云南、四川、内蒙古等地种类较多。

代表属及植物：

1）麻黄属（*Ephedra*）

代表种草麻黄（*E. sinica*）草质灌木，小枝常弯曲，大孢子叶球成熟时近圆球形，种子常 2 粒。广布于东北、华北及西北地区。含麻黄碱（ephedrin），为重要的药用植物。

15.2.4.2　买麻藤目（Gnetales）

形态特征：常绿木质大藤本，稀为直立灌木或乔木，茎节由上下两部接合而成，呈膨大关节状，下部顶端具有宿存环状总苞片，在幼枝上明显，在老枝则仅有痕迹。单叶对生，有叶柄，无托叶；叶片革质或半革质，平展具羽状叶脉，小脉极细密呈纤维状，极似双子叶植物。花单性，雌雄异株，稀同株；球花伸长成细长穗状，具多轮合生环状总苞（由多数轮生苞片愈合而成）；雄球花穗单生或数穗组成顶生及腋生聚伞花序，着生在小枝上，各轮总苞紧密排列，不露花穗轴或少为疏离而露出增长的花穗轴，每轮总苞有雄花 20～80，紧密排列成 2～4 轮，花穗上端常有一轮不育雌花，雄花具杯状肉质假花被，假花被基部渐细，上部渐宽平，雄蕊通常 2，稀 1，伸出假花被之外，花丝合生，上端有时稍分离，花药 1 室，花粉圆，具细微棘突；雌球花穗单生或数穗组成聚伞圆锥花序，通常侧生于老枝上，每轮总苞有雌花 4～12，雌花的假花被囊状，紧包于胚珠之外，胚珠具 2 层珠被，内珠被的顶端延长成珠被管，自假花被顶端开口伸出，外珠被分化为肉质外层与骨质内层，肉质外层与假花被合生并发育成假种皮。种子核果状，包于红色或橘红色肉质假种皮中，胚乳丰富，肉质；子叶 2 枚，发芽时出土。

分类及代表植物：本目仅 1 科 1 属，共 30 余种，分布于亚洲、非洲及南美洲等的热带及亚热带地区，以亚洲大陆南部，经马来群岛至菲律宾群岛为分布中心。我国有 1 科 1 属 7 种。

（8）买麻藤科（Gnetaceae）

识别特征：与买麻藤目相同。

模式属：买麻藤属（*Gnetum* Linn.）

分布概况：仅 1 属 30 余种，分布于热带。我国 7 种。

代表属及植物：

1）买麻藤属（*Gnetum*）

代表种有买麻藤（*G. montanum*）为大藤本，小枝光滑。叶矩圆形，革质，先端钝尖；雄球花序一、二回三出分枝，花穗圆柱形，有多轮环状总苞，每轮内雄花 25～45，排成 2 列；雌球花序侧生老枝上，单个或数个丛生，每轮环状总苞内有雌花 5～8；种子矩圆形，成熟时黄褐色或红褐色，花期为 6～7 月，种子 8～9 月成熟。主要分布云南南部、广西、广东。买麻藤茎中有树液，可做饮料；种子可炒食，也可榨油；茎皮含纤维可利用。

第 16 章
被子植物

16.1 被子植物的一般特征

被子植物的拉丁名为 Angiospermae，由 "Angio-"（包被的）和 "-sperma"（种子）两者组合而成。现存的被子植物共有 1 万多属，约 25 万种，我国有 2 700 多属，约 2.5 万种。被子植物的特征可概括如下：

第一，具有真正的花：典型的被子植物具有花被（花萼、花冠）、雄蕊群和雌蕊群等部分组成。花被的出现，一方面加强保护作用，另一方面增强传粉效率，以达到异花传粉的目的；雄蕊由花丝和花药组成；雌蕊由子房、花柱、柱头 3 部分组成，组成雌蕊的单位是心皮。

第二，具雌蕊：雌蕊由心皮组成，包含子房、花柱和柱头 3 部分。胚珠包藏在子房内，子房受精后发育称为果实。果实也具有很多类型和开裂方式；果皮上常具有各种钩、刺、翅、毛等。

第三，具有双受精现象：即两个精细胞进入胚囊后，1 个与卵细胞结合成合子，另 1 个与 2 个极核结合，形成 $3n$ 的染色体，发育为胚乳，幼胚以 $3n$ 染色体的胚乳为营养，不断长大。双受精作用的结果，最显著的是产生经过受精的三倍体胚乳，这和裸子植物的胚乳是单倍体未受精的雌配子体是完全不同的。被子植物的胚是在胚乳供给营养的条件下萌发的，这对增加新植物体生命力和适应环境的能力都有重要意义。

第四，孢子体高度发达：被子植物的孢子体在形态结构、生活型等方面比其他植物更完善和多样。在形态结构上，被子植物组织分化细致，生理机能效率高，分工更细。输导组织的木质部，一般具导管、薄壁组织和纤维，导管和纤维是由管胞发展和分化而来，这种机能上的分工需要促进专职导水的导管和专职支持作用的纤维产生，这与裸子植物的管胞是不同的。韧皮部有筛管和伴胞，其体内的物质运输效率大大提高，这就增加了被子植物对环境的适应性。

第五，配子体进一步退化：被子植物的小孢子发育为雄配子体，大部分成熟的雄配子体仅具 2 个细胞（1 个营养细胞，1 个生殖细胞），少数植物在传粉前生殖细胞再分裂 1 次，产生 2 个精子。大孢子发育为成熟的雌配子体，称为胚囊。通常胚囊只有 7 个细胞：3 个反足细胞、1 个中央细胞，2 个助细胞、1 个卵细胞。反足细胞是原叶体营养部分的残余；助细胞和卵合称卵器，是颈卵器的残余。由此可见，被子植物的雄、雌配子体均无独立生活能力，终身寄生在孢子体上，结构上比裸子植物更简化。

第六，传粉方式的多样化：这是被子植物能够繁衍发展的一个重要因素。与裸子植物的风媒传粉不同，被子植物具有多种传粉方式，如风媒、虫媒、鸟媒、水媒等。为了吸引动物传粉者，被子植物演化出艳丽的花朵、强烈的气味、蜜腺、花盘等，在动物采蜜的同时，来帮助其传粉，从而实现植物的繁衍。

16.2　被子植物的形态学分类原则

被子植物的分类，不仅要研究植物本身的特征，还要把植物放到整个体系中去研究其处于什么样的位置和什么样的阶段，还要建立一个分类系统，反映出它们之间的亲缘关系。这方面的工作是非常困难的，首先是被子植物在地球上，几乎是于距今 1.3 亿年的白垩纪突然兴起的，很难根据化石的年龄，论断谁比谁原始；其次由于很难找到花部特征的化石，而花部特征又是被子植物分类的重要方面，这就使得整个进化系统研究处于论断和推理阶段，还缺乏很好的证据。然而，人们还是根据现有的资料进行分类，尽可能反映被子植物的起源和演化关系。

形态学特征是被子植物分类的主要标准，花果的形态特征尤为重要，根、茎、叶及其附属物（如被毛、腺点等）亦常作为分类标准。此外，解剖学特征、化学成分、植物分子系统等，也是对经典分类研究方法的深入和补充，特别对于确定在系统位置上有争议的类群，能提供有用的证据。

根据化石资料，最早出现的被子植物多为常绿、木本植物，以后地球经历了干燥、冰川等几次大的变化，产生了落叶和草本的类群，由此确认落叶、草本、叶形多样化、输导功能完善化等次生性状。同时，根据花果的演化趋势向着经济、高效方向发展的特点，确认花被分化或退化、花序复杂化、子房下位等都是次生性状。基于以上认识，一般公认的形态构造的演化规律和分类原则如表 16-1 所示。

表 16-1　被子植物形态构造的演化规律和分类原则

识别项	初生、原始的性状	次生、较完整的性状
茎	木本	草本
	直立	缠绕
	无导管只有管胞	有导管
	具环纹、螺纹导管	具网纹、孔纹导管
叶	常绿	落叶
	单叶全缘	叶形复杂化
	互生／螺旋状排列	对生／轮生
花	单生	花序
	有限花序	无限花序
	两性花	单性花

识别项	初生、原始的性状	次生、较完整的性状
花	雌雄同株	雌雄异株
	花部呈螺旋状排列	花部呈轮状排列
	花部多数而不固定	花部各部数目不多，有定数（3、4、5）
	花被同形，不分化为花萼和花瓣	花被分化为花萼和花瓣，或退化为单被花、无被花
	花部离生（离瓣花、离生雄蕊、离生心皮）	花部合生（合瓣花，以各种形式结合的雄蕊、合生心皮）
	辐射对称	两侧对称或不对称
	子房上位	子房下位
	花粉粒具单沟	花粉粒具3沟或多孔
	胚珠多数	胚珠少数
	边缘胎座、中轴胎座	侧膜胎座，特立中央胎座及基底胎座
果种	蓇葖果、聚合果	聚花果
	真果	假果
种子	种子有发育的胚乳	无胚乳，种子萌发所需的营养物质储藏在子叶中
	胚小、直伸，子叶2	胚弯曲或卷曲，子叶1
生活型	多年生	一年生
	绿色自养植物	寄生、腐生植物

注：花部是指花萼、花瓣、雄蕊、雌蕊的合称；花被是指花萼和花瓣分化不明显的合称。

　　我们在用分类原则进行分类工作或分析某一类植物时，不能孤立、片面根据1个或2个性状，就给某个植物下定义是进化还是原始的结论。首先是因为同一种性状在不同的植物中的进化意义不是绝对的，如对于一般植物来说，两性花、胚珠多数、胚小是原始的性状，但在兰科植物中，恰恰是进化的标志。其次各器官的进化不是同步的，常可见到同一植物体上，既有某些性状相当进化，又有某些性状还保留原始性。我们一般认为生殖器官的性状比营养器官的性状重要。因此，评价一个类群时，应全面、综合进行分析，这样才有可能得出比较正确的结论。

16.3　被子植物分类的主要形态术语

　　被子植物分类是以植物的形态特征作为主要的分类依据，而各器官的形态须用一定的名词术语描述，因此，在进行植物分类学习或工作前，须熟练掌握这些术语，才能鉴定、描述植物，进行正确的分类工作。相关被子植物的根、茎、叶、花、果实、种子的形态结构在前面章节里有具体介绍，在此仅将被子植物主要的形态术语介绍如下。

16.3.1　根形态及其变态

根通常位于地表下面，主要功能为固持植物体，吸收水分和溶于水中的矿物质，将水与矿物质输导到茎，以及储藏养分。根分为根尖结构、初生结构和次生结构 3 部分。根形态通常是指植物具有初生结构或次生结构时的外部形态。按形态分类，种子植物的根分直根系和须根系。

根在长期进化发展过程中，为了适应环境的变化，形态构造产生了许多变态。根的变态主要有贮藏根、气生根、寄生根 3 大类，具体见表 16-2。

表 16-2　根的变态

根的变态	分 类	定 义	举 例
贮藏根	肉质根	主根发育成的肥大直根	人参［图 16-1（a）］、胡萝卜
	块根	不定根或侧根一部分膨大、肥厚	何首乌［图 16-1（b）］、木薯、百部
气生根	支柱根	从较近地面茎节上长出的不定根；或从枝上生出的下垂气生根，先端深入土后，成为增强植物整体支持力量的辅助根系，具支持和呼吸作用	露兜树［图 16-1（c）］、榕树
	攀缘根	细长柔弱不能直立的茎上生不定根，以固着在其他物体表面而攀缘上升	常春藤［图 16-1（d）］、络石
	呼吸根	从淤泥中横走且屈膝向上生长的根	池杉［图 16-1（e）］
寄生根	寄生或半寄生	植物的根深入寄主茎的维管组织，吸取寄生养料和水分	槲寄生、桑寄生

16.3.2　茎形态及其变态

茎是植物联系根、叶，输送水、无机盐和有机养料的结构。茎具节和节间，其顶端及叶腋内有芽。茎的形态多样，有圆柱形、四棱形（如唇形科）、三角形（如莎草）或扁平（如昙花）等。变态的茎分为地上茎和地下茎。地上茎有茎刺、茎卷须、叶状茎、小鳞茎、小块茎；地下茎有根状茎、块茎、鳞茎、球茎。

（1）茎的基本形态

1）芽及其类型。

芽是指处于幼态而未伸展的枝、花或花芽。可以分为枝芽（长成枝）、花芽（发育成花或花序）、混合芽（同时发育成枝和花）。

按芽在枝上的位置划分为定芽和不定芽。定芽分为顶芽和腋芽，顶芽是生在枝条顶端的芽，而腋芽是生在叶腋内的芽。在一个叶腋内通常不止一个腋芽，称并生芽（如桃）或重叠芽（如桂花）。有些芽被覆盖在叶柄基部内，直到叶落后才露出芽，称为叶柄下芽（如悬铃木、夏蜡梅、刺槐等）。

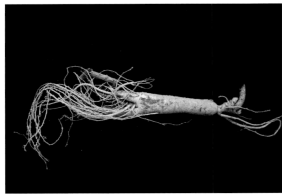

（a）肉质根——人参

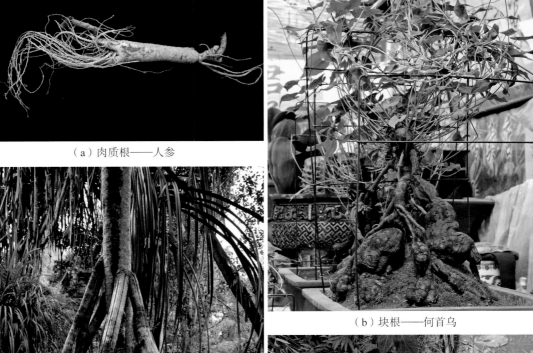

（b）块根——何首乌

（c）支柱根——露兜树

（d）攀缘根——常春藤

（e）呼吸根——池杉

图 16-1　根的变态

按芽鳞有无划分为裸芽和被芽。所有一年生植物或少数木本植物的芽，外面没有芽鳞，如黄瓜、蓖麻、枫杨等；多年生木本植物的芽都有芽鳞包裹，如杨、山茶、玉兰、枇杷等。

按芽生理活动状态划分活动芽和休眠芽。活动芽是在生长季节形成新枝、花或花序的芽；休眠芽是在生长季节不生长的芽。

2）节和节间。节是指茎上着生叶的部位，两个节之间的部分称为节间。

3）长枝和短枝。长枝指节间显著伸长的枝条；节间缩短，各个节间紧密相接，甚至难于分辨的枝条，称为短枝，如银杏（图 16-2）等。

4）叶痕。植物落叶后，茎上留下的叶柄痕迹。叶痕内的点状突起，是叶柄和茎之间的维管束断离后留下的痕迹，称为维管束痕，如香椿（图 16-3）等。

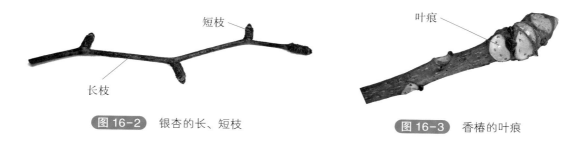

图 16-2　银杏的长、短枝　　　　　图 16-3　香椿的叶痕

（2）茎生长习性

茎是叶、花等器官着生的轴。具体分类见表 16-3。

表 16-3　茎的分类

茎	分　类	定　义	举　例
茎的性质	木本	茎显著木质化且木质部极发达者，分为乔木、灌木	白皮松［图 16-4（a）］、胡颓子［图 16-4（b）］
	草本	茎不木质化而为草质者，分为一年生、多年生	紫苜蓿［图 16-4（c）］
	藤本	茎不能独立直立，须缠绕或攀缘其他植物或物体，分为木质藤本、草质藤本	萝藦［草本，图 16-4（d）］、紫藤［木本，图 16-4（e）］
茎的生长习性	直立茎	茎垂直地面直立生长	木本植物、玉米
	平卧茎	茎柔弱，平卧，节上无不定根	斑地锦
	匍匐茎	茎细长，节和分枝处上生不定根	肾叶打碗花［图 16-5（a）］
	攀缘茎	用卷须、小根、吸盘等攀附于他物上	地锦［图 16-5（b）］
	缠绕茎	螺旋状缠绕他物而上的茎，有左旋和右旋之分	茑萝［图 16-5（c）］
	纤匍枝	叶腋内生出无叶细长的匍地枝，顶端生根及叶，进而形成植株	虎耳草

（a）乔木——白皮松

（c）草本——紫苜蓿

（d）草质藤本——萝藦

（b）灌木——胡颓子

（e）木质藤本——紫藤

图 16-4　茎的性质

（a）匍匐茎——肾叶打碗花

（b）攀缘茎——地锦

（c）缠绕茎——茑萝

图 16-5　茎的生长习性

（3）茎的分枝方式

表 16-4　茎的分枝方式（具体见第 5.1.3 节）

分　类	定　义	举　例
单轴分枝	主轴由顶芽不断向上伸展而成，主干伸长和加粗，比侧枝强，主干极显著	南洋杉
合轴分枝	主干的顶芽在生长季节，生长迟缓或死亡，或顶芽变为花芽或卷须，由腋芽伸展，代替原来的顶芽，每次交替生长。	乌蔹莓
假二叉分枝	具对生叶的植物，顶芽不育或顶芽花芽，开花后，由顶芽下两侧腋芽同时发育成二叉状分枝	紫丁香、接骨木
二叉分枝	顶端分生组织一分为二，形成分枝	石松、卷柏
分蘖	禾本科植物由地面下或近地面的分蘖节上产生腋芽，并发展成不定根的分枝	

（4）茎的变态

表 16-5　茎的变态

茎	分　类	定　义	举　例
地上茎	茎刺	茎转变为刺，位置在叶腋，有维管组织与主茎相连	绒毛皂荚［图 16-6（a）］
	茎卷须	许多攀缘植物茎细长，不能直立，由枝变为卷须；爬山虎茎卷须的顶端有吸附于其他物体上的膨大结构，称吸盘	葡萄、爬山虎
	叶状茎	茎转变成叶状，扁平，光合作用，呈绿色	假叶树［图 16-6（b）］
地下茎	根状茎	横卧地下，性状较长，有丰富的养料，其腋芽可发育成新的地上枝	蕺菜［图 16-6（c）］、藕、竹鞭
	块茎	短而肥厚的地下茎	芋［图 16-6（d）］、马铃薯
	鳞茎	许多肥厚的肉质鳞叶包围扁平的地下茎而成	百合［图 16-6（e）］、洋葱、水仙
	球茎	球状的地下茎，具顶芽	荸荠、慈姑

（a）茎刺——绒毛皂荚　　　　　　　　（b）叶状茎——假叶树

（c）根状茎——蕺菜　　　　　（d）块茎——芋　　　　　（e）鳞茎——百合

图 16-6　茎的变态

16.3.3　叶形态及其变态

　　植物的叶由叶片、叶柄和托叶组成。叶片是叶的主要部分，多为绿色的扁平体。叶柄是叶的细长柄状部分，上端与叶相接，下端与茎相连。托叶是叶柄基部两侧所生的小叶状物。完全叶是具有叶片、叶柄和托叶三部分的叶；不完全叶是只具一、两部分的叶。叶枕是叶柄（小叶柄）、叶片（小叶片）基部膨大的部分，如豆科含羞草。叶鞘是指叶片基部或叶柄形成的鞘状包裹着茎秆，既保护幼芽和居间生长又加强茎的支持作用，如马唐，部分叶鞘是托叶形成的，也称托叶鞘，如何首乌。

　　（1）叶形［图 16-7（a）］

　　叶形通常指叶片的形态，常见的叶形有以下几种：

　　1）针形（Acicular）：叶片细长，先端尖锐，如黄山松。

　　2）披针形（Lanceolate）：叶片长约为宽的 4～5 倍，中部以下最宽，向上渐狭，如垂柳；若中部以上最宽，向下渐狭，则为倒披针形，如杨梅。

　　3）条形（Linear）：叶片狭而长，长为宽的 5 倍以上，且从叶基到叶尖的宽度几乎相等，两侧边缘近平行，如东北堇菜。

　　4）剑形（Encifolium）：坚实的、通常厚而强壮的叶片，具尖锐顶端的条形叶，如凤尾丝兰。

5）钻形（Subulate）：长而细狭的大部分带革质的叶片，自基部至顶端渐变细瘦而顶端尖，如鹰爪豆。

6）卵形（Ovate）：叶片下部圆阔，上部稍狭，最宽处在中部以下，如杜仲；如中部以上最宽，向下渐狭，则为倒卵形，如海桐。

7）椭圆形（Elliptical）：叶片中部最宽而两端较狭，长约为宽的 3～4 倍，但两侧边缘不平行而成弧形，如地中海荚蒾。

8）菱形（Rhomboidal）：叶片近于等边斜方形，如乌桕。

9）肾形（Reniform）：叶片两端的一端外凸，另一端内凹，两侧圆钝，形同肾脏，如细辛。

（2）叶尖形态［图 16-7（b）］

指叶片尖端的形态，常见的有下列几种：

1）渐尖（Acuminate）：先端狭窄而尖，两边内弯，如杜仲。

2）急尖（Acute）：先端成锐角，两边直或稍外弯，如水枸子。

3）骤尖（Cuspidate）：叶片顶端逐渐变成一个硬而长的尖头，形如鸟啄，如虎杖。

4）短尖（Mucronate）：先端圆，中脉伸出叶端成一细小的短尖，如玉兰。

5）尾尖（Caudiform）：先端渐狭长成长尾状，如樱桃。

6）钝形（Obtuse）：先端钝，如雀梅藤。

7）微缺（Emarginate）：先端具浅凹缺，如黄杨。

8）截形（ObtuseTruncate）：先端平截，如杂种马褂木。

（3）叶基形态［图 16-7（c）］

指叶片基部的形态，常见的有下列几种类型：

1）心形（Cordate）：与叶柄连接处凹入成缺口，两侧各有一圆裂片，如构树。

2）楔形（Cuneate）：中部以下向基部两边逐渐变狭如楔子，如枸杞。

3）渐狭（Attenuate）：基部两则逐渐内弯变狭，与叶尖的渐尖类似，如美丽月见草。

4）截形（Truncate）：基部平截，略成一平线，如蝙蝠葛。

5）耳形（Auriculate）：叶基两侧各有一耳垂形的小裂片，如白英。

6）戟形（Hastate）：叶基两侧裂片向外，呈戟形，如打碗花。

7）箭形（Sagittate）：叶基两裂片尖锐向下，如三白草。

8）穿茎（Perfoliate）：叶基部深凹入，两侧裂片合生而包围茎，茎贯穿叶片中，如苦苣菜。

（4）叶缘形态［图 16-7（d）］

指叶片边缘的形态，主要有以下几种类型：

1）全缘（Entire）：叶缘整齐，不具任何齿缺，如玉兰。

2）齿状：叶片边缘不齐，裂成齿状。其中又分锯齿（Serrate），如青檀；重锯齿（Double serrate），如棣棠。

3）波状（Undulate）：叶片边缘起伏如波浪状，如枸杞。

4）缺刻（Lobed）：叶片边缘不齐，凹入或凸出的程度较齿状边缘大而深。依缺刻的形式，又分羽状缺刻（Pinnate），如辽东栎；掌状缺刻，如八角枫。依缺刻的程度，又分浅裂（Cleft），如杂种鹅掌楸；深裂（Partite），如无花果；全裂（Dissect），如茑萝。

（5）叶脉及脉序［图 16-7（e）］

叶脉在叶片上的分布方式称为脉序，常见的脉序类型如下：

1）网状脉（Reticulate venation）：细脉分歧交错，连接成网状，如暴马丁香。

2）平行脉（Parallel venation）：侧脉与中脉平行达叶尖或自中脉分出向叶缘而没有明显的小脉连接，如美人蕉。

3）射出脉（Radiate venation）：多数叶脉由叶片基部辐射出，如大吴风草。

4）叉状脉（Dichotomous venation）：各脉作二叉分枝，为较原始的脉序，如银杏。

（6）单叶、复叶［图16-7（f）］

1）单叶（Simple leaf）：一个叶柄上只生一个叶片，如暴马丁香。

2）复叶（Compound leaf）：一个叶柄上生有2至多数叶片。根据复叶中小叶的数量，复叶又可分为：

① 羽状复叶（Pinnately compound leaf）：小叶排列在叶轴的两侧呈羽毛状，其中顶端生一小叶，小叶的数量为奇数，称为奇数羽状复叶，如楤木、南天竹；顶端生有二小叶，小叶的数量为偶数，称为偶数羽状复叶，如金凤花。

② 掌状复叶（Palmately compound leaf）：小叶在总叶柄顶端着生在同一个点上，向各方向展开成手掌状，如七叶树。

③ 三出复叶（Ternately compound leaf）：只有三小叶着生在总叶柄的顶端，如省沽油。

④ 单身复叶（Unifoliate compound leaf）：侧生小叶退化，总叶柄顶端只着生一个小叶，总叶柄顶端与小叶连接处有关节，如橙。

（7）叶序［图16-7（g）］

叶在茎或枝条上排列的方式，称为叶序，常见的类型有：

1）互生（Alternate Phyllotaxy）：每节上只着生1片叶，沿茎交互而生，成螺旋状排列在茎上，如榆树、北京杨。

2）对生（Opposite Phyllotaxy）：每节上着生2片叶，相对排列；如果1节上的对生叶与相邻1节上对生叶成十字交叉排列，称交互对生，如小花溲疏。

3）轮生（Whorled Phyllotaxy）：每节上着生3片及3片以上的叶，作辐射状排列，如黄蝉。

4）簇生（Fascicled Phyllotaxy）：枝的节间极度缩短，叶在短枝上成簇着生，如石榴。

（8）叶镶嵌

由于叶柄的长短、扭曲和叶片的各种排列角度，使得叶片之间互不遮蔽，称为叶镶嵌（Leaf mosaic），如爬山虎。

（9）异形叶形

同一植株上具有不同叶形的现象，称为异形叶形（Heterophylly）。其发生主要有两种原因：第一是由枝的老幼不同引起叶形各异，如桉树，幼枝上叶合生、穿茎、对生，老枝上的叶披针形，有柄，互生。第二是由于外界环境的影响引起的异性叶形，如慈姑，有3种不同形状的叶，气生叶箭形，漂浮叶椭圆形，沉水叶带状。

（10）叶的变态

常见的叶的变态有如下几种：

1）苞片（Bract）：花序内不能促进植物生长的变态叶状物。苞片多数聚生在花序外围的称为总苞（Involucre），总苞的形状和轮数为种属鉴别的特征之一。着生于花序梗上的小的苞片称为小苞片（Bractlet）。

2）鳞叶（Scale leaf）：叶功能特化或退化成鳞片状，如山茶的芽鳞。

3）叶卷须（Leaf tendril）：由叶的一部分变成卷须状，有攀缘作用，如豌豆、菝葜。

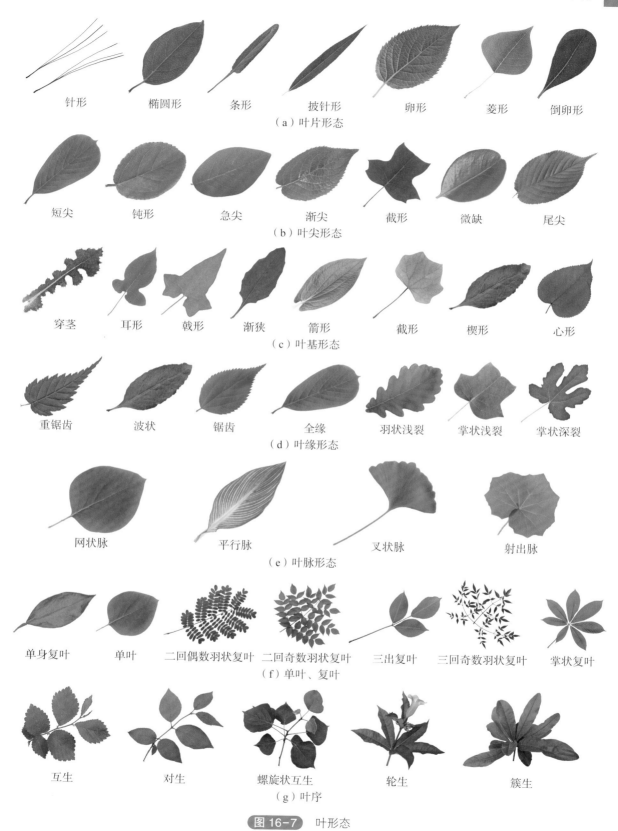

针形　椭圆形　条形　披针形　卵形　菱形　倒卵形

（a）叶片形态

短尖　钝形　急尖　渐尖　截形　微缺　尾尖

（b）叶尖形态

穿茎　耳形　戟形　渐狭　箭形　截形　楔形　心形

（c）叶基形态

重锯齿　波状　锯齿　全缘　羽状浅裂　掌状浅裂　掌状深裂

（d）叶缘形态

网状脉　平行脉　叉状脉　射出脉

（e）叶脉形态

单身复叶　单叶　二回偶数羽状复叶　二回奇数羽状复叶　三出复叶　三回奇数羽状复叶　掌状复叶

（f）单叶、复叶

互生　对生　螺旋状互生　轮生　簇生

（g）叶序

图 16-7　叶形态

4）捕虫叶（Insect-catching leaf）：捕食小虫的变态叶，如捕蝇草、猪笼草。

5）叶状柄（Phyllode）：叶片不发达，由叶柄变异为片状，并具叶的功能，如相思树。

6）叶刺（Leaf thorn）：由叶或叶的一部分变成刺状，如小檗、刺槐。

16.3.4　花序类型

花序是指花按照一定的规律排列在花轴上的方式。花序的主轴称为花轴，花轴上着生许多花。花序最简单的形式是单生花。根据花轴上花排列方式的不同，以及花轴的分枝形式和生长状况不同，有各种不同的类型（图 16-8），具体如下：

（1）无限花序（Indeterminate Inflorescence）

开花顺序是由花序轴下部先开，依次向上开放，或由边缘开向中心的花序。类似总状花序、穗状花序、柔荑花序、伞房花序、伞形花序和头状花序都为无限花序。

1）总状花序（Raceme）：花着生在不分枝的花序轴上，多数花具花梗，如荠菜等。

2）穗状花序（Spike）：花着生在无分枝的花序轴上，花无柄，如美花红千层等。

3）柔荑花序（Ament）：类似穗状花序，不同点在于花序由单性花组成，通常下垂，如榛、北京杨等。

4）伞房花序（Corymb）：类似总状花序，但花有柄但不等长，且下边的花柄较长，向上渐短，花位于一近似平面上，如麻叶绣线菊等。

5）伞形花序（Umbel）：类似总状花序，是从一个花序梗顶部伸出多个花柄近等长的花，整个花序形如伞，如结香。

6）头状花序（Capitulum）：花无柄，多数花集生于一花托上，形成状如头的花序，如菊科植物大花金鸡菊。

7）圆锥花序（Panicle）：花序轴上生有多个总状花序或穗状花絮，形似圆锥，称为圆锥花序，也可成为复总状花序或复穗状花序，如丁香等。

8）复伞房／复伞形花序（Compound Corymb/Umbel）：伞房花序／伞形花序的每一分枝再形成一伞房花序／伞形花序，如石楠、荚迷等。

（2）有限花序（Determinate Inflorescence）

又称聚伞花序，其花轴呈合轴分枝或假二叉分枝，花序最内或中央的花最先开放，然后渐及于两侧开放，如红瑞木。每次中央一朵花开后，两侧产生两个分枝，这样的聚伞花序称为二歧聚伞花序，如北枳椇。聚伞花序的每个顶生花仅在一侧有分枝，属于单歧聚伞花序，如萱草。当侧分枝总排在同一侧以致花序顶端卷曲呈蝎尾状，称为蝎尾状聚伞花序，如附地菜。聚伞花序着生在对生叶的叶腋，花序轴及花梗极短，呈轮状排列，称为轮伞花序，如夏至草。

16.3.5　花及其各组成的形态

（1）花的形态

1）依照花的组成部分是否全或是否缺分为如下两类：

① 完全花（Complete flower）：一朵花中，花被、雄蕊、雌蕊各部分都存在的。

② 不完全花（Incomplete flower）：一朵花中，花被、雄蕊、雌蕊各部分任缺一部分以上的。

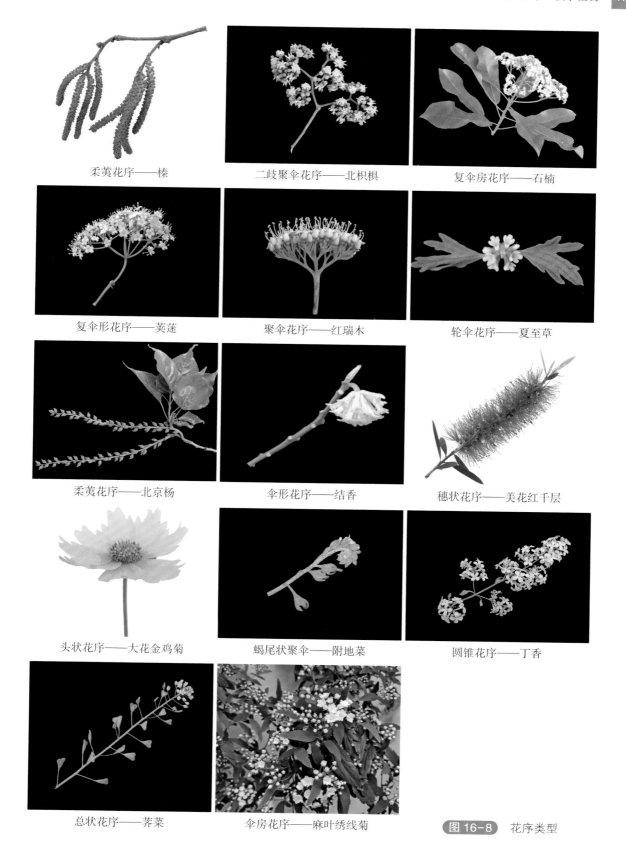

柔荑花序——榛　　二歧聚伞花序——北枳椇　　复伞房花序——石楠

复伞形花序——荚蒾　　聚伞花序——红瑞木　　轮伞花序——夏至草

柔荑花序——北京杨　　伞形花序——结香　　穗状花序——美花红千层

头状花序——大花金鸡菊　　蝎尾状聚伞——附地菜　　圆锥花序——丁香

总状花序——荠菜　　伞房花序——麻叶绣线菊　　图 16-8　花序类型

2）依雌蕊和雄蕊存在与否分为如下四类：

① 两性花（Bisexual flower）：一朵花中，雌雄蕊都存在且正常发育的。

② 单性花（Unisexual flower）：一朵花中，只有雌蕊或雄蕊存在而正常发育的。

③ 杂性花（Polygamous flower）：一种植物中，既有单性花又有两性花的。

④ 可孕花（Fertile flower）：雌蕊发育正常的花。

⑤ 不孕花（Sterile flower）：雌蕊发育不正常的花。

3）依据花被排列对称与否分为如下两类：

① 辐射对称（Actinomorphic flower）：一朵花的花被片大小、形状相似，围绕其中心点，可以形成多个对称面，如桃。

② 两侧对称（Zygomorphic flower）：一朵花的花被片大小、形状不同，围绕其中心点，只能形成一个对称面，如槐。

（2）花冠的类型及在花芽中的排列方式

花冠是花瓣形态的表述，不同的植物，花瓣的形状、大小、花冠筒的长短、花瓣分离或连合等都是不同的，这些组合最终形成各种类型的花冠（图16-9），常见的花冠有如下几类：

1）蔷薇花冠（Roseform corolla）：花瓣5基数，分离，或成辐射状对称排列，如樱草蔷薇。

2）十字花冠（Cruciate corolla）：花瓣4基数，离生，排成辐射对称的十字形，称为十字形花冠，如十字花科欧洲油菜。

3）蝶形花冠（Papilionaceous corolla）：花瓣5片，离生，排成两侧对称。最上一瓣较大，称旗瓣，两侧瓣较小，称翼瓣，最下两瓣联合成龙骨状，称为龙骨瓣，如紫荆。

4）钟形花冠（Campanulae corolla）：花冠筒短而粗，上边扩大成钟形，如多枝沙参。

5）高脚碟形花冠（Hypocrateriform corolla）：花冠下部是狭圆筒状，上部突然成水平状扩大成碟状，如水仙花。

6）漏斗形花冠（Infundibulate corolla）：花瓣5片，全部合生成漏斗状，如三裂叶薯。

7）坛状花冠（Urceolate corolla）：花冠筒膨大成卵形或球形，上部收缩成一短颈，然后略扩张成一狭口，狭口的冠裂向四周辐射状伸展，如石楠类植物。

8）舌状花冠（Ligulate corolla）：花瓣基部连成一短筒，上部连生并向一边张开而成扁平舌状，如菊科部分植物。

9）管状花管（Tubulate corolla）：花瓣基部连成管状，如菊科部分植物。

10）唇形花冠（Labiate corolla）：花瓣5片，基部合生筒状，上部裂片分为二唇形（即上面由二裂片合生为上唇，下面由三裂片结合构成下唇），两侧对称，如地黄。

花瓣或萼片在花芽中的排列方式随着种类不同而异，常见的有下列几种：

1）镊合状（Valvate）：指花瓣或萼片的边缘彼此接触，但彼此不覆盖，如葡萄、南瓜等。

2）旋转状（Convolute）：指花瓣或萼片的每一片覆盖着相邻一片的边缘，而另一边又被另一相邻一片的边缘所覆盖，如夹竹桃。

3）覆瓦状（Imbricate）：与旋转状排列相似，只是必有一片完全在外，且必有另一片完全在内，如蚕豆。

（3）雄蕊的类型及花药开裂方式

根据花丝和花药在雄蕊中分离或连合的方式可分为以下几类：

1）离生雄蕊（Distinct Stamen）：花中雄蕊的花丝、花药完全分离，如桃。

钟形花冠——多歧沙参　　　蝶形花冠——紫荆　　　高脚碟形花冠——洋水仙

唇形花冠——地黄

漏斗形花冠——三裂叶薯　　　蔷薇花冠——樱草蔷薇　　　十字花冠——欧洲油菜

图 16-9　花冠类型

2）单体雄蕊（Monadelphous Stamen）：花中雄蕊的花丝相互连成一体，如木槿。

3）二体雄蕊（Diadelphous Stamen）：花中雄蕊的花丝连合并分成两组，其数目可等可不等，如槐。

4）多体雄蕊（Polyadelphous Stamen）：花中雄蕊的花丝连成多束，如金丝桃。

5）二强雄蕊（Didynamous Stamen）：花中雄蕊 4 枚，2 长 2 短，如唇形科部分植物。

6）四强雄蕊（Tetradynamous Stamen）：花中雄蕊 6 枚，4 长 2 短，如十字花科植物。

7）聚药雄蕊（Syngenesious Stamen）：花中雄蕊的花丝分离，花药合生，如菊科。

根据花药成熟后的不同开裂方式，可分为以下几种：

1）纵裂（Congitudinal Dehiscence）：花药沿长轴方向纵裂，如百合。

2）瓣裂（Valvuler Dehiscence）：花药的药室有活板状的盖，成熟时，花粉由活板盖散出，如小檗。

3）孔裂（Porous Dehiscence）：花药的药室顶端成熟时开一个小孔，花粉由小孔中散出，如杜鹃。

（4）雌蕊的类型

根据组成雌蕊的心皮数目、离合可分为以下几类：

1）单雌蕊（Simple Pistil）：一朵花中具有一个心皮构成的雌蕊，如豆科。

2）离心皮雌蕊（Apocarpous Gynaecium）：一朵花中有 2 至多个心皮，每个心皮分离形成 2 至多个离生的单雌蕊，如芍药。

3）复雌蕊（Copound Pistil）：一朵花中有 2 至多个心皮联合而成的雌蕊，如油茶。

（5）子房着生位置的类型

子房着生在花托上，根据其与花托连生的不同情况，可分为以下几种类型：

1）子房上位（Epigynous Ovary）：子房仅以底部与花托相连，花的其余部分不与子房相连，如槐。

2）子房下位（Inferior Ovary）：子房埋于杯状的花托中，并与花托愈合，花的其他部分着生在子房以上花托的边缘，如苹果。

3）子房半下位（Semi-inferior Ovary）：子房的下半部埋于花托中，并与花托愈合，花的其他部分着生在子房周围的花托边缘，如马齿苋。

（6）花程式和花图式

1）花程式（Floral formula）：指将花的形态结构用符号及数字列成类似数学方程式来表示。通过花程式可以表明花各部的组成、数目、排列、位置，以及它们彼此间的关系。

Ca/K——花萼；

Co/C——花冠；

P——花被片；

A——雄蕊群；

G——雌蕊群；

（ ）——下标，同一花部彼此合生，不用此符号表示分离；

+——下标，同一花部的轮数或彼此有区别；

0——下标，缺少或退化；

∞——下标，数目多，不固定；

$\underline{G}$，$\overline{G}$，$\overline{\underline{G}}$——子房上位、下位、半下位；

$G_{(5:5:2)}$——括号内数字，第一个表示心皮数目，第二个表示子房室数目，第三个表示每室的胚珠数目；

*——辐射对称；

↑——两侧对称；

♂，♀——雄花、雌花

2）花图式（Floral diagram）：花的横切面简图，指用以表示花各部分的排列方式、相互位置、数目、形状等实际情况的图解式。通常在花图式的上方用小圆圈表示花轴或茎轴的位置，在花轴相对一方用外侧部分涂黑且带棱的新月形符号表示苞片，苞片内用全部涂黑且外侧带棱的新月形符号表示花萼，花萼内用黑色或空白的新月形符号表示花瓣，雄蕊用花药横断面形状、雌蕊用子房横断面形状绘于中央。并注意各部分的位置、分离或连合，若连合则以虚线连接起来。

16.3.6　果实类型

植物开花受精后，柱头和花柱凋落，子房逐渐膨大，胚珠发育成种子，子房壁发育成果皮，这种果实称真果。此外，有许多植物的果实，除子房外，还有花托或其他部分参与果皮的形成，这种果实称为假果。

根据果实的形态结构分为三大类：

（1）单果（Simple fruit）

由一朵花的单雌蕊或复雌蕊子房所形成的果实。根据果实成熟时果皮的性质可以分为：

1）肉果（Fischy fruit）。果实成熟时，果皮或其他组成果实的部分，肉质多汁，常见类型（图 16-10）有：

① 浆果（Berry）：由复雌蕊发育而成，外果皮薄，中、内果皮肉质，种子多枚，如番茄。

② 核果（Drupe）：由单雌蕊或复雌蕊子房发育而成，果皮为外膜质、中肉质、内木质，种子 1 枚，如李。

③ 梨果（Pome）：由子房下位的复雌蕊形成，花托强烈增大和肉质化并与果皮愈合，外、中果皮肉质化无明显界限，内果皮木质，如苹果。

④ 柑果（Hesperidium）：由多心皮复雌蕊发育而成，外、中果皮无明显分界，或中果皮疏松并有维管束，内果皮形成若干室，向内生许多肉质的表皮毛，内果皮是主要食用部分，如常山胡柚。

2）干果（Dry fruit）。果实成熟时，果皮干燥，常见类型（图 16-10）有：

① 荚果（Legume）：由单雌蕊的子房发育而来，成熟后果皮沿背、腹缝线开裂，如荷兰豆。

② 角果：由 2 心皮的复雌蕊发育而来，果实中央有一片由侧膜胎座向内延伸形成的假隔膜，成熟时，果实沿腹缝线裂开，如十字花科植物。根据果实的长短不同，分为长角果（Silique），如萝卜，短角果（Silicle），如荠菜。

③ 蓇葖果（Follicle）：由单心皮的子房发育而来，果实成熟时沿背或腹缝线裂开，如梧桐。

④ 蒴果（Capsule）：由两个及以上心皮的复雌蕊子房发育而来，成熟时，开裂方式多样，有盖裂、孔裂等，如文冠果。

⑤ 瘦果（Achene）：由单雌蕊或 2 或 3 个心皮合生的复雌蕊，仅具 1 室的子房发育而来，内含种子 1 枚，果皮坚硬，易与种皮分离，如向日葵。

⑥ 翅果（Samara）：果皮沿一侧、两侧或周围延展成翅状，便于随风传播，如建始槭。

⑦ 颖果（Caryopsis）：类似瘦果，1 室，内含 1 枚种子，但果皮薄，革质，与种皮愈合，如燕麦。

⑧ 双悬果（Cremocarp）：伞形科植物特有的果实，2 心皮，成熟种子房室分离成两瓣，悬于果柄上，如当归。

⑨ 胞果（Vtricle）：由合生心皮形成的一类果实，具 1 枚种子，成熟时果皮发育薄膜状，干燥且不开裂，果皮与种皮易分离，如藜。

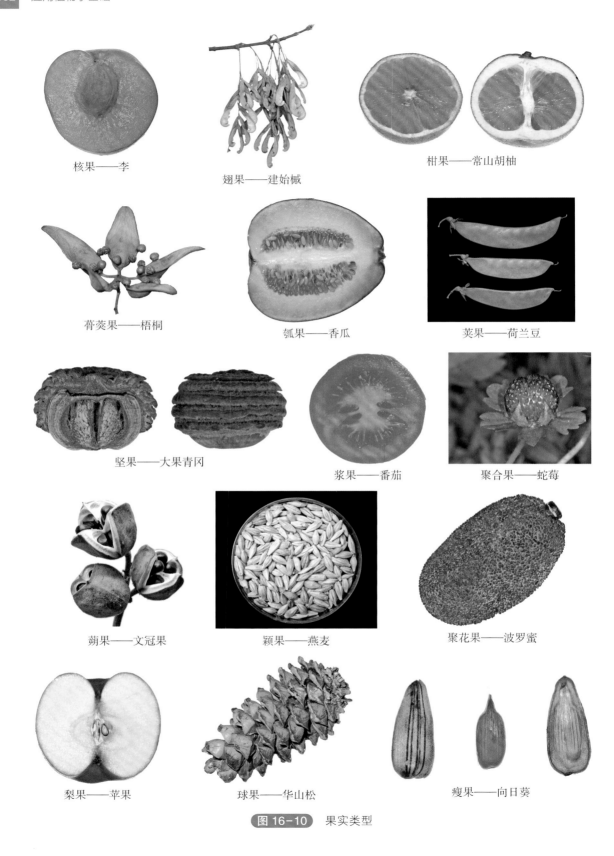

核果——李

翅果——建始槭

柑果——常山胡柚

蓇葖果——梧桐

瓠果——香瓜

荚果——荷兰豆

坚果——大果青冈

浆果——番茄

聚合果——蛇莓

蒴果——文冠果

颖果——燕麦

聚花果——波罗蜜

梨果——苹果

球果——华山松

瘦果——向日葵

图 16-10　果实类型

⑩ 坚果（Nut）：果皮木质坚硬，1 室，种子 1 枚，果皮和种皮分离，有些植物的坚果藏于总苞内，如大果青冈。

（2）聚合果（Aggregate fruit）

由 1 朵花中多枚雌蕊的子房发育而来，每一雌蕊都形成 1 独立的小果，集生在膨大的花托上。因小果的不同，可以是聚合蓇葖果，如八角，也可以是聚合瘦果，如蛇莓，或聚合核果，如悬钩子。

（3）聚花果（Multiple fruit）

由整个花序共同发育成果实。花序中的每朵花都形成独立的小果，聚集在花序轴上，外形似一果实，如波罗蜜；有的花轴肉质化，如桑椹。

16.4　被子植物分类

本书按照恩格勒系统（1964）的被子植物分类介绍各类群。被子植物分为双子叶植物纲和单子叶植物纲，区别如下：

> 1. 子叶 2，叶脉网状，花被常 4 或 5 基数，茎内初生维管束环状 ⋯⋯⋯ 双子叶植物纲
> 1. 子叶 1，叶脉平行，花被常 3 基数，茎内初生维管束散生 ⋯⋯⋯⋯⋯ 单子叶植物纲

值得注意的是单子叶植物和双子叶植物的区别只是相对的、综合的，实际上有些特征常相互交错，归纳如下：① 一些双子叶植物科（如小檗科、睡莲科、毛茛科等）有 1 片子叶的现象；② 双子叶植物科（如毛茛科、睡莲科、石竹科）中有散生维管束；③ 单子叶植物中的天南星科、百合科等也有网状脉；④ 双子叶植物中的樟科、木兰科、毛茛科等的花是 3 基数，单子叶植物中的百合科等的花是 4 基数。

16.4.1　双子叶植物纲（Dicotyledoneae）

（1）木兰科（Magnoliaceae）

$$*P_{3+3+3}A_{\infty}G_{\infty:\infty:1-2}$$

属于木兰目（Magnoliales），本目共有木兰科、八角科、五味子科、水青树科、蜡梅科、樟科、领春木科、连香树科等 22 科。其中木兰科、樟科、八角科为代表科。

识别特征：木本。单叶互生，全缘，少分裂；托叶大，早落，留有托叶痕。花单生，两性，辐射对称，花被 3 基数，多轮，常为同被花。雄蕊和雌蕊多数，分离，螺旋状排列于伸长的花托上。子房上位。蓇葖果，稀带翅瘦果（鹅掌楸属）。

本科有 15 属，约 250 种，主要分布于北美洲和亚洲的热带、亚热带地区。我国有 11 属，约 100 种，主要分布于华南、西南地区。

1）木兰属（*Magnolia*）。花顶生，花被多轮，每心皮胚珠 1 或 2，蓇葖果。代表植物玉兰（*M. denudata*），落叶乔木，芽大，有柔毛。叶倒卵形，先端有突尖。花大，白色，花

被 9 片，花托柱状。雄蕊多数，螺旋排列，花药长，花丝短，心皮多数，分离，螺旋排列。聚合蓇葖果，背缝开裂，种子 1 个或 2 个。胚小，胚乳丰富。荷花玉兰（洋玉兰 / 广玉兰）（*M. grandiflora*），叶常绿，革质，叶背有密短柔毛（图 16-11）。花白色。原产北美洲，我国长江流域以南地区多栽培。紫玉兰（辛夷）（*M. liliflora*），小乔木，花紫色，萼片 3，小，绿色。原产我国中部和南部，花芽、花蕾入药，可治鼻炎并有镇痛作用。厚朴（*M. officinalis*），落叶乔木，树皮紫黑色，花白色，有芳香（图 16-12）。

2）含笑属（*Michelia*）。花腋生，雌蕊群有柄。代表植物含笑（*M. figo*），常绿灌木，花芳香，产我国华南地区。白兰（*M. alba*），叶披针形，花白色，花瓣狭长有芳香（图 16-13）。原产印尼，我国华南地区有栽培。鲜花可熏制白兰花茶，还可与叶提制白兰花香精。

3）鹅掌楸属（*Liriodendron*）。叶两侧各具 1～3 裂片，先端截形。单花顶生，萼片 3，花瓣 6。具翅坚果不开裂。现仅存 2 种，分别在北美洲和中国。鹅掌楸（马褂木）（*L. chinense*），高大落叶乔木，叶先端截形，两侧各具 1 或 2 个裂片，形如马褂（图 16-14）。产我国长江以南各省区。北美鹅掌楸（*L. tulipifera*），叶两侧各具 1～3 个裂片，花丝长，比鹅掌楸长 1 倍以上。产北美洲，我国有栽培，供观赏。

图 16-11　荷花玉兰（*M. grandiflora*）

图 16-12　厚朴（*M. officinalis*）

图 16-13　白兰（*M. alba*）

图 16-14　鹅掌楸 / 马褂木（*L. chinense*）

（2）樟科（Lauraceae）

$$*P_{3+3}A_{3+3+3+3}\underline{G}_{(3:3:1)}$$

识别特征：木本，仅无根藤为藤本。有香味，单叶互生，革质，全缘，三出脉或羽状脉，无托叶。花小，辐射对称，花常两性；花 3 基数，轮状排列，花被 2 轮；雄蕊 4 基数，其中 1 轮退化，花药瓣裂；雌蕊由 3 心皮构成，子房 1 室，具 1 枚悬垂的倒生胚珠。常核果。

本科 45 属，2 500 多种。分布于热带、亚热带。我国有 20 属 400 余种，大部分分布在长江以南地区。

1）樟属（*Cinnamomum*）。常绿乔木，叶互生，常三出脉。发育雄蕊 3 轮，花药 4 室，第三轮基部有腺体。圆锥花序。代表植物樟树（*C. camphora*），叶离基三出脉，脉腋间隆起为腺体（图 16-15）。产长江以南地区。木材及根可提取樟脑。肉桂（*C. cassia*），叶大，长椭圆形，近对生，基出三出脉，侧脉脉腋下面无腺窝，上面无明显泡状隆起。

2）木姜子属（*Litsea*）。叶多为羽状脉。伞形或聚伞花序。花药 4 室，内向；萼 6 裂。代表植物山鸡椒（山苍子）（*L. cubeba*），叶膜质，背面灰白色，干后黑色。产长江以南地区。

3）新木姜子属（*Neolitsea*）。叶离基三出脉，少数羽状脉。花单性，雌雄异株，伞形花序单生或簇生。花被裂片 4，2 轮。雄花：能育雄蕊 6，排成 3 轮，2 轮；花药 4 室，均内向瓣裂；第三轮基部有腺体 2；雌花：退化雄蕊 6，棍棒状，第三轮基部有 2 腺体；子房上位。

图 16-15　樟树（*C. camphora*）

代表植物舟山新木姜子（*N. sericea*），乔木，嫩枝密被金黄色丝状柔毛，老枝紫褐色。叶互生，革质；幼叶两面密被金黄色绢毛，老叶上面毛脱落成绿色，下面粉绿，有贴伏黄褐或橙褐色绢毛，离基三出脉。果球形。

4）山胡椒属（*Lindera*）。花单性异株，总苞 4 片，花被 6～9，雄蕊 9。代表植物山胡椒（*L. glauca*），叶椭圆形，叶背灰白绿色，到冬季枯而不落。产江南各省区。乌药（*L. aggregata*），常绿灌木，叶卵形，基出 3 出脉，叶背灰白色。产江南各省区。三桠乌药（*L. obtusiloba*），形似乌药，区别是本种落叶灌木，叶片卵形，三出脉，常 3 裂，果实圆球形。

5）楠属（*Phoebe*）。常绿乔灌木。叶常聚生枝顶，羽状脉。花两性，聚伞状圆锥花序或近总状花序，生于当年生枝中下部。果椭圆形，基部为宿存的花被片所包围。代表植物紫楠（*P. sheareri*），叶倒卵形、椭圆状倒卵形，先端突渐尖，基部渐狭（图 16-16）。小枝、花序和果梗密被绒毛或柔毛。果卵形，长 1 cm 以下，宿存花被片卵形，松散。浙江楠（*P. chekiangensis*），叶形似紫楠，但较小，长 8～13 cm，宽 3～5 cm。花序、小枝被黄褐色绒毛。果椭圆状卵形，长 1～15 cm；宿存花被裂片紧贴果实基部。

图 16-16 紫楠（*P. sheareri*）

6）檫木属（*Sassafras*）。叶羽状脉或离基三出脉，不分裂或 2、3 浅裂。总状花序，顶生。花雌雄异株，常单性。核果，卵球形，深蓝色，基部有浅杯状的果托。代表植物檫木（*S. tzumu*），落叶乔木，叶互生，卵形，先端渐尖，基部楔形，全缘或 2、3 浅裂。花序顶生，先叶开放。花黄色，雌雄异株，花梗纤细，密被棕褐色柔毛。果近球形，成熟时蓝黑色且带有白粉，着生于浅杯状果托上（图 16-17）。

图 16-17 檫木（*S. tzumu*）

（3）毛茛科（Ranunculaceae）

$$*K_{3-\infty}C_{3-\infty}A_{\infty}\underline{G}_{\infty-1;\infty;1-\infty}$$

属于毛茛目（Ranunculales），本目共有毛茛科、小檗科、大血藤科、木通科、防己科、睡莲科等 7 科。其中毛茛科、睡莲科为代表科。

识别特征：草本或草质藤本，稀木质藤本。叶互生，常分裂或复叶，无托叶。花两性，辐射对称或两侧对称。萼片常 5，有时花瓣状，花瓣缺或 2～5 甚至更多。雄蕊多数，分裂；雌蕊 1 或 2 枚。蓇葖果、瘦果，少浆果、蒴果。

本科有 50 属 1 900 种，主产北温带。我国有 43 属 700 余种，分布于全国各省区。

1）毛茛属（*Ranunculus*）。直立草本。花黄色，萼片、花瓣各 5，分离，花瓣基部有 1 蜜腺窝。雄蕊和心皮均多数，离生，螺旋状排列于突起的花托上，瘦果集合成头状。代表植物毛茛（*R. japonicus*），基生叶有长柄，单叶，掌状 3 裂，又再裂，茎叶有短柄，上部叶无柄（图 16-18）。聚伞花序，花两性，辐射对称，萼片 5，淡黄色，有毛；花瓣 5，倒卵形，鲜黄色，内侧基部有 1 蜜腺窝。聚合瘦果。广布于我国各地。

2）铁线莲属（*Clematis*）。攀缘草本或木质蔓生藤本。叶对生。单叶或一至多回羽状复叶。花萼 4 或 5，花瓣状，无花瓣，心皮多个，分离。瘦果，有延长的羽毛状花柱。代表植物威灵仙（*C. chinensis*），藤本，干时变黑，小叶 5。根入药，能祛风镇痛。小木通（*C. armandii*），木质藤本。茎圆柱形，有纵条纹。三出复叶，全缘，无毛。聚伞花序或圆锥状聚伞花序。萼片 4，白色，外面边缘密生短绒毛。瘦果扁，卵形，宿存花柱长 5 cm，有白色长柔毛。

3）乌头属（*Aconitum*）。一至多年生草本。茎直立或缠绕。单叶，互生，有时基生，掌状分裂。花序常总状，花梗有 2 小苞片。花两性，两侧对称。萼片 5，花瓣状，紫色、蓝色或黄色。花瓣 2，有爪，瓣片常有唇和距。代表植物乌头（*A. carmichaeli*），多年生草本，根肥厚（图 16-19）。叶掌状，3～5 裂。总状花序；花萼蓝紫色上萼片盔状；花瓣 2，条形。雄蕊多数，心皮 3～5。蓇葖果。主产于我国。

4）翠雀属（*Delphinium*）。多年生草本。单叶互生，掌状分裂，有时近羽状分裂。花序多总状。花两性，两侧对称。萼片 5，花瓣状，上萼片有距。退化雌蕊 2，有爪，花瓣 2，

图 16-18　毛茛（*R. japonicus*）

图 16-19　乌头（*A. carmichaeli*）

离生；雄蕊多数；心皮 3～7。代表植物还亮草（*D. anthriscifolium*），叶二或三回羽状全裂。花蓝紫色。退化雄蕊斧形，2 裂近基部。

（4）睡莲科（Nymphaeaceae）

$$*K_{4-6(-14)}C_{8-\infty}A_{\infty}\underline{G},\ \overline{G},\ \overline{\underline{G}}_{(3-5-\infty;3-5-\infty;\infty)}$$

识别特征：水生草本，有根状茎。叶盾形或心形，浮水。花大，单生；两性，萼片 4～6，离生；花瓣多数，下位或周位；雄蕊多数，螺旋状着生；雌蕊由 3 至多个心皮结合成多室子房。心皮多个，藏于肥大花托中或结合成多室子房。胚珠 1 至数个。果实浆果状。

本科 8 属 80 种，热带分布。我国有 4 属 10 种。

1）莲属（*Nelumbo*）。多年生水生草本。根状茎横生，粗壮。叶漂浮或高出水面，盾状，全缘，叶脉放射状。花大，美丽，伸出水面；萼片 4 或 5，花瓣黄色、红色、粉红色或白色，内轮变成雄蕊；花托海绵质，果期膨大。坚果矩圆形或球形。代表植物莲（*N. nucifera*），产于我国。根状茎作蔬菜或提制淀粉；种植供食用。全株入药，作收敛止血药。叶可作包装材料。

2）芡属（*Euryale*）。一年生草本，多刺；叶二型，初生叶沉水叶，次生叶浮水叶。萼片 4，宿存，生于花托边缘，与其基部合生；子房下位，心皮 8，8 室。浆果，球形，顶端宿存萼片；种子 20～200，有浆质假种皮。代表植物芡实（*E. ferox*），叶面脉上多刺。花紫红色。

子房下位，果浆果状，海绵质，包于多刺之萼内。产于我国。种子含淀粉，供食用、酿酒。全株入药，有补脾益肾之效。全草亦可作猪饲料和绿肥。

3）睡莲属（*Nymphaea*）。多年生水生草本。叶二型：浮水叶圆形或卵形，基部具弯缺；沉水叶薄膜质。花大，美丽，浮出或高出水面。萼片 4，花瓣白色、蓝色、黄色等，12～32，多轮。浆果海绵质，不规则开裂；种子坚硬，有肉质杯状假种皮。广布于热带和温带。代表植物睡莲（*N. tetragona*），叶纸质，心状卵形或卵状椭圆形，基部深心形弯缺。花萼，基部四棱，宿存；花瓣白色，宽披针形。浆果球形，宿存萼片包裹，种子椭圆形，黑色。广布种。根状茎含淀粉，供食用或酿酒。全草可作绿肥（图 16-20）。

图 16-20 睡莲（*N. tetragona*）

4）莼属（*Brasenia*）。多年生草本。根状茎小，匍匐。叶 2 型，漂浮叶互生，盾状，全缘，有长叶柄；沉水叶至少在芽时存在。花小，单生，萼片和花瓣均宿存；雄蕊花丝锥状，花药侧向。坚果革质。代表植物莼菜（*B. schreberi*），多年生水生草本。叶浮水，盾形。花小，紫色；花萼 3～14 片，花瓣 3 或 4 片。坚果。分布于华东地区湖南、四川、云南等省。

5）萍蓬草属（*Nuphar*）。多年生草本。叶圆心形，基部箭形，具深弯缺，全缘。花漂浮；萼片 4～7，常 5，黄色或橘黄色，花瓣状，宿存。花瓣多数，雄蕊状。子房上位，多室，多胚珠。浆果。代表植物萍蓬草（*N. pumila*），叶纸质，宽卵形或卵形，基部深心形。萼片 5，花瓣状，黄色；花瓣小而长方形。广布种。根状茎食用，亦有药用，有强壮、净血之效；花供观赏。

（5）胡桃科（Juglandaceae）

$$♂*P_{3-6}A_{8-10} \quad ♀ P_{3 \sim 5}\overline{G}_{(2:1:1)}$$

本科属于胡桃目（Juglandales），胡桃目共有杨梅科、胡桃科 2 科。其中胡桃科为代表科。

识别特征：落叶乔木。叶互生，羽状复叶，无托叶。花单性，单被。雌雄同株；雄花为柔荑花序，下垂；花被与苞片连生，不规则 3～6 裂；雄蕊多数至 3 个；雌花单生或成穗状花序，直立，小苞片 1 或 2 枚；子房下位，常由 2 心皮构成 1 室或不完全的 2～4 室，花柱 2，羽毛状。胚珠 1 枚，基生。坚果核果状，或具翅坚果。

本科有约 8 属 60 余种，分布于北半球。我国有 7 属 28 种，南北皆产。

1）胡桃属（*Juglans*）。羽状复叶。雌花 1～3 朵，成穗状。坚果有不规则皱纹，不开裂或最后分裂为 2。坚果为 1 肉质"外果皮"包裹，外果皮是由 2～4 裂苞片和小苞片及 4 裂的花被组成，先肉质，干后成纤维质。代表植物胡桃（*J. regia*），小叶 5～9，全缘或呈波状，无毛。原产我国西北部和中亚。栽培历史有 2 000 多年，木材有多重用途，如制家具等，种仁含油 60%，可食用。干果食用。

2）山核桃属（*Carya*）。外果皮木质 4 裂，核平滑，有纵棱，总苞 4 裂。代表植物山核桃（*C. cathayensis*），果实为著名干果，俗称小核桃。原产我国华东地区，亦作油料植物。原产北美、墨西哥的薄壳山核桃（*C. illinoinensis*）现浙江、江苏等地均已引种。

3）枫杨属（*Pterocarya*）。总状果序下垂，坚果有翅。代表植物枫杨（*P. stenoptera*），雌花单生苞腋，左右各有 1 小苞片；花被 4，下部与子房合生；子房下位；坚果，两侧带有小苞片发育而成的翅（图 16-21）。南北各省均有，叶可养蚕。

此外，还有青钱柳（*Cyclocarya paliurus*）、化香（*Platycarya strobilacea*），它们也是我国常见的绿化树种。

（6）杨柳科（Salicaceae）

$$♂*K_0C_0A_{2-8} \quad ♀ K_0C_0\underline{G}_{(2:1:\infty)}$$

属于杨柳目（Salicales），本目仅 1 科。

识别特征：木本。单叶互生。花单性，无花被。雌雄异株，柔荑花序，常先叶开放，每花下有 1 苞片；具有由花被退化的花盘或蜜腺；雄蕊 2 至多数。子房 2 心皮合生 1 室，侧膜胎座，具多枚直立倒生的胚珠。蒴果，瓣裂。种子多，基部有多数白色长柔毛。

图 16-21　枫杨（*P. stenoptera*）

本科有 3 属约 540 种，主产于北温带。我国有 3 属约 230 种，全国分布。

1）杨属（*Populus*）。冬芽具多枚鳞片；叶长柄，宽阔。柔荑花序，下垂；花有杯状花盘；雄蕊 4 至多数。风媒花。代表植物毛白杨（*P. tomentosa*），叶三角状卵形，背面密被银白色毡毛（图 16-22）。北方防护林和绿化的重要树种。胡杨（*P. euphratica*），能生长在极端干旱、终年无雨的沙漠，有发达的根系深入地下河床获取水分，是典型的潜水旱中生植物。胡杨素有"生长一千年不死，死后一千年不倒，倒后一千年不烂"之说。

2）柳属（*Salix*）。冬芽鳞片仅 1 枚，由 2 枚合生的托叶所成，顶芽退化。叶披针形。柔荑花序直立，花有 1 或 2 枚花被退化的腺体，雄蕊常 2，苞片全缘。蒴果 2 裂。虫媒花。代表植物垂柳（*S. babylonica*），枝细弱下垂，叶狭披针形，雌花 1 腺体，根系发达，保土能力强（图 16-23）。

图 16-22 毛白杨（*P. tomentosa*）

图 16-23　垂柳（*S. babylonica*）

（7）壳斗科（Fagaceae）

$$♂ *K_{4-6}C_0A_{4-20} \quad ♀ K_{3+3}C_0\overline{G}_{(3-6:3-6:2)}$$

属于壳斗目（Fagales），本目共有桦木科、壳斗科 2 科。其中壳斗科为代表科。

　　识别特征：常绿和落叶乔木。单叶互生，羽状脉直达叶缘。花单性，雌雄同株，无花瓣，雄花柔荑花序；雌花生于总苞内；子房下位，3～6 室，每室 2 胚珠，仅 1 枚胚珠发育成种子。坚果。总苞花后增大，成杯状或囊状，称为壳斗。壳斗半包或全包坚果，外有鳞片或刺。

　　本科有 8 属约 900 种，主要分布热带和北半球的亚热带。我国有 6 属 300 余种。

　　1）栗属（*Castanea*）。落叶乔木，小枝无顶芽。雄花直立柔荑花序，雌花单朵或 2、3 朵生于总苞内，子房 6～9 室。总苞全封闭，外有密生针状长刺，内有 1～3 个坚果。代表植物板栗（*C. mollissima*），叶背有密毛，每总苞内含 2 个或 3 个坚果（图 16-24）。原产我国，为著名的木本粮食作物。锥栗（*C. henryi*），总苞内含 1 个坚果，产于长江以南各省区。茅栗（*C. seguinii*），叶背有鳞状腺体，总苞含 3 个坚果。

　　2）栲属（*Castanopsis*）。常绿乔木，叶全缘或有锯齿，雄花直立柔荑花序，雌花单生，稀 3 朵，歧伞排列。总苞封闭，有针刺。代表植物苦槠（*C. sclerophylla*），乔木，叶中部以

图 16-24　板栗（*C. mollissima*）

上有锯齿，背面光亮。长江以南常绿阔叶林的主要树种之一。甜槠（*C. eyrei*），叶厚革质，卵圆形，基部偏斜。广泛分布于长江以南。

　　3）石栎属（*Lithocarpus*）。常绿乔木，叶全缘或有锯齿。雄花直立柔荑花序，雌花3～7多簇生，子房3室，有退化雄蕊，总苞杯状，多数不完全封闭，鳞片覆瓦状、螺旋状或轮状排列。总苞杯状，坚果1个。代表植物石栎（*L. glaber*），叶披针形，厚革质，光滑。产于长江以南。

　　4）青冈属（*Cyclobalanopsis*）。常绿乔木。雄花序下垂，雌花单生。槲果，仅基部为总苞包裹，壳斗的鳞片不分离，结成同心环状。代表植物青冈（*C. glauca*），常绿乔木。叶中部以上有锯齿，背面灰白色，有短柔毛。广泛分布于长江流域及以南省区。小叶青冈（*C. myrsinaefolia*），叶有钝齿，侧脉13对以上，背面灰青白色。广泛分布于长江流域及以南地区。

　　5）栎属（*Quercus*）。落叶乔木，雄花序下垂，雌花1或2朵簇生，子房3～5室。总苞鳞片覆瓦状，或宽刺状。代表植物麻栎（*Q. acutissima*），叶脉直达锯齿并突出为长芒状（图16-25）。广泛分布于全国。栓皮栎（*Q. variabilis*），叶背密生白色星状茸毛，树皮黑褐色，木栓层发达，厚可达10 cm，产于我国东部、北部地区。槲树（*Q. dentata*），叶片边缘波状，壳斗的总苞片狭披针形，反卷，红棕色。广泛分布于我国东北至西南地区。

图 16-25　麻栎（*Q. acutissima*）

（8）榆科（Ulmaceae）

$$*K_{4-8}C_0A_{4-8}\underline{G}_{(2:2:1)}$$

属荨麻目（Urticales），本目含榆科、杜仲科、桑科、荨麻科等 5 科。其中榆科、桑科为代表科。

识别特征：木本。单叶，互生，叶缘常有锯齿，基部常偏斜，羽状脉，托叶早落。花小，单被花，两性或单性。花萼近钟形，4～8 裂，宿存。雄蕊与花被同数而对生，花丝在芽内直伸。子房上位，2 心皮，1 或 2 室，每室 1 胚珠，花柱 2。翅果、坚果或核果。

本科有约 16 属 230 种，分布于热带和温带地区。我国有 8 属 58 种，南北均产。

1）榆属（*Ulmus*）。乔木，常绿或落叶。单叶互生，叶有重聚齿，羽状脉直达叶缘。花两性。翅果，果核扁平。代表植物榔榆（*U. parvifolia*），树皮呈圆片状剥落，秋季开花，浅黄色（图 16-26）。主要分布于长江流域，为庭院绿化和盆景栽培树种。榆（*U. pumila*），树

图 16-26　榔榆（*U. parvifolia*）

图 16-27　榆（*U. pumila*）

皮粗糙，纵裂，材质硬（图 16-27）。产于我国东北至西北地区，长江以南地区多有栽培。

2）朴属（*Celtis*）。落叶，叶基三出脉，侧脉不达叶缘。花杂性，核果近球形。产温带和热带。代表植物朴树（*C. sinensis*），叶宽卵形，核果直径 4～5 mm，果柄与叶柄近等长（图 16-28）。小叶朴（*C. bungeana*），叶斜卵形至椭圆形，中上部有锯齿。果柄比叶柄长，分布于我国东北、西北、华东及华南地区。

本科还有常见的榉属（*Zelkova*），本属多种植物木材坚韧，耐朽力强，是优良的工程、家具用材树。青檀（*Pteroceltis tatarinowii*），茎皮纤维为安徽宣城、泾县一带著名的中国画纸张"宣纸"的原料。糙叶树（*Aphananthe aspera*），叶两面有刚伏毛，粗糙。核果近球形，被细伏毛，具宿存的花被和柱头。分布于我国华东至西南等地。

图 16-28　朴树（ *C. sinensis* ）

（9）桑科（Moraceae）

$$♂ *K_4C_0A_4 \quad ♀ *K_4C_0\underline{G}_{(2:1:1)}$$

识别特征：木本。常有乳汁。叶多互生，托叶明细，早落。花单性，同株或异株，排成柔荑、穗状、头状或隐头花序。单被，4 数，有些肉质而宿存；雄花具 2 或 4 雄蕊，对萼着生；雌花子房上位，1 室，由 2 心皮结合而成。坚果或核果，有时被肥厚的肉质花被所包，并在花序中集合为聚花果，如桑、构树、无花果等。

本科有 53 属 1 400 种，主要分布于热带、亚热带。我国有约 16 属 150 种，主要分布于长江以南地区。

1）桑属（ *Marus* ）。乔木或灌木。叶互生。花单性，柔荑花序；花丝在芽内弯曲；子房被肥厚的肉质花萼所包。代表植物桑（ *M. alba* ），乔木。叶互生。花单性同株或异株；雄花排成穗状花序，雌花排成密集穗状花序（图 16-29）。我国原产，各省区有栽培。桑叶饲蚕，

图 16-29　桑（*M. alba*）

根内皮（桑白皮）、桑枝、桑叶、桑葚均药用；茎皮纤维可制桑皮纸。

2）榕属（*Ficus*）。木本，有乳汁。托叶大而抱茎，脱落后在节上有环痕。花单性，生于中空肉质总花托的内壁上。雄花花被4～6片，雄蕊1或2个，能育的雌花有较长的花柱，另一种不育的瘿花，花柱较短，常有瘿蜂产卵于子房内，从而帮助传粉。代表植物榕树（*F. microcarpa*），大乔木，多气生根，触地成支柱根。果实成熟时紫黑色。无花果（*F. carica*）落叶灌木，叶掌状（图16-30）。果可食或制蜜饯。菩提树（*F. religiosa*），叶圆心形，尾尖头（图16-31）。原产印度。薜荔（*F. pumila*），常绿藤本（图16-32）。叶二型，在不生花序枝上小而薄，心形，基部偏斜；在生花序枝上大而卵状椭圆形。广泛分布于我国华南、华东和西南地区。

3）构属（*Broussonetia*）。落叶乔木，有乳汁。雌雄同株或异株。雄花集成圆柱状或头状聚伞花序，雌花集成头状花序。核果成头状肉质的聚花果。代表植物构树（*B. papyrifera*），乔木，叶被粗茸毛。雌雄异株。聚花果头状，成熟后果肉红色，内具1种子（图16-33）。广泛分布，可供造纸和药用。

图 16-30 无花果（*F. carica*）

图 16-31　菩提树（ *F. religiosa* ）

图 16-32　薜荔（*F. pumila*）

图 16-33　构树（*B. papyrifera*）

（10）蓼科（Polygonaceae）

$$*K_5C_0A_8\underline{G}_{(3:1:1)}$$

属于蓼目（Polygonales），仅 1 科。

识别特征：草本。茎节常膨大。单叶互生，全缘或有波纹。托叶膜质，鞘状或叶状，包茎或贯茎，称托叶鞘。花两性或单性，辐射对称，花序穗状或圆锥状。单被花，花被片 5，稀 3～6，花瓣状，宿存；雄蕊常 8，稀 6～9 或更少；雌蕊 3，稀 2～4 心皮合成；子房上位，1 室，1 直立胚珠。坚果，三棱形或两面凸形，宿存花被所包。

本科有 32 属 1 200 余种，全世界广布，主产北温带。我国有 8 属 200 余种。

1）蓼属（*Polygonum*）。草本或藤本，节明显。叶互生，托叶鞘膜质。花序穗状或总状，有时头状。花被 4 或 5 裂片，花瓣状。有红、粉红、绿白等色。雄蕊 3～9，常 8。子房多三棱形。瘦果三棱或双凸镜形。代表植物何首乌（*P. multiflorum*），藤本（图 16-34）。圆锥花序大而开展。瘦果三棱形，包于翅状花被内。块根和藤药用。虎杖（*P. cuspidatum*），草本，茎中空，散生红色或紫红色斑点。叶卵圆形，花单性异株，根药用。火炭母（*P. chinense*），叶常有紫黑色斑块。花序头状，常数个排成圆锥状，顶生或腋生，花序梗被腺毛。花被 5 深裂，白色或淡红色，果时增大，呈肉质，蓝黑色。根药用，有清热解毒之功效。杠板归（*P. perfoliatum*），蔓生草本，茎有倒生钩刺。叶盾状着生，三角形，叶柄及叶下沿脉有疏生钩刺，托叶圆形，包茎。广布种。茎叶药用，有散热止咳、解毒止痒之效。

图 16-34　何首乌（*P. multiflorum*）

2）酸模属（*Rumex*）。与蓼属不同之处在于花被6片，2轮，每轮3片，内轮常在果期增大成翅状，全缘，有齿或刺状，每片中央有瘤状体或部分。代表植物酸模（*R. acetosa*），须根系。茎具深沟槽。基生叶和茎下部叶箭形；茎上部叶较小。花序狭圆锥形，顶生。雌雄异株，单性花。瘦果椭圆形，黑褐色。主产我国南北各省。全草供药用，有凉血、解毒之功效；嫩叶、茎可作蔬菜或饲料。

3）荞麦属（*Fagopyrum*）。直立草本，与蓼属近，但瘦果常超出花被1～2倍。代表植物荞麦（*F. esculentum*），叶三角形或卵状三角形。花两性，花被5，不增大；雄蕊8，花柱3，柱头头状（图16-35）。果卵形，3锐棱。我国各地均有栽培，为粮食作物。荞麦花二型，即长花柱短雄蕊和短花柱长雄蕊。两轮雄蕊，内轮3枚花药外向，外轮5枚花药内向，蜜腺生于两轮雄蕊之间。雌雄蕊异熟，一般雄蕊先成熟，待其花药开裂萎蔫后，花柱才伸长，保证异花传粉。果黄褐色，光滑，栽培作物。苦荞麦（*F. tataricum*），叶宽三角形，先端急尖。瘦果三棱钝形，3深沟。

图 16-35 荞麦（*F. esculentum*）

（11）藜科（Chenopodiaceae）

$$*K_{5-3}C_0A_{5-3}\underline{G}_{(2-3:1:1)}$$

属于中央种子目（Centrospermae）。本目含有商陆科、紫茉莉科、粟米草科、马齿苋科、落葵科、石竹科、藜科、苋科等13科。其中藜科、苋科为代表科。

识别特征：草本或灌木，多为盐碱地植物，往往附着粉状或皮屑状物（干瘪了的泡状毛）。单叶互生，肉质，无托叶。花小，单被，绿色，辐射对称。单生，2至数朵集生叶腋，或簇生成穗状或再组成圆锥花序。花萼3～5裂，花后常增大；无花瓣。雄蕊与萼片同数而对生。子房2或3心皮结合成1室，有1弯生的胚珠，基生。胞果，常包藏于扩大的花萼或花苞内，不开裂。种子常扁平。

本科有100属约1 400种，分布于全世界。我国有39属188种，全国分布，尤以西北种类最多。

1）藜属（*Chenopodium*）。一年生或多年生草本。叶互生，有柄；叶片宽阔扁平，全缘或不整齐锯齿。花两性或兼有雄性，通常数花聚成团伞花序，再排列成腋生或顶生的穗状花序。花被绿色，5裂。胞果卵形。代表植物小藜（*C. ficifolium*），一年生草本，茎直立。花团伞花簇聚生为腋生或顶生的穗状花序。胞果在花被内，果皮膜质。种子扁圆形，黑色。

　　2）菠菜属（*Spinacia*）。一年生草本，直立。叶互生，有叶柄，叶片三角状卵形或戟形。花单性，团伞花序。雌雄异株。花被4或5深裂，雄蕊与花被裂片同数，生于花被基部。雌花生叶腋，无花被，子房近球形，柱头4或5。胞果扁。代表植物菠菜（*S. oleracea*），叶戟形或披针形。花单性，异株，雄花花被4，黄绿色，雄蕊4；雌花无花被，苞片球形纵折，彼此合生扁筒，包住子房或果实。胞果扁平而硬，无刺或2角刺。原产伊朗，现世界各地均有栽培。

　　此外，还有地肤（*Kochia scoparia*），一年生草本，叶线性或披针形（图16-36），种子含油15%～20%，供食用或工业用，果实为中药"地肤子"，可利尿、清湿热。老茎枝可做扫帚。

图 16-36　地肤（*Kochia scoparia*）

（12）苋科（Amaranthaceae）

$$*K_{3-5}C_0A_{1-3-5}\underline{G}_{(2-3:1:1-\infty)}$$

　　草本。叶对生或互生，全缘，无托叶。花小，两性，排成穗状、头状、总状或圆锥状聚伞花序。苞片和2小苞片干膜质，绿色。花被片3～5，萼片状，干膜质。雄蕊与花被片同数且对生。花丝离生或基部连合成杯状，子房上位，心皮2或3，合生，1室，基生胎座式，胚珠1至多数。蒴果盖裂。

代表植物青葙（*C. argentea*），叶互生，穗状花序不分枝，胚珠 2 至多数。种子药用，有清热明目之效。花序经久不凋，可供观赏。鸡冠花（*C. cristata*），穗状花序多分枝呈鸡冠状、卷冠状或羽毛状，花红、紫、黄、橙色，全国各地均栽培。喜旱莲子草（*Alternanthera globosa*）有害杂草，原产巴西。千日红（*Gomphrena globosa*），头状花序经久不凋，可供观赏（图 16-37）。花序药用可止咳、明目。原产南美洲热带，我国南北各地均有栽培。牛膝（*Achyranthes bidentata*），叶对生，苞片腋部具 1 花，花在花期直立，花后反折贴近花序轴，花药 2 室。产于我国黄河以南各地，根入药。

图 16-37　千日红（*Gomphrena globosa*）

（13）山茶科（Theaceae）

$$*K_{4-\infty}C_{5,(5)}A_{\infty}\underline{G}_{(2-8:2-8:1-3)}$$

属于藤黄目（Guttiferales），本目共有五桠果科、龙脑香科、藤黄科、芍药科、猕猴桃科、山茶科等 16 科，其中山茶科、猕猴桃科、芍药科为代表科。

识别特征：木本。单叶互生，革质。花两性，5 基数，辐射对称，单生叶腋；萼片 4 至多数；花瓣 5 或 4；雄蕊多数，多轮，分离或成束，常与花瓣联生。子房上位，中轴胎座。蒴果或浆果。

本科有约 40 属 700 种，分布热带和亚热带。我国有 15 属 480 余种，主要分布于长江以南，尤其西南地区。

1）山茶属（*Camellia*）。灌木或小乔木。叶革质，有锯齿。花两性；萼片 5 或 6，由苞片渐次变化为花瓣，花瓣基部联合，且与外轮雄蕊合生。雄蕊多数，外轮花丝合生 1 长或短的筒，内轮 5～12 枚分离，花药丁字形。蒴果，室背开裂，每室有种子 1～3。代表植物茶（*C. sinensis*），常绿灌木。叶卵圆形，表面网脉凹陷，背面叶脉突出，在近叶缘处连接成网。花白色，萼片宿存（图 16-38）。油茶（*C. oleifera*），灌木或小乔木，花白色（图 16-39）。种子含油，供食用和工业用，是我国南方山区主要木本油料作物。山茶（*C. japonica*），灌木或小乔木（图 16-40）。枝叶无毛。叶卵形。苞片不分化，花无柄，红色。子房光滑。原产我国四川省，现广泛栽培。

2）木荷属（*Schima*）。乔木。叶常绿。苞片 2～7，脱落。萼片 5 或 6，覆瓦状排列，宿存。花瓣 5，子房 5 室。蒴果扁球形，顶端平或微凹。种子具周翅。代表植物木荷（*S. superba*），叶革质或薄革质，椭圆形，基部楔形，叶缘具锯齿。花生于枝顶，常多朵排成总状花序，白色。蒴果。主产于我国浙江、福建、江西等省。

3）厚皮香属（*Ternstroemia*）。常绿灌木或小乔木，全株无毛。叶革质，全缘，常集生枝顶。花两性，具柄，小苞片 2，萼片 5，宿存；花瓣 5；雄蕊多数；花丝基部连合，子房 2 或 3 室。果实浆果状。代表植物厚皮香（*T. gymnanthera*），叶上面深绿色或绿色，有光泽；下面浅绿色；干后常呈淡红褐色；中脉在上面稍凹下，在下面隆起（图 16-41）。分布于我国华东到西南地区，日本、柬埔寨也有分布。

图 16-38　茶（*C. sinensis*）

图 16-39　油茶（*C. oleifera*）

图 16-40　山茶（*C. japonica*）

图 16-41　厚皮香（*T. gymnanthera*）

4）柃属（*Eurya*）。国产山茶科唯一雌雄异株的属。花细小，柄短，簇生于叶腋，雌花中可发现退化雄蕊。苞片 2，萼片 5，花瓣 5，雄蕊 5～35 枚；子房 3～5 室。果实浆果状。代表植物滨柃（*E. emarginata*），灌木。嫩枝圆柱形，稍具 2 棱，红棕色，密被黄褐色短柔毛。叶厚革质，倒卵形，顶端圆而有微凹，边缘细微锯齿，稍反卷。花 1 或 2 朵生于叶腋，白色。产于我国浙江沿海地区。

（14）猕猴桃科（Actinidiaceae）

$$*K_5 C_5 A_{\infty,\ 10} \underline{G}_{(3-\infty;3-\infty;\infty)}$$

识别特征：木质藤本，髓实心或片层状。单叶互生，有锯齿，被粗毛或星状毛，羽状脉。花两性，单性或杂性；单性时雌雄异株，常排成聚伞花序；萼片 5，覆瓦状排列，常宿存；花瓣 5，雄蕊多数或 10，花药丁字形着生或背着药。子房上位，心皮 3 至多数，3 至多室，每室胚珠少数至多数，花柱 3 至多数，常宿存。浆果或蒴果。

本科有 2 属 83 种，分布于热带至亚热带。我国有 2 属 73 种。

猕猴桃属（*Actinidia*）。藤本，植株被毛或无毛，髓多为片层状。雌雄异株，雄蕊多数，花药丁字形着生。花柱与心皮同数，离生。果可食，蜜源花。分布于亚洲热带至温带，我国主产。果肉维生素 C 含量比一般果蔬要高数倍到数十倍，已成为世界上热门的新兴水果。代表植物中华猕猴桃（*A. chinensis*），藤本，枝褐色，髓白色片层状。叶近圆形，边缘有芒状小齿，背面密生灰白色星状毛。浆果长圆形，密被黄棕色长柔毛（图 16-42）。产于我国长江以南各省区。根入药，叶可作饲料。软枣猕猴桃（*A. arguta*），叶宽卵形，背面无毛或脉腋有簇毛。果实黄绿色，无毛。分布于我国东北、华北及华东地区。

图 16-42　中华猕猴桃（*A. chinensis*）

（15）芍药科（Paeoniaceae）

$$*K_5 C_{5-10} A_\infty \underline{G}_{1-5}$$

识别特征：多年生草本或灌木。叶互生，掌状或羽状复叶，全缘。花辐射对称，两性，单生或总状花序；萼片 5，花瓣 5～10；雄蕊多数；心皮 1～5（或多达 15），膜分离，基部常具蜜腺联合的花盘，整个包着子房；胚珠少数到多数。蓇葖果。种子有珠柄发育而来的假种皮。

本科仅芍药属（*Paeonia*），约 30 种，大部分产于北温带。我国有 11 种，产于西南、西北、华北和东北等地区。

芍药属根圆柱形或具纺锤形块根。单花顶生或数朵生枝顶、茎顶。花大，栽培多重瓣。代表植物牡丹（*P. suffruticosa*），落叶灌木。花单生枝顶，花大，直径 10～17 cm；玫瑰色、红紫色、粉红至白色，变异较大（图 16-43）。全国栽培甚广。根皮供药用，称"丹皮"，具凉血散淤之功效，可治中风、腹痛等。

图 16-43   牡丹（*P. suffruticosa*）

（16）罂粟科（Papaveraceae）

$$*K_{2-3}C_{4-6}A_{\infty,\,4}\underline{G}_{(2-\infty:1:\infty)}$$

属于罂粟目（Papaverales），本目有罂粟科、白花菜科、木樨草科、十字花科等 6 科。其中罂粟科、十字花科为代表科。

识别特征：草本或灌木，常有黄、白或红色汁液。叶互生或对生，常分裂，无托叶。花两性，辐射对称，单生或成总状、聚伞、圆锥花序；萼片 2（或 3、4），早落；花瓣 4～8 或 8～16，2 轮，覆瓦状排列；雄蕊多数，分离；子房上位，侧膜胎座。蒴果。

本科有 25 属 300 种，主产北温带，少数中南美洲。我国有 13 属 63 种。

1）罂粟属（*Papaver*）。草本，有乳汁，叶有裂。花大，美丽，单生，花蕾时下弯，萼片 2，花瓣 4 枚，雄蕊多数，心皮多个，合生；侧膜胎座多个。胚珠多数。蒴果孔裂，种子多数。代表植物罂粟（*P. somniferum*），一年生植物，全株有白粉，茎生叶基部抱茎。花大，红色或黄色。蒴果球形，有乳汁。原产欧洲。虞美人（*P. rhoeas*），花色多，不为黄色，叶羽状裂有不规则锯齿（图 16-44）。原产欧洲，我国栽培供观赏。

2）博落回属（*Macleaya*）。代表植物博落回（*M. cordata*），高大草本，先锋植物（图 16-45）。叶掌状分裂，茎含黄色汁液，常被白粉。萼片 2，花瓣缺，蒴果扁平。生于我国长江流域中下游各省，全株有剧毒，可入药或作农药。

图 16-44　虞美人（*P. rhoeas*）

图 16-45　博落回（*M. cordata*）

3）绿绒蒿属（*Meconopsis*）。多年生草本，花大美丽，主产于中国-喜马拉雅地区，有许多著名观赏植物。代表植物红花绿绒蒿（*M. punicea*），多年生草本。叶基生，莲座状，叶片倒披针形，基部渐狭，下延入叶柄，边缘全缘，两面密被淡黄色或棕褐色刚毛。花葶1～6，从莲座叶丛中生出。花单生于花葶上，下垂。花瓣4，有时6，深红色；花丝条形，粉红色，花药黄色。蒴果椭圆状长圆形。

4）白屈菜属（*Chelidonium*）。多年生直立草本，具黄色汁液。茎聚伞状分枝。基生叶羽状全裂，具长柄；茎生叶互生，具短柄。花多数，腋生的伞形花序。萼片2，黄绿色；花瓣4，黄色，2轮；雄蕊多数；子房1室，2心皮。蒴果近念珠状，无毛，成熟时自基部向顶端开裂成2果瓣，柱头宿存。代表植物白屈菜（*C. majus*），多年生草本，含黄色汁液，根茎褐色。叶羽状全裂，裂片不规则在裂，下面疏生短柔毛，有白粉。花黄色。

（17）十字花科（Brassicaceae）

$$*K_{2+2}C_{2+2}A_{2+4}\underline{G}_{(2:1:\infty)}$$

识别特征：草本。单叶互生，无托叶。花两性，辐射对称，总状花序；萼片4，2轮；花瓣4，十字形排列，基部常成爪；花托上有蜜腺，常与萼片对生；雄蕊6，外轮2个短，内轮4个长（四强雄蕊）。子房上位，1室，2心皮，常有1个次生的假隔膜，将子房分为假2室，侧膜胎座，胚珠多数。长角果或短角果，常2瓣开裂。

本科有350属3 500种，全球分布，主产于北温带。我国有71属300余种。

1）芸薹属（*Brassica*）。草本。单叶，有时基部羽状分裂。总状花序。长角果圆柱形。种子球形。植物多在早春开花，重要的蜜源植物。代表植物油菜（芸薹）（*B. rapa* var. *oleifera*），重要的经济作物，种子含油量达40%。青菜（小白菜）（*B. rapa* var. *chinensis*），原产我国，南方栽培甚广，品种很多。甘蓝（芥蓝头）（*B. oleracea* var. *caulorpa*），茎球形，肉质，供蔬食。大头菜（芥菜疙瘩）（*B. juncea* var. *napiformis*），地下有肉质大型块根，常盐腌或制酱渍菜。各地均有栽培。芥菜（*B. juncea*）、黑芥（*B. nigra*）及白芥（*Sinapis alba*）的种子均可制芥末及香辛料。榨菜（*B. juncea* var. *tumida*），下部叶的叶柄基部膨大，呈凹凸不平的拳状，常盐腌加工后食用。

2）萝卜属（*Raphanus*）。一年或多年生草本，有时具肉质根。叶大头羽状半裂。总状花序伞房状；花大，白色或紫色；萼片直立，内轮基部稍成囊状；花瓣倒卵形，常有紫色脉纹，具长爪；侧蜜腺微小，中蜜腺近球形。子房钻状，2节，柱头头状。长角果圆筒形。代表植物萝卜（*R. sativus*），直根供食用，品种多。

此外，本科还有很多种供观赏，如诸葛菜（二月蓝）（*Orychophragmus violaceus*）（图16-46）、羽衣甘蓝（*B. oleracea* var. *acephala*）（图16-47）、香雪球（*Lobularia maritima*）、紫罗兰（*Matthiola incana*）等。也有不少药用植物，如菘蓝（板蓝根）（*Isatis tinctoria*），根入药；荠菜（*Capsella bursa-pastoris*）、碎米荠属（*Cardamine*）植物等也供药用。

（18）景天科（Crassulaceae）

$$*K_{4-5}C_{4-5,稀(4-5)}A_{4-5+4-5}\underline{G}_{4-5,稀(4-5):4-5:\infty}$$

属于蔷薇目（Rosales），本目共有悬铃木科、金缕梅科、景天科、虎耳草科、蔷薇科、豆科等19科，其中景天科、虎耳草科、蔷薇科、豆科为代表科。

图 16-46 诸葛菜／二月蓝（*O. violaceus*）

图 16-47 羽衣甘蓝（*B. oleracea* var. *acephala*）

识别特征：草本或亚灌木。叶对生、互生或轮生，单叶，肉质。花辐射对称，两性，4或5基数，常聚伞花序；花被常分离；雄蕊为花瓣的2倍。子房上位，心皮分离或基部合生，每心皮基部常有鳞状腺体。蓇葖果。

本科有34属，1 500种以上，主产于温带和热带。我国有11属，约250余种。

1）景天属（*Sedum*）。草本，肉质。叶对生、互生或轮生。花序聚伞或伞房状，腋生或顶生；花白色、黄色、红色、紫色，常5基数，少数4～9基数，雄蕊为花瓣的2倍。蓇葖果。代表植物垂盆草（*S. sarmentosum*），3叶轮生，披针状菱形。花瓣5，黄色，披针形；雄蕊10，较花瓣短。心皮5，有长花柱。我国江南常见，全草入药，清热解毒。佛甲草（*S. lineare*），叶条形，肥厚，先端钝，产长江中下游（图16-48）。全草入药，具清热解毒、散瘀消肿、止血的功效。

2）瓦松属（*Orostachys*）。叶第一年呈莲座状，第二年自莲座中央长出花茎。花几无梗或有梗，多花，密集的聚伞圆锥花序或聚伞伞房花序。花5基数，花瓣黄色、绿色、白色、红色等。代表植物瓦松（*O. fimbriatus*），分布较广，生于山坡石上或屋瓦上。全草药用，能止血、活血，微毒。

图 16-48　佛甲草（*S. lineare*）

（19）虎耳草科（Saxifragaceae）

$$\uparrow,\ *K_{4-5}C_{4-5}A_{4-5+4-5}\underline{G},\ \overline{G}_{(2-5:1-3:\infty)}$$

识别特征：草本。叶常互生。花两性或单性，辐射对称，少两侧对称；花序聚伞状、圆锥状或总状；花被片常 4 或 5 基数，萼片有时花瓣状；花瓣与萼片同数互生，或缺，常有爪；雄蕊与花瓣同数或其倍数，着生花瓣上。子房上位或下位，1～3 室，花柱分离，胚珠多数。蒴果或蓇葖果。

本科有 80 属 1 200 种，主产北温带。我国有 14 属，近 300 种。

1）虎耳草属（*Saxifraga*）。草本。单叶全部基生或兼茎生。花常两性，辐射对称，黄色、白色、红色等，多组成聚伞花序。萼片 5，花瓣 5，雄蕊 10，花丝棒状或钻形；心皮 2，子房上位或半下位，常 2 室，胚珠多数。蜜腺隐藏在子房基部或花盘周围。蒴果。代表植物虎耳草（*S. stolonifera*），全株被毛，细长的葡匐茎，多年生草本（图 16-49）。叶肾形或圆形，脉上有血纹，下面常紫红色。全草入药，治中耳炎等。

2）落新妇属（*Astilbe*）。草本，根状茎粗壮。茎基部具褐色膜质鳞片状毛或长柔毛。叶互生，二至四回三出复叶。花小，白色、淡紫色或紫红色。萼片常 5；花瓣常 1～4，有时更多或不存在；雄蕊 8～10，稀 5。子房上位或半下位。蒴果或蓇葖果。代表植物落新妇（*A. chinensis*），叶二或三回三出复叶。圆锥花序，花序轴密被褐色卷曲长柔毛。花紫红色，心皮 2，仅基部合生（图 16-50）。蒴果。我国长江中下游至东北地区分布广泛，根状茎入药，具活血止痛、清热解毒功效。

3）岩白菜属（*Bergenia*）。草本。根状茎粗壮，肉质，具鳞片。单叶基生，肥厚，具小腺窝。叶柄基部具托叶鞘。聚伞花序圆锥状。花大，白色、红色或紫色。萼片 5，花瓣 5，雄蕊 10，心皮 2；2 室，胚珠多数。蒴果。代表植物岩白菜（*B. purpurascens*），单叶基生，肥厚，叶柄基部托叶鞘。萼片革质，背面密被长柄之腺毛，花瓣紫红色。根状茎入药，治虚弱头晕、劳伤咳嗽、吐血等。

4）绣球属（*Hydrangea*）。灌木。叶对生。花白色、粉红色或蓝色。伞房花序，边缘花常不结实，有大而美丽的花瓣状萼片，中部花为完全花。萼片 4 或 5，花瓣 4 或 5；雄蕊

图 16-49　虎耳草（*S. stolonifera*）

图 16-50　落新妇（*A. chinensis*）

图 16-51　绣球（*H. macrophylla*）

8～10；子房下位。2～5 室，胚珠多数。代表植物绣球（*H. macrophylla*），各地栽培观赏，品种较多（图 16-51）。

　　5）溲疏属（*Deutzia*）。灌木，常被星状毛。小枝中空或疏松髓心，表皮常片状脱落。叶对生，具锯齿。花两性，圆锥花序、伞房花序、聚伞花序或总状花序。萼筒钟状，裂片 5，果时宿存；花瓣 5，白色、粉红色或紫色。雄蕊 10。蒴果，室背开裂。代表植物浙江溲疏（*D. faberi*），叶膜质或近纸质。花白色。蒴果半球形。主产于我国浙江天台山。

6）山梅花属（*Philadelphus*）。灌木。小枝对生，树皮常脱落。叶对生，离基三至五出脉。总状花序。花白色，芳香；筒陀螺状或钟状。萼裂片 4 或 5，旋转覆瓦状排列。蒴果。代表植物山梅花（*P. incanus*），总状花序，花萼外密被糙伏毛；萼筒钟形，花冠盘状，花瓣白色，柱头棒形（图 16-52）。常作庭院观赏植物。

图 16-52 山梅花（*P. incanus*）

（20）蔷薇科（Rosaceae）

$$*K_{(5)}\ C_5\ A_{5-\infty}\ \underline{G}_{\infty-1},\ \overline{G}_{(5-2)}$$

识别特征：木本或草本。茎常有刺及明显的皮孔。叶互生，单叶或复叶，有托叶。花两性，辐射对称，少两侧对称。花托的中央部位着生雄蕊。花萼、花冠和花丝的基部与花托的周边部分愈合成碟状、杯状至坛状的结构，称被丝托。萼片 5，花瓣 5，离生；雄蕊多数。子房上位或下位。雌蕊由 1 至多数心皮组成。胚珠每心皮 2 至多数。果实各式，有蓇葖果、瘦果、核果、梨果等。

本科有 124 属 3 300 余种，全世界广布，主产于温带。我国有 51 属 1 100 种，全国各地均产。

根据心皮的离合、胚珠的数目、子房的位置、心皮的数目和果实的形态，本科分为 4 个亚科，检索表如下：

1. 果实为开裂的蓇葖果，稀为蒴果；心皮 1～5 或 1～12，分离或合生，每心皮有 2 至多数胚珠；托叶有或无 ·················· Ⅰ 绣线菊亚科 Spiraeoideae
1. 果实不开裂；叶具托叶。
  2. 子房下位、半下位，心皮 1 或 2～5，多数与杯状花托内壁连合；梨果、稀浆果状或核果状 ·················· Ⅱ 苹果亚科 Maloideae
  2. 子房上位，少数下位状。
    3. 心皮多数，生于膨大的花托上，或仅 1 或 2 个心皮生在宿萼上，每个心皮有 1 或 2 枚胚珠；果实为瘦果，稀为小核果；复叶，稀为单叶 ·················· Ⅲ 蔷薇亚科 Rosoideae
    3. 心皮常为 1 个，少数为 2 或 5 个；核果；萼常脱落；单叶 ·················· Ⅳ 李亚科 Prunoideae

亚科 1：绣线菊亚科（Spiraeoideae）

木本。常无托叶。雌蕊常 5 个，分离或基部连合。子房上位，每心皮胚珠 2 至多数。蓇葖果，少蒴果。

1）绣线菊属（*Spiraea*）。小灌木。被丝托浅杯状，伞房花序，5 基数，雌蕊 2～5，分离。蓇葖果。我国南北各省均产。代表植物麻叶绣线菊（*S. cantoniensis*），叶片菱状披针形至菱状长圆形，上面深绿色，下面灰蓝色，两面无毛。花瓣近圆形或倒卵形，先端微凹或圆钝，白色（图 16-53）。三裂绣线菊（*S. trilobata*），叶片近圆形，两面无毛，基部具显著 3～5 脉。伞形花序具总梗，无毛。花瓣宽倒卵形，先端常微凹。中华绣线菊（*S. chinensis*），叶片菱状卵形至倒卵形，上面暗绿色，被短柔毛，脉纹深陷，下面密被黄色绒毛，脉纹突起。花瓣近圆形，先端微凹或圆钝，白色。

2）珍珠梅属（*Sorbaria*）。落叶灌木。奇数羽状复叶，互生。顶生圆锥花序。萼筒钟状，萼片 5，反折；花瓣 5，白色；雄蕊 20～50；雌蕊 5，稍合生。蓇葖果，腹缝线开裂。产于我国西南部和东北部。代表植物华北珍珠梅（*S. kirilowii*），灌木。冬芽红褐色。羽状复叶，有重锯齿。顶生圆锥花序，无毛；花瓣倒卵形或宽卵形，先端圆钝，基部宽楔形，白色；雄蕊 20，与花瓣等长或稍短于花瓣，着生在花盘边缘；花柱稍短于雄蕊。分布于我国北部到东部。常栽培。

3）风箱果属（*Physocarpus*）。落叶灌木。单叶互生，边缘有锯齿，常基部 3 裂，叶脉三出。花序顶生，伞形总状。花 5 基数，白色或稀粉红色。蓇葖果膨大，沿背缝两线开裂。代

图 16-53　麻叶绣线菊（*S. cantoniensis*）

表植物风箱果（*P. amurensis*），叶片三角卵形至宽卵形，基部心形或近心形，稀截形，通常基部 3 裂，稀 5 裂，边缘有重锯齿，下面微被星状毛与短柔毛（图 16-54）。花序伞形总状，花梗和花梗密被星状柔毛。花瓣倒卵形，花药紫色。蓇葖果。

亚科 2：蔷薇亚科（Rosoideae）

木本或草本。托叶发达。多为羽状复叶，互生。花托壶状或中央隆起，周位花。雌蕊多数，分离，着生凹陷或突出的花托上。子房上位，每雌蕊含胚珠 1 或 2 个。聚合瘦果。

4）蔷薇属（*Rosa*）。灌木，皮刺发达。奇数羽状复叶，托叶生于叶柄上。被丝托凹陷成壶状，萼裂 5；花瓣 5，雄蕊多数，都生于被丝托口部；雌蕊多数，分离。瘦果集生于肉质的被丝托内，组成一个聚合果，称蔷薇果。广布于温带。代表植物金樱子（*R. laevigata*），攀缘灌木，有刺。小叶 3，稀 5，椭圆状卵形。花单生叶腋，花梗和萼筒密被腺毛，随

图 16-54 风箱果（*P. amurensis*）

果长成针刺。花瓣白色，先端微凹。果梨形，外面密被刺毛，萼片宿存。多花蔷薇（*R. multiflora*），小叶 7～9，伞房花序，花白色。我国分布广泛。花入药，果及根也供药用。月季（*R. chinensis*），直立灌木，小枝有钩状皮刺。小叶 3～5，稀 7，光亮。花几朵集生，稀单生；花瓣重瓣至半重瓣，多色（图 16-55）。蔷薇果梨形或卵形，红色，萼片脱落。玫瑰（*R. rugosa*），叶皱缩，茎多皮刺和刺毛，花红色（图 16-56）。我国各地栽培，花做香料，花和根入药。

5）悬钩子属（*Rubus*）。灌木，多刺。单叶或复叶。萼宿存，5 裂；花瓣 5；雄蕊多数；雌蕊多数。聚合果。代表植物蓬蘽（*R. hirsutus*），羽状复叶，小叶 3～5，顶小叶较大，背面有皮刺。花单生，白色。聚合果近球形，熟时鲜红色，广布于我国华东、华南地区。果入药，全株及根入药。掌叶覆盆子（*R. chingii*），掌状 3～7 裂，聚合果红色。我国安徽、江苏、浙江等地有分布。果可食，根和果入药。

图 16-55　月季（*R. chinensis*）

图 16-56　玫瑰（*R. rugosa*）

本亚科还有多种经济作物。地榆（*Sanguisorba officinalis*），羽状复叶，小叶间有附属小叶；花4基数，短穗状花序。根入药，止血功效。蛇莓（*Duchesnea indica*），长匍匐茎，3小叶复叶，广布种。全草药用。棣棠（*Kerria japonica*），灌木，枝绿色；叶卵形，重聚齿，尾尖。花黄色，5基数（图16-57）。瘦果。

图 16-57　棣棠（*K. japonica*）

亚科3：苹果亚科（Maloideae）

木本，有托叶。单叶互生。心皮2～5，常与被丝托之内壁结合成子房下位，仅部分结合为子房半下位。花托杯状，心皮2～5，果时成熟为肉质，与子房愈合。每室有胚珠1或2。梨果。

6）梨属（*Pyrus*）。落叶乔木或灌木。单叶互生，卵形。花先叶开放或同时开放。伞形总状花序。花5基数，花白色稀粉红色，花药深红色或紫色；花柱2～5，全离生。果肉多汁，富有石细胞。梨果梨形。代表植物豆梨（*P. calleryana*），梨果黑褐色，有斑点，细长果梗（图16-58）。分布于我国长江流域以南。

7）苹果属（*Malus*）。落叶乔木。单叶互生，近椭圆形。伞形总状花序；花瓣近圆形或倒卵形，白色、浅红至艳红色，花药黄色，花丝白色。花柱3～5，基部合生，上部分离。梨果苹果形。代表植物苹果（*M. pumila*），萼与花梗有毛，果扁圆形，两端凹。原产欧洲、西亚，现我国北部至西南广泛栽培。

8）枇杷属（*Eriobotrya*）。常绿乔木。单叶互生，羽状网脉明显。花顶生圆锥花序，有绒毛。萼筒杯状，萼片5，宿存；花瓣5，倒卵形；花柱2～5，基部合生。子房下位，每室2胚珠。梨果肉质。代表植物枇杷（*E. japonica*），果球形，黄色或橘黄色（图16-59）。产于我国长江流域、甘肃、陕西等。果食用，叶药用。

图 16-58　豆梨（*P. calleryana*）

图 16-59　枇杷（*E. japonica*）

9）山楂属（*Crataegus*）。落叶小乔木，具刺。单叶互生，有锯齿，深裂或浅裂。伞房花序或伞形花序。萼筒钟状，萼片5，花瓣5，白色，极少粉红色；梨果，先端有宿存萼片。代表植物山楂（*C. pinnatifida*），落叶小乔木，常有刺。叶3或4个羽状深裂片。果红色，近球形（图16-60）。产于我国北部。鲜食、制果酱、果糕。

10）木瓜属（*Chaenomeles*）。落叶灌木。单叶互生。花单生或簇生。先叶开放或迟于叶开放。萼片5，花瓣5，大形；花柱5。梨果大形，萼片脱落，花柱宿存。代表植物木瓜（*C. sinensis*）（图16-61），果长椭圆形，暗黄色，木质，味芳香，果梗短。产于华东、华南地区。果药用，治疗关节痛、肺病等。

图 16-60　山楂（*C. pinnatifida*）

图 16-61　木瓜（*C. sinensis*）

11）石楠属（*Photinia*）。落叶或常绿灌木，小乔木。单叶互生。花两性，多数，顶生伞形、伞房或复伞房花序。萼筒杯状、钟状或筒状；花瓣 5，开展；小梨果，2～5 室。成熟时不开裂，先端或 1/3 部分与萼筒分类，有宿存萼片。代表植物椤木石楠（*P. davidsoniae*），常绿乔木，树干具刺。叶革质，长圆形（图 16-62）。花多数，顶生复伞房花序。果实球形，黄红色，无毛。

亚科 4：李亚科（Prunoideae）

木本。单叶，有托叶，叶基有腺体。被丝托凹陷呈杯状，雌蕊由 1 心皮组成。子房上位，胚珠 2。核果，种子 1。

12）李属（*Prunus*）。落叶乔木或灌木。侧芽单生，顶芽缺。花叶同放。花托杯状或管状。子房和果实光滑无毛。代表植物李（*P. salicina*），叶倒卵状披针形。花 3 朵簇生，白色。果皮有光泽，并有蜡粉。我国广泛分布。果食用。

13）桃属（*Amygdalus*）。侧芽 3，具顶芽。果核有孔穴。代表植物桃（*A. persica*），叶披针形。花单生，红色（图 16-63）。果皮密被毛，核有纹。主产我国长江流域。果食用。榆叶梅（*A. triloba*），叶顶端 3 裂，叶缘有不等粗重聚齿。花粉红色，先花后叶（图 16-64）。产于我国东部、北部地区。

14）杏属（*Armeniaca*）。侧芽单生，顶芽缺。先花后叶。子房和果实常被短毛。代表植物杏（*A. vulgaris*），当年生枝红棕色。叶近圆形，先端短尖。花单生，微红。果杏黄色，微生短柔毛或无毛。果平滑（图 16-65）。我国广泛分布。梅（*A. mume*），当年生枝绿色。叶卵形，长尾尖。花 1 或 2 朵，白色或红色。果黄色，有短柔毛，核有蜂窝状孔穴。全国均有分布。果食用，也可入药。

图 16-62　椤木石楠（*P. davidsoniae*）

图 16-63　桃（*A. persica*）

图 16-64　榆叶梅（*A. triloba*）

图 16-65　杏（*A. vulgaris*）

15）樱属（*Cerasus*）。幼叶对折式，果实无沟。代表植物樱桃（*C. pseudocerasus*），乔木。小枝灰褐色，嫩枝绿色。叶卵形或长圆状卵形，先端渐尖或尾状渐尖，基部圆形，边有尖锐重聚齿，齿端有小腺体。花序伞房状或近伞形，有花 3～6 朵，先叶开放。花梗被疏柔毛，萼筒钟状；花瓣白色。核果近球形，红色（图 16-66）。山樱花（*C. serrulata*），乔木。叶片卵状椭圆形，先端渐尖，基部圆形，边缘有单据吃和重聚齿，齿尖有小腺体，无毛。花序伞房总状或近伞形，有花 2～18 朵，花梗无毛，萼筒管状；花瓣白色（图 16-67）。核果球形或卵球形，紫黑色。

（21）豆科（Fabaceae/Leguminosae）

识别特征：木本或草本，常有根瘤。单叶或复叶，互生，叶枕发达。花两性，5 基数，辐射对称或两侧对称；花萼 5 裂，分离或连合；花瓣 5，分离；雄蕊多数到定数，常10 个，以 9+1 或 5+5 的形式存在，称为二体雄蕊；雌蕊 1 心皮，1 室，边缘胎座，胚珠多数。荚果。

本科有 550 属 13 000 余种，是被子植物的第二大科。本科分为 3 个亚科：含羞草亚科、云实亚科、蝶形花亚科，检索表如下：

图 16-66　樱桃（*C. pseudocerasus*）

图 16-67　山樱花（*C. serrulata*）

---

1. 花辐射对称，花萼和花瓣在芽时镊合状排列 ⋯⋯⋯⋯⋯⋯ 含羞草亚科 Mimosoideae
1. 花两侧对称，花萼和花瓣在芽时覆瓦状排列
 2. 花冠假蝶形，呈上升覆瓦状排列，较后面的花瓣位于最内面，花瓣常 5，分离
 ⋯⋯⋯⋯⋯⋯⋯⋯⋯⋯⋯⋯⋯⋯⋯⋯⋯⋯⋯⋯⋯⋯ 云实亚科 Caesalpinioideae
 2. 花冠蝶形，呈下降覆瓦状排列，较后面的花瓣位于最外面，2 枚较前面的花瓣连
  成龙骨瓣 ⋯⋯⋯⋯⋯⋯⋯⋯⋯⋯⋯⋯⋯⋯⋯⋯⋯⋯⋯⋯ 蝶形花亚科 Papilionoideae

亚科 1：含羞草亚科（Mimosoideae）

$$*K_{(3-6)}\ C_{3-6,\,(3-6)}\ A_{\infty(3-6)}\ \underline{G}_{1:1:\infty}$$

识别特征：木本，稀草本。一或二回羽状复叶。花两性，辐射对称，成穗状或头状花序。花芽在芽中镊合状排列。花萼 5 或 3～6，常合生；花瓣镊合状排列，分离或连成短筒；雄蕊

多数，稀与花瓣同数。花药 2 室，纵裂。子房上位，胚珠多数。荚果，具次生横膈膜。

本亚科有约 40 属 1 900 种，分布于热带和亚热带地区。我国有 13 属 30 余种。

1）合欢属（*Albizia*）。乔木或灌木。二回羽状复叶，互生，常落叶。总叶柄及叶轴上有腺体。花小，常两型，5 基数，两性。组成头状、聚伞或穗状花序，再排成圆锥花序。花丝突出花冠外，基部合成管。荚果带状，扁平。种子间无间隔，不开裂或迟裂。代表植物合欢（*A. julibrissin*），乔木。二回羽状复叶，羽片 4～12 对，小叶条状矩圆形，中脉偏斜。头状花序，中央一朵花的花冠筒粗而长，花丝短，向四周辐射，储藏蜜汁，吸引昆虫来访（图 16-68）。萼片、花瓣小；花丝细长，淡红色。荚果条形，扁平。产于我国东部至西南部。用作行道树。

图 16-68　合欢（*A. julibrissin*）

2）含羞草属（*Mimosa*）。灌木或草本，有刺。二回羽状复叶，很敏感，触之即闭合。花小，常 4 或 5 数，球形头状花序或穗状花序，花序单生或簇生。雄蕊与花瓣同数或花瓣数的 2 倍，分离，伸出花冠外。荚果长椭圆形或线形。代表植物含羞草（*M. pudica*），茎有下弯的钩刺或倒生刺毛。头状花序圆球形，有总花梗，单生或 2、3 个生于叶腋。花小，淡红色（图 16-69）。花瓣 4，雄蕊 4，胚珠 3 或 4。荚果长圆形。广布于热带地区，我国长江流域常栽培供观赏。全草供药用，具安神镇静之功效。

图 16-69　含羞草（*M. pudica*）

亚科 2：云实亚科（Caesalpinioideae）

$$\uparrow K_{(5)} C_5 A_{10} \underline{G}_{1:1:\infty}$$

识别特征：木本。一或二回羽状复叶，或单叶。花两侧对称，排成总状、穗状或聚伞花序。花瓣 5，离生，上升覆瓦状排列（即最上方的 1 片花瓣在最内侧，被两侧花瓣覆盖）。雄蕊 10 或较少，分离，或各式连合。荚果，或有横隔膜。

本亚科有 80 属 1 000 种，分布于热带及亚热带。我国有 20 属 100 余种。

3）云实属（*Caesalpinia*）。乔木、灌木或藤本，常有刺。总状或圆锥花序顶生或腋生。花黄色或橙黄色。萼片离生，覆瓦状排列，下方一片较大。花瓣 5，雄蕊 10，离生。荚果长圆形，呈镰刀状弯曲。代表植物云实（*C. decapetala*），落叶灌木，密生倒钩刺。二回羽状复叶。总状花序，顶生。花黄色，雄蕊下部密被茸毛（图 16-70）。荚果木质。产我国长江以南各省。根果药用。

4）决明属（*Cassia*）。叶丛生，偶数羽状复叶，叶柄和叶轴有腺体，小叶对生。花辐射对称，黄色，组成腋生总状花序或顶生圆锥花序，或有时 1 朵至数朵簇生叶腋。萼片 5，覆瓦状排列；花瓣 5；雄蕊 4~10，不相等。荚果圆柱形或扁平。种子有横隔。代表植物决明（*C. tora*），灌木状草本，小叶 3 对。花黄色。能育雄蕊 7，花丝短于花药。子房被白色柔毛。荚果四棱形。种子近菱形，有光泽。种子入药，我国南北各地均产。

5）皂荚属（*Gleditsia*）。落叶乔木或灌木，具分枝的粗刺。花杂性或单性异株，淡绿色或绿白色，组成腋生或顶生的穗状、总状花序。萼片 3~5，花瓣 3~5，雄蕊 6~10，伸出。荚果扁。代表植物山皂荚（*G. japonica*），落叶乔木，刺黑棕色，微压扁。一或二

图 16-70　云实（ *C. decapetala* ）

回羽状复叶，小叶 3 ～ 10 对。子房无毛。荚果镰刀形弯曲或不规则扭曲。产于我国东北到长三角地区。

　　6）紫荆属（ *Cercis* ）。乔木或灌木。单叶互生，掌状脉。花两侧对称，紫红色或粉红色，具梗，排成总状花序生于老枝或聚成花束簇生老枝上，先花后叶。花瓣 5，假蝶形，旗瓣最小最里，翼瓣 2，龙骨瓣连合；雄蕊 10，分离。荚果狭长圆形，腹缝线一侧有狭翅。代表植物紫荆（ *C. chinensis* ），叶全缘，近圆形，先端几尖，基部心形（图 16-71）。老茎生花，簇生。总状花序，花粉红或红。假蝶形花冠。分布于我国东南部，栽培供观赏。

　　亚科 3：蝶形花亚科（ Papilionoideae ）

$$\uparrow K_{(5)} C_5 A_{(9)1,(5)(5),(10),10} \underline{G}_{1:1:\infty}$$

　　识别特征：木本至草本。单叶，3 小叶复叶或一至多回羽状复叶，叶枕发达。花两侧对称。蝶形花冠。花萼 5，具萼管；花瓣为下降覆瓦状排列（即最上方 1 片花瓣位于最外侧，为旗瓣，侧面两片是翼瓣，最下面两片连合，称为龙骨瓣）；雄蕊 10，常二体雄蕊，9+1 或 5+5，也有 10 个全部连成单体雄蕊或全部分离的。荚果。

　　本亚科有约 525 属 10 000 种，广布于全世界。我国有 103 属 1 000 余种，全国各地均产。

图 16-71　紫荆（*C. chinensis*）

7）槐属（*Sophora*）。落叶或常绿乔木、灌木。奇数羽状复叶。花序总状或圆锥状，顶生、腋生或与叶对生。花白色、黄色、紫色；荚果圆柱形或念珠状。代表植物槐（*S. japonica*），树冠优美，花芳香，是行道树和优良的蜜源植物（图 16-72）。花和荚果入药，有清凉收敛、止血降压功效。叶和根皮有清热解毒作用。木材供建筑用。原产中国，现南北各省广泛栽培。

8）紫藤属（*Wisteria*）。落叶大藤本。奇数羽状复叶，互生。总状花序顶生，下垂；花多数，散生花序轴上。花蓝紫色、白色。荚果线形，种子间缢缩。代表植物紫藤（*W. sinensis*），茎左旋。总状花序来自去年生短枝的腋芽或顶芽，长 15～30 cm。花紫色（图 16-73）。荚果倒披针形，密被绒毛，悬垂枝上不脱离。我国多作庭院棚架植物，先花后叶，花时十分优美。多花紫藤（*W. floribunda*），总状花序生于当年生枝的枝梢，花序长 30～90 cm。原产日本，我国各地有栽培。

图 16-72 槐（*S. japonica*）

图 16-73 紫藤（*W. sinensis*）

9）胡枝子属（*Lespedeza*）。常灌木。羽状复叶具 3 小叶。花 2 至多数组成腋生的总状花序或花束。花常 2 型：一种有花冠，结实或不结实；另一种闭锁花，花冠退化，不伸出花萼，结实。荚果卵形，倒卵形。本属植物均能耐旱，为良好的水土保持和固沙植物。代表植物美丽胡枝子（*L. formosa*），小叶椭圆形、长圆状椭圆形或卵形，上面绿色，下面淡绿色，贴生短柔毛。总状花序单一，腋生，比叶长，或构成顶生圆锥花序。广布种。

10）苜蓿属（*Medicago*）。草本。羽状复叶。总状花序野生。花冠黄色；雄蕊二体。荚果螺旋形转曲，肾形、镰形，背缝常棱或刺。代表植物紫苜蓿（*M. sativa*），全国各地有栽培或半野生状态。作为饲料和牧草。本科还有其他属作为牧草和绿肥使用，如草木犀属（*Mlilotus*）、车轴草属（*Trifolium*）、野豌豆属（*Vicia*）、田菁属（*Sesbania*）等。

11）大豆属（*Glycine*）。草本，根有根瘤。3 小叶复叶，稀 4 或 5。总状花序腋生。蝶形花冠，花紫色、淡紫色或白色，雄蕊单体或 9+1。荚果线性或长椭圆形。代表植物大豆（*G. max*），为重要的油料和蛋白质植物。大豆古称"菽"是英文"*soy*"或"*soya*"的来源。种子含蛋白质 38%，脂肪 17.8%，是全世界普遍栽培的豆类植物。本科中还有其他属种为著名的油料作物，如落花生（*Arachis hypogaea*），种子含脂肪 40.2%～60.7%，蛋白质 20%～33.7%。

12）豇豆属（*Vigna*）。草本，3 小叶复叶。总状花序或 1 至多花簇生叶腋或枝顶。花白色、黄色、蓝或紫色；雄蕊二体。荚果线形，二瓣裂。代表植物豇豆（*V. unguiculata*），3 小叶复叶。总状花序腋生，具长梗。花冠黄白色略带青紫。子房线性，被毛。荚果线形。我国热带和亚热带地区广泛栽培。嫩荚作蔬菜食用。本属可做食用的豆类还有赤豆（*V. angularis*）、绿豆（*V. radiata*）；本科还有其他属种亦作为可食用的豆类作物，如蚕豆（*Vicia faba*）、刀豆（*Canavalia gladiata*）、扁豆（*Lablab purpureus*）、豌豆（*Pisum sativum*）、菜豆（*Phaseolus vulgaris*）等。

（22）大戟科（Euphorbiaceae）

$$♂ *K_{0-5}C_{0-5}A_{1-\infty} \quad ♀ *K_{0-5}C_{0-5}\underline{G}_{(3:3:1-2)}$$

属于牻牛儿苗目（Geraniales），本目共有酢浆草科、牻牛儿苗科、旱金莲科、蒺藜科、大戟科、交让木科等 9 科，其中大戟科为代表科。

识别特征：木本，常含乳汁。叶互生。花单性，有花盘或腺体。花序多种，大戟属为大戟花序。花单性同株或异株，花被有或无或单被。雄蕊 1 至多数，花丝分离或合生。子房上位，3 心皮合生，3 室，中轴胎座，每室胚珠 1 或 2 个。蒴果或浆果状。

本科有约 280 属 8 000 种，全世界广布，主产热带。我国有约 61 属 360 种，主要分布长江以南各省区。

1）大戟属（*Euphorbia*）。草本或亚灌木，有乳汁。单叶互生或对生，有时叶退化成鳞片状。大戟花序特殊，由 1 雌花、多雄花组成，雌花位于花序中央，仅 1 雌蕊。3 心皮，3 室，每室 1 胚珠。无花被，雌花有柄；雄花无花被，1 雄蕊，花丝生于短花柄上，两者相接处有节。花序外包以杯状总苞，总苞 4 或 5 裂如萼状，有时有腺体。蒴果。代表植物一品红（*E. pulherrima*），灌木，叶提琴形，上部叶鲜红色，杯状总苞有一金鱼嘴状腺体，为观赏植物。

2）蓖麻属（*Ricinus*）。草质灌木，茎常被白霜。单叶互生，掌状分裂，盾状着生，叶柄基部和顶部均具腺体。花雌雄同株，圆锥花序，雄花在花序下部，雌花在花序上部，均多朵簇生于苞腋。蒴果。代表植物蓖麻（*R. communis*），叶掌状裂，花序圆锥状，单性同株，雌花居上，雄花居下，萼 3～5 裂，无花冠，雄蕊极多，花丝结合成分枝状。子房 3 室，每室 1 胚珠，花柱粉红色，3 分叉，羽毛状。蒴果 3 裂。为著名的油料植物，供工业用。

3）乌桕属（*Sapium*）。乔木或灌木，有乳汁。叶柄顶端有 2 腺体。花单性同株，无花瓣。蒴果。代表植物乌桕（*S. sebiferum*），落叶乔木。叶近菱形或菱状卵形。蒴果近球果，种子黑色，外被白蜡层（图 16-74）。产于我国秦岭—淮河以南各省。是我国重要的工业油料植物。

图 16-74　乌桕（*S. sebiferum*）

（23）芸香科（Rutaceae）

芸香属 :$*K_{5-4}C_{5-4}A_{10-8}\underline{G}_{(5-4:5-4:2)}$

柑橘属 :$*K_5C_5A_\infty\underline{G}_{(\infty:\infty:2-4)}$

属于芸香目（Rutales），本目共有芸香科、苦木科、楝科、远志科等 12 科，其中芸香科为代表科。

识别特征：木本，稀草本，常有刺。复叶或单身复叶，常有透明油点。花两性，辐射对称，花 4 或 5 基数；萼片 4 或 5，合生；花瓣 4 或 5，分离或基部稍合生；雄蕊 3～10 或更多，外轮雄蕊对瓣；花盘发达，在雄蕊内方。子房上位，心皮 2 至多个，子房 4、5 室或多室，每室 1 至多个胚珠。柑果、蓇葖果。

本科有约 150 属 1 600 种，南非、澳洲居多。我国有 28 属 154 种。

1）花椒属（*Zanthaxylum*）。灌木或小乔木，常皮刺。奇数羽状复叶，互生，有透明的油腺点。花小，单性、异株或杂性。心皮 1～5，常有明显的柄，胚珠 2。蓇葖果，果皮有瘤状突起的腺点。代表植物花椒（*Z. bungeanum*），属于干性油，气香而味辛辣，可作食用调料或工业用油（图 16-75）。

图 16-75 花椒（*Z. bungeanum*）

2）柑橘属（*Citrus*）。常绿乔木或灌木，有刺。单身复叶。叶革质，有油点，叶柄多有翅。花单生或簇生叶腋，有时聚伞或圆锥花序。花两性，白色，5 数，雄蕊多数。子房 8～14 室，每室胚珠多个。柑果（肉质浆果之一）。代表植物柑橘（*C. reticulata*）、柠檬（*C. limon*）、佛手（*C. medica* var. *sarcodactylis*）、柚（*C. maxima*）等为著名柑橘类果实，除生食外，还可制蜜饯等。

（24）漆树科（Anacardiaceae）

$$*K_{(3-5)} C_{3-5, 0} A_{3-5, 6-10} \underline{G}_{(1-5:1-5:1)}$$

属于无患子目（Sapindales），本目共有马桑科、漆树科、槭树科、伯乐树科、无患子科、七叶树科、清风藤科、凤仙花科等 10 科，其中漆树科、槭树科、无患子科为代表科。

识别特征：木本。叶互生，稀对生，单叶、掌状三小叶或奇数羽状复叶。花小，辐射对称，两性，多单性或杂性，排成顶生或腋生圆锥花序或总状花序。萼片 3～5，花瓣 3～5

或缺；雄蕊 5～10，稀更多或退化仅 1 个，着生花盘边缘，花丝分离；若雄蕊 2 轮，外轮对萼，花盘全缘或分裂。子房上位，1 室或 2～5 室，合生，少分离，每室胚珠 1 个。核果，少坚果。

本科有约 60 属 600 种，主产于热带地区。我国有 15 属 30 余种。

1）漆树属（*Toxicodendron*）。落叶乔木或灌木，具白色乳汁，干后变黑，有臭味。奇数羽状复叶或掌状 3 小叶，小叶对生。花序腋生，聚伞圆锥状或聚伞总状。花单性异株，花萼 5 裂，宿存；花瓣 5；雄蕊 5，心皮 3～1，每室 1 胚珠。核果。代表植物漆树（*T. vernicifluum*），落叶乔木。树皮灰白色，不规则纵裂。小枝被黄色肉毛，具圆形或心形的大叶痕和突起的皮孔。顶芽大而显著，被棕黄色绒毛。圆锥花序，花黄绿色。树干韧皮部割可取生漆，其是一种优良的防腐、防锈涂料，用于建筑物、家具、电线等涂漆。种子油可制油墨、肥皂。果皮可取蜡，制蜡烛。叶可提栲胶。野漆树（*T. succedaneum*），落叶乔木。顶芽大，紫褐色。根、叶及果入药，有清热解毒、散瘀生机、止血等功效。树干乳液可代生漆用。木材坚硬致密，可作细工用材。

2）黄连木属（*Pistacia*）。乔木或灌木。叶互生，奇数或偶数羽状复叶，小叶全缘。总状花序或圆锥花序腋生。花小，雌雄异株。雄花：苞片 1，花被片 3～9，雄蕊 3～5；雌花：苞片 1，花被片 4～10，无不育雄蕊。心皮 3，合生，1 室，1 胚珠。核果近球形。代表植物黄连木（*P. chinensis*），落叶乔木，奇数羽状复叶，互生，小叶 5 或 6 对，近对生，卵状披针形，基部偏斜。先花后叶，圆锥花序腋生。核果倒卵状球形（图 16-76）。木材鲜黄色，

图 16-76　黄连木（*P. chinensis*）

可提黄色染料，材质坚硬致密，可作家具和细工用材。

3）南酸枣属（*Choerospondias*）。落叶乔木。奇数羽状复叶，常集生于枝顶；小叶对生。花单性或杂性，雄花和假两性花排成腋生或顶生的聚伞圆锥花序。花萼 5 裂；花瓣 5，雄蕊 10；子房上位 5 室，每室 1 胚珠。核果卵圆形。代表植物南酸枣（*C. axillaris*），落叶乔木。奇数羽状复叶，小叶 3～6 对。聚伞圆锥花序，腋生或近顶生。雌花单生上部叶腋。核果椭圆形，顶端有 5 个小孔。为较好的速生造林树种。果可食或酿酒。果核可作活性炭原料。

（25）槭树科（Aceraceae）

$$*K_{4-5}C_{4-5, 0}A_8\underline{G}_{(2:2:2)}$$

识别特征：木本，多数落叶。单叶或复叶，对生。花两性或单性，雄花和两性花同株，或雌雄异株，辐射对称，排成总状或圆锥花序。萼片 4 或 5，花瓣 4 或 5，或缺。雄蕊 4～10，常 8；子房上位，2 室，每室 2 胚珠。双翅果。

本科有 2 属 150 种，主产北温带。我国有 2 属，100 种以上。

1）槭树属（*Acer*）。乔木或灌木。叶对生。果实系 2 个相连的小坚果，侧面有长翅，张开成不同的角度。代表植物三角枫（*A. buergerianum*），叶 3 浅裂，掌状三出脉（图 16-77）。供材用，也作庭园及行道树。元宝槭（*A. truncatum*），落叶乔木。叶常 5 裂，基部截形，稀心形（图 16-78）。可作建筑材料用，亦可作行道树。

图 16-77　三角枫（*A. buergerianum*）

图 16-78　元宝槭（*A. truncatum*）

（26）无患子科（Sapindaceae）

$$*K_{3-5}C_{3-5}A_8\underline{G}_{(3)}$$

识别特征：木本。羽状复叶或掌状复叶，少单叶。花两性、单性或杂性。辐射对称，聚伞圆锥花序顶生或腋生。花萼 5 或 4，花瓣 5 或 4，或缺。花盘发达，生于雄蕊外。雄蕊 5～10，常 8，花丝分离或基部连合。子房上位，2～4 室或更多，每室胚珠 1 或 2 个。蒴果、浆果或核果。

本科有约 143 属 2 000 种，多分布于热带、亚热带地区。我国有 24 属 40 余种，各地均产，但主要产于西南部和南部。

1）栾树属（*Koelreuteria*）。落叶乔木。一回或二回奇数羽状复叶。聚伞圆锥花序大型，顶生。两侧对称，花盘厚，偏于一侧。果为一囊状蒴果，室背开裂。代表植物栾树（*K. paniculata*），一回或不完全的二回羽状复叶，小叶边缘稍粗大、不规则的钝锯齿，近基部的齿常疏离而呈深缺刻状。蒴果圆锥形（图 16-79）。常栽培作庭园观赏树。叶可作蓝色染料，花供药用。

2）无患子属（*Sapindus*）。乔木或灌木。偶数羽状复叶。聚伞圆锥花序大型，顶生。花单性，雌雄同株或异株，辐射对称或两侧对称。果深裂为 3 分果片，常仅 1 或 2 个发育。代表植物无患子（*S. mukorossi*），花序顶生，圆锥形，辐射对称（图 16-80）。花瓣 5，有长爪，内面基部有 2 个耳状小鳞片。果的发育分果片近球形，橙黄色。根和果入药，味苦微甘，有清热解毒、化痰止咳之功效。

图 16-79　栾树（*K. paniculata*）

图 16-80　无患子（*S. mukorossi*）

（27）卫矛科（Celastraceae，1814）

$$*K_{4-5}C_{4-5}A_{4-5}\underline{G}_{(1-5:1-5:1-2)}$$

属于卫矛目（Celastrales），本目共有冬青科、卫矛科、省沽油科、茶茱萸科、黄杨科等13科，其中卫矛科、冬青科为代表科。

识别特征：木本或藤本。单叶对生或互生。花两性或退化为功能性不育的单性花，杂性同株。聚伞花序1至多次分枝。花萼4或5，花冠4或5，常具有肥厚的花盘。雄蕊4或5，着生于花盘的边缘。子房1～5室。蒴果、浆果、核果或翅果。种子带有鲜明色彩的假种皮。

本科有约40属400种以上，分布于热带和温带地区。我国有12属200种以上，南北均产。

卫矛属（*Euonymus*）。常绿或落叶灌木或小乔木。叶对生。花为三出至多次分枝的聚伞圆锥花序。花两性，花4或5数；花盘扁平，边缘不卷，不抱合子房；子房每室具2～12胚珠；蒴果开裂后果皮不卷曲，中央无明显宿存中轴；种子具不分枝种脊。代表植物卫矛（*E. alatus*），灌木。枝四棱，常具2～4列宽阔木栓翅。花白绿色（图16-81）。蒴果1～4深裂；种子椭圆状，种皮褐色或浅棕色，假种皮橙红色，全包种子。白杜（丝棉木）（*E. meaackii*），小乔木。叶卵状椭圆形，边缘具细锯齿。花4数，淡白绿色或黄绿色（图16-82）。蒴果倒圆心状，成熟后果皮粉红色。种子长椭圆形，种皮棕黄色，假种皮橙红色，全包种子。

图 16-81　卫矛（*E. alatus*）

图 16-82 白杜 / 丝棉木（*E. meaackii*）

（28）冬青科（Aquifoliaceae）

$$*K_{3-6}C_{4-5}A_{4-5}\underline{G}_{(3-\infty:3-\infty:1-2)}$$

识别特征：乔木或灌木，多常绿。单叶互生。叶革质，具锯齿或全缘。花小，辐射对称，单性，雌雄异株；聚伞花序、总状花序、圆锥花序簇生叶腋；花萼细小，4～6 片，覆瓦状排列；花瓣 4～6；雄蕊与花瓣同数而互生。子房上位，心皮 2～5，2 至多室，每室胚珠 1 或 2 个。核果。

本科有 3 属 400 种，分布于热带和温带地区。我国仅有冬青属，约 140 种，广布于长江以南各省区。

冬青属（*Ilex*）。乔木或灌木。单叶互生，少数对生。叶革质或膜质，有齿缺或有刺状锯齿或全缘；花为腋生或簇生的聚伞花序或伞形花序。花萼裂片、花瓣和雄蕊通常 4。果球形、浆果状核果。代表植物冬青（*I. chinensis*），常绿乔木。叶片薄革质，椭圆形。雌花一或二回分枝，具花 3～7 朵。果长球形，成熟时红色（图 16-83）。为我国常见的庭园观赏树种。木材坚韧，供细工原料，树皮和种子供药用。构骨（*I. cornuta*），常绿乔木。叶片厚革质，先端具 3 枚坚硬刺齿，中央刺齿常反曲，两侧各具 1 或 2 刺齿。果球形，成熟鲜红色，基部具四角形宿存花萼，宿存柱头盘状。冬青等树形美丽，为常见的庭园观赏树种，其根、枝叶和果可入药。

图 16-83　冬青（*I. chinensis*）

（29）鼠李科（Rhamnaceae）

$$*K_{(5-4)} C_{5-4, 0} A_{5-4} \underline{G}_{(4-2:4-2:1)}$$

属于鼠李目（Rhamnales），本目共有鼠李科、火筒树科、葡萄科 3 科，其中鼠李科、葡萄科为代表科。

识别特征：木本或藤本。单叶互生或对生，羽状脉或 3～5 基出脉。花小，两性，稀杂性或单性，雌雄异株，多排成聚伞花序；常 4 基数，稀 5 基数。花萼筒状，淡黄绿色，4～6 浅裂；花瓣 4 或 5，或缺。雄蕊 5，与花瓣对生，且常为花瓣所包藏。子房上位，2～4 室，花柱浅裂，每室胚珠 1 个。核果、翅果或蒴果。

本科约有 58 属 900 种，广布于全球。我国约有 14 属 130 种，南北均有分布，主产于长江以南地区。

1）枣属（*Ziziphus*）。落叶或常绿乔木。枝常具皮刺。叶互生，基出 3～5 脉，托叶常为针刺。花小，黄绿色，5 基数，排成腋生总花梗的聚伞花序。子房球形，大部藏于花盘内，2 室，稀 3、4 室，每室有 1 胚珠。核果圆球形。代表植物枣（*Z. jujuba*），落叶小乔木，叶基出 3～5 脉，托叶变态为刺，核果大，红色（图 16-84）。我国特产，已有 3 000 多年的栽培历史。果供食用（含丰富的维生素 C、维生素 P）和药用（养胃、健脾、益血、滋补之效）。

2）枳椇属（*Hovenia*）。落叶乔木。叶互生，基部有偏斜，基出 3 脉。花小，白色或黄绿色，两性，5 基数，密集成顶生或兼腋生的聚伞圆锥花序。浆果状核果近球形。花序轴在结果时膨大，扭曲。代表植物枳椇（*H. dulcis*），落叶乔木，叶卵圆形，三出脉，几乎分布于全国各地（图 16-85）。肉质果柄供食用和药用。种子名"枳椇子"入药。亦作庭园绿化树种。

图 16-84　枣（*Z. jujuba*）

图 16-85　枳椇（*H. dulcis*）

（30）葡萄科（Vitaceae）

$$*K_{5-4}C_{5-4}A_{5-4}\underline{G}_{(2:2:2)}$$

识别特征：藤本，有卷须，少灌木。茎为合轴生长，常以卷须攀缘，卷须与叶对生。单叶或复叶。花小，两性或单性，辐射对称，排成聚伞花序或圆锥花序，常与叶对生。萼片5或4；花瓣5或4，分离或顶端连合成帽状；雄蕊5或4，与花瓣对生，着生花盘基部。子房上位，2或3～6室，中轴胎座，每室胚珠1或2个。浆果。

本科约12属500余种，多产于热带和温带地区。我国7属110种，南北均产。

1）葡萄属（*Vitis*）。落叶木质藤本。茎皮片状剥落，无皮孔，枝髓褐色。圆锥花序，花瓣黏合呈花帽状脱落。果除可食外，还可制葡萄干和酿酒。代表植物葡萄（*V. vinifera*），原产于亚洲西部，我国引进栽培已有2 000多年历史，其果均可食或酿酒，根可入药（图16-86）。

2）爬山虎属（*Parthenocissus*）。落叶木质藤本。卷须顶端膨大成吸盘，树皮有皮孔，枝髓白色。复聚伞花序。代表植物爬山虎（*P. tricuspidata*），与叶对生的卷须有吸盘（图16-87）。花两性，花瓣5，分离。常用作垂直爬墙绿化植物。

3）乌蔹莓属（*Cayratia*）。掌状复叶，两侧小叶叉生，有柄，称为鸟趾状复叶。伞房状聚伞花序。代表植物乌蔹莓（*C. japonica*），草质藤本，卷须分枝，鸟趾状复叶，5小叶。产于我国华东和中南各省，全身可入药。

图 16-86　葡萄（*V. vinifera*）

图 16-87　爬山虎（*P. tricuspidata*）

（31）锦葵科（Malvacae）

$$*K_{(5)} C_5 A_{(\infty)} \underline{G}_{(3-\infty:3-\infty:1-\infty)}$$

　　属于锦葵目（Malvales），本目共有杜英科、椴树科、锦葵科、木棉科、梧桐科等 7 科，其中锦葵科、杜英科、椴树科、梧桐科为代表科。

　　识别特征：木本或草本，常被星状毛，茎皮多纤维。单叶互生，常掌状脉。花两性，辐射对称，常单生或簇生，亦有排成总状或圆锥花序；花萼 5，常基部合生，镊合状排列，其下常有副萼；花瓣 5，旋转状排列，仅基部与雄蕊管连合；雄蕊多数，花丝连合成管，称为单体雄蕊，花药1室，肾形，纵裂；雌蕊3至多心皮组成。子房上位，中轴胎座。蒴果或分果。

本科有82属1 500种，分布于温带和热带。我国有17属，76种。

1）棉属（*Gossypium*）。一年生灌木状草本。叶掌状分裂。副萼3或5，萼杯状。蒴果3～5瓣裂，室背开裂。种子倒卵形或有棱角，种子表皮细胞延伸成棉纤维。代表植物陆地棉（美棉）（*G. hirsutum*），叶常3裂，副萼3，有尖齿7～13；原产于中美洲，我国已广泛栽培。

2）木槿属（*Hibiscus*）。木本或草本。副萼5，全缘，花萼5齿裂。花冠钟形；心皮5，结合，花柱柱头5裂。蒴果。代表植物木芙蓉（*H. mutabilis*），木本，星状毛。叶掌状浅裂5～7。花大，粉红色，副萼10，条形。蒴果球形。原产我国。木槿（*H. syriacus*），叶3裂，无毛，基础3脉，具不规则锯齿。花各色，栽培作绿篱（图16-88）。

本属尚有很多观赏植物，如吊灯扶桑（*H. schizopetalus*），花梗细长下垂，花瓣5，红色，深细裂成流苏状。朱槿（扶桑）（*H. rosa-sinensis*），花瓣5，红色，现RSH栽培品种记录有270多个，花色多样，有白、黄、橙、红、粉等（图16-89）。红秋葵（*H. coccineus*），叶5～7裂，分裂至基部，裂片条状披针形，花大型，红色。

本科植物的经济用途，主要作为纤维原料、药用、食用和观赏几大类，其中，尤以纤维原料为主。苘麻（*Abutilon theophrasti*）是织麻袋的主要原料。棉花脱脂后为药棉。

图 16-88　木槿（*H. syriacus*）

图 16-89 朱槿/扶桑（*H. rosa-sinensis*）

（32）杜英科（Elaeocarpaceae）

$$*K_{5-4}C_{5-4-0}A_\infty \underline{G}_{(2-\infty:2-\infty:2)}$$

识别特征：木本，单叶互生或对生。花常两性，排成总状或圆锥花序。花萼 5 或 4，花瓣与萼同数或缺，顶端常撕裂状；雄蕊多数，生于花盘；子房 2 至多室，每室胚珠 2 到多数；核果、浆果或蒴果。

本科有 12 属，约 400 种，分布于热带和亚热带地区。我国有 2 属，51 种。

杜英属（*Elaeocarpus*）。乔木。叶互生，下面或有黑色腺点。总状花序腋生或生于无叶的去年枝条上；两性，有时两性和雄花并存。萼片 4～6，分离，镊合状排列；花瓣 4～6，白色，分离花瓣顶端常撕裂状；雄蕊 10～50；花盘常分裂为 5～10 个腺状体。核果。代表植物杜英（*E. decipiens*），常绿乔木。叶革质，披针形。总状花序，花瓣上部撕裂成流苏状（图 16-90）。分布广，在我国华东和西南地区都有。常用作庭园观赏树种和行道树。

图 16-90　杜英（*E. decipiens*）

（33）椴树科（Tiliaceae）

$$*K_{5-3}C_{5-0}A_{\infty}\underline{G}_{(10-2:10-2:\infty)}$$

识别特征：木本，茎皮富纤维。单叶，多为三出脉。花两性，辐射对称。花萼 3～5，花瓣 5 或更少甚至缺失，基部常有腺体；雄蕊多数，分离或花丝基部连合数束，常有退化雄蕊。子房上位，10～2 室，每室胚珠 1 至多个。蒴果、核果或浆果。

本科约 50 属 450 种，广布于热带和亚热带地区。我国有 12 属 94 种，各省均有分布。

1）椴树属（*Tilia*）。落叶乔木。叶基常心形或截平；花序梗 1/2 与膜质、舌状的大苞片合生。核果。代表植物椴树（*T. tuan*），叶基截形或近心形（图 16-91），苞片长 11 cm。分布于四川、贵州、湖北、湖南、江西。

2）扁担杆属（*Grewia*）。乔木或灌木。嫩枝通常被星状毛；花两性或单性异株，常 3 朵组成腋生的聚伞花序；花序柄通常被毛。核果。代表植物扁担杆（*G. biloba*），落叶灌木，枝叶有星状毛。聚伞花序，与叶对生。花淡黄色。核果橙红色，2 裂，每裂片含种子 2 颗（图 16-92）。分布于我国华南至华东地区。

（34）梧桐科（Sterculiaceae）

$$* K_5C_{5, 0}A_{\infty}\underline{G}_{(5-2:5-2:\infty)}$$

识别特征：灌木或乔木，幼嫩部分具星状毛。叶互生，单叶或掌状复叶。花两性或单

图 16-91 椴树（*T. tuan*）

图 16-92 扁担杆（*G. biloba*）

性，辐射对称，腋生，稀顶生，排成圆锥、聚伞、总状等各式花序。花单性、两性或杂性；萼片 5，或多或少合生，稀分离；花瓣 5 或缺；常有雌雄蕊柄，雄蕊多数，合生成 1 管。子房上位，2～5 室；胚珠每室 1 至多颗。蓇葖果或蒴果。

本科 68 属 1 100 种。分布于热带地区。我国 19 属 82 种，主产于西南部至东部。

梧桐属（*Firmiana*）。乔木，单叶，掌状 3～5 裂，或全缘。圆锥花序，腋生或顶生。萼 5 深裂，无花瓣。蓇葖果，具柄，成熟前开裂成叶状。代表植物梧桐（*F. platanifolia*），落叶乔木。叶心状圆形，3～5 掌状浅或深裂，具长柄。雌蕊具柄。果木质，成熟前开裂为叶状的心皮。种子球形，着生于心皮边缘（图 16-93）。分布于我国从河北至华南。为常见的庭园观赏树木。种子炒熟可食或榨油。叶、茎、花、果和种子均可入药，有清热解毒之功效。树皮纤维洁白，可造纸和编绳等。

图 16-93 梧桐（*F. platanifolia*）

（35）堇菜科（Violaceae）

$$* \uparrow K_5 C_5 A_5 G_{(3:1:\infty)}$$

属于堇菜目（Violales），本目共有大风子科、堇菜科、西番莲科、秋海棠科等 20 科，其中堇菜科为代表科。

识别特征：草本或木本。单叶互生或基生，有托叶。花两性或单性，辐射对称或两侧对称，单生或组成圆锥花序。萼片 5，常宿存，覆瓦状排列；花瓣 5，下面一片较大而有距。雄蕊 5，花药内向，纵裂。子房上位，1 室，侧脉胎座，花柱单生倒生胚珠少数到多数。蒴果或浆果，蒴果常 3 瓣裂。

本科约有 21 属 500 余种，广布于温带和热带地区。我国有 4 属 130 多种，广布。

堇菜属（*Viola*）。草本。叶多卵形。萼片基部下延，下面一个花瓣延长成距。蒴果 3 瓣裂。主产于北温带。代表植物紫花地丁（*V. philippica*），根入药，能清热解毒。三色堇（*V. tricolor*），花大，直径 3～6 cm，有蓝、白、黄 3 色（图 16-94），原产于欧洲，我国各大城市均有栽培。

（36）葫芦科（Cucurbitaceae）

$$\male\ *K_{(5)}\, C_5 A_{1(2)(2)} \quad \female\ *K_{(5)}\, C_{(5)}\, G_{(3:1:\infty)}$$

属于葫芦目（Cucurbitales），仅 1 科。

图 16-94　三色堇（*V. tricolor*）

　　识别特征：攀缘或匍匐草本。有卷须，茎 5 棱。单叶互生，常掌裂，卷须侧生。花单性，同株或异株；雄花花萼管状，5 裂；花瓣 5，多合生；雄蕊通常 5 枚，其中 4 枚两两结合，花药常弯曲呈 S 形；雌蕊萼筒与子房合生，花瓣 5，合生。子房下位，3 心皮，侧膜胎座。

　　本科有 100 属 850 多种，主产热带和亚热带地区。我国有 22 属 120 种。

　　通常食用的瓜类就是葫芦科的果实。代表植物丝瓜（*Luffa cylindrica*），嫩果可炒食，成熟后的维管束网称为丝瓜络，供药用。南瓜（*Cucurbita moschata*），原产于南美，现世界各地广泛栽培。葫芦（*Lagenaria siceraria*），果实 8 字形，下部大于上部，成熟后木质化，可做各种容器（图 16-95）。苦瓜（*Momordica charantia*）果皮有多数瘤状凸起，种子有红色假种皮，果肉微苦稍甘。

　　瓜类作为水果的有西瓜（*Citrullus lanatus*），有些品种为籽用西瓜，有红黑色瓜子的品种；香瓜（甜瓜）（*Cucumis melo*）广布于热带和温带，栽培已久，品种很多，如哈密瓜、菜瓜等是不同变种或品种。

图 16-95　葫芦（*Lagenaria siceraria*）

（37）桃金娘科（Myrtaceae）

$$*K_{\infty-3}C-4_5A_\infty\overline{G}_{(5-2)}$$

属于桃金娘目（Myrtales）， 本目有千屈菜科、桃金娘科、野牡丹科等 17 科，其中桃金娘科为代表科。

识别特征： 常绿木本。单叶对生，全缘，羽状脉或基出 3～5 脉，常有透明腺点。花两性，辐射对称，单生或组成花序。萼筒与子房略合生，裂片 3 至多数。花瓣，常 4 或 5 基数；雄蕊多数，生于花盘边缘；花丝分离或连成管状，或成束与花瓣对生。子房 1 至多室，下位，花柱多单生，胚珠多数，中轴胎座。浆果、核果或蒴果。

本科约 75 属 3 000 种，分布于热带和亚热带地区，主产于美洲和澳洲。我国原产 9 属。

1）白千层属（*Melaleuca*）。乔木或灌木。叶互生，革质，披针形或线形，具油腺点，基出脉数条。花无梗，穗状或头状花序，有时单生叶腋，花序轴无限生长，花后继续生长。萼片 5，脱落或宿存；花瓣 5；雄蕊多数，绿白色，花丝基部稍连合成 5 束，与花瓣对生。子房下位或半下位，3 室，胚珠多数。蒴果半球形或球形，顶端开裂。代表植物白千层（*M. leucadendra*），树皮白色疏松，或薄片状剥落。叶互生。花轴在花后继续生长成具叶的新枝；花萼、花瓣分离，雄蕊连成 5 束，与花瓣对生。原产于澳大利亚，我国南部有栽培。枝叶可提取芳香油，供药用及做防腐剂。树皮还可造纸。

2）红千层属（*Callistemon*）。乔木或灌木。叶互生，有油腺点，全缘。花单生苞片腋内，常排成穗状或头状花序，生于枝顶，花开后花序轴能继续生长，花无梗；花瓣 5，圆形，雄蕊多数，红或黄色，分离或基部合生，常比花瓣长数倍；子房下位。我国引入栽培 6 种。代表种红千层（*C. rigidus*），树皮坚硬，灰褐色；油腺点明显，中脉在两面均突起；穗状花序鲜红色，蒴果半球形（图 16-96）。常作观赏树种，性喜光。

3）蒲桃属（*Syzygium*）。乔木或灌木，叶对生。花萼和花冠分离。浆果。主产于热带和亚热带。代表植物蒲桃（*S. jambos*），叶革质，披针形，先端渐尖，基部阔楔形，叶面多透明小腺点。花白色。果球形、绿色。主产于我国西南地区。

（38）五加科（Araliaceae）

$$*K_{5-4}C_{5-4}A_{4-5,\ 8-10}\overline{G}_{(5-2:5-2:1)}$$

属于伞形目（Apiales）， 本目共有八角枫科、蓝果树科、珙桐科、山茱萸科、五加科、伞形科等 7 科，其中五加科、伞形科为代表科。

识别特征： 木本，常有刺。单叶，掌状或羽状复叶，互生，叶柄基部抱茎，托叶边缘膜质、舌状，或成附属物。花小，两性或单性。伞形花序或头状花序；花萼小，与子房连生；花瓣 5～10，分离；雄蕊与花瓣同数，互生，或为花瓣的 2 倍，花盘生于子房顶部。子房下位，1～15 室，常 2～5 室，每室有 1 胚珠，倒生。浆果或核果。

本科有 60 属 800 种，分布于热带和温带地区。我国约有 20 属 150 多种。

1）五加属（*Acanthopanax*）。植物体常有刺，枝叶树皮都有香味，掌状复叶，有 3～5 小叶。伞形花序单生或再组成圆锥花序，花梗无关节。分布于亚洲。代表植物五加（*A. gracilistylus*），分布于长江流域以南各省，根皮入药，称五加皮。

2）楤木属（*Aralia*）。落叶灌木，常有刺。1～3 羽状复叶，伞形花序组成顶生的圆锥花序。代表植物楤木（*A. chinensis*），除东北地区外，全国广泛分布。

图 16-96 红千层（C. rigidus）

　　本科是重要的药用植物，除上述外，还有通脱木（*Tetrapanax papyriferus*），茎髓大，白色，中药称通草，有清热利尿之功效（图 16-97）。人参（*Panax ginseng*），多年生宿根草本，掌状复叶，小叶 3～5，轮生于茎顶。为强滋补药。本科还有常见的庭园栽培植物，如常春藤（*Hedera nepalensis* var. *sinensis*），常绿攀缘藤本，茎枝有气根，常作垂直绿化栽培（图 16-98）。

图 16-97 通脱木（*T. papyriferus*）

图 16-98 常春藤（*Hedera nepalensis* var. *sinensis*）

（39）伞形科（Umbeliferae/Apiaceae）

$$*K_{(5)-0}C_5A_\infty\overline{G}_{(2:2:1)}$$

识别特征：草本，含挥发油而有香味。茎有棱。叶互生，常为复叶，叶柄基部膨大，或成鞘状。花两性，常辐射对称，排成各式伞形花序。花小，两性或杂性，5 基数；花萼 5，常不明显；花瓣 5，花蕾是向内弯；雄蕊 5，与花瓣互生，着生花盘周围。子房下位，中轴胎座，2 室，每室有胚珠 1，花柱 2，基部往往膨大成花柱基，能分泌蜜汁吸引昆虫传粉；果有 2 个有棱或有翅的心皮构成，成熟时心皮下部分离，上部挂在心皮轴上，称为双悬果。每个分果有 5 条主棱。子房和果实的形态是伞形科植物分属分种的重要依据。

本科约有 275 属 2 900 种，广布于北温带，也见于热带和亚热带的高山上。我国约有 57 属 500 种。本科植物以药用而著名。

胡萝卜（*Daucus carota* var. *sativa*），草本，具肥大肉质的圆锥根。叶二或三回羽状深裂，叶柄基部扩大成鞘状。复伞形花序；花两性；花瓣 5，花序周边的外侧花花瓣大。本种雌雄蕊成熟期不一致，雄蕊先成熟，进行传播花粉；雌蕊成熟时，昆虫带来其他花朵的花粉进行授粉，是典型的利用成熟期不同进行的异花授粉。双悬果。原产于欧亚大陆，现广泛栽培。根作蔬菜，营养丰富。

当归（*Angelica sinensis*），主产甘肃、云南、四川。根含挥发性油脂。前胡（*Peucedanum praeruptorum*），产山东以南各省区（图 16-99）；此外，还有不少蔬菜，如茴香（*Foeniculum vulgare*）、芫荽（*Coriandrum sativum*）等。

图 16-99　前胡（*Peucedanum praeruptorum*）

（40）杜鹃花科（Ericaceae）

$$*,\ \uparrow K_{(5-4)}C_{5-4,(5-4)}A_{10-8,5-4}\underline{G},\overline{G}_{(2-5:2-5)}$$

属于杜鹃花目（Ericales），本目共有鹿蹄草科、杜鹃花科等 5 科，其中杜鹃花科为代表科。

识别特征：常灌木。单叶互生，常革质，被格式毛或鳞片。花两性，多辐射对称，少两侧对称，单生或簇生，常排成总状、圆锥状或伞形总状花序，顶生或腋生。花萼 4 或 5 裂，裂片覆瓦状，宿存；花瓣合生成钟状、坛状、漏斗状或高脚碟状，常 5 裂；雄蕊为花瓣的倍数，2 轮，外轮对瓣，或同数而互生，分离。花药顶孔开裂，常具芒或距。子房上位或下位，2～5 室，中轴胎座，每室有倒生胚珠多数，稀 1 胚珠。蒴果，稀浆果或核果。

本科约有 103 属 3 350 种，分布于全球，以亚热带山地最多。我国有 15 属，约 757 种，分布于全国各地，主产地在西南部山区。

1）杜鹃属（*Rhododendron*）。木本。单叶互生。花排成伞形总状花序。花冠合瓣，钟形、筒形或漏斗形，5 基数。雄蕊与花冠裂片同数或为其倍数，花药无附属物。蒴果，室间开裂，成 5～10 瓣。代表植物杜鹃（映山红）（*R. simsii*），落叶灌木，密被棕黄色扁平糙伏毛。早春开花，先花后叶，花玫瑰色、鲜红色或暗红色（图 16-100）。马银花（*R. ovatum*），常绿灌木。叶革质，卵形或椭圆状卵形，先端急尖，具短尖头，基部圆形。花单生枝顶叶腋，花 5 基数，淡紫色、紫色或粉红色。蒴果阔卵球形，被灰褐色短柔毛和疏腺体，为增大宿存的花萼所包。羊踯躅（*R. molle*），落叶灌木。花黄色；雄蕊 5；叶及花都含有闹羊花毒素，可做农药。

2）马醉木属（*Pieris*）。常绿灌木。单叶互生，革质。圆锥花序或总状花序。花萼 5 裂，常宿存；花冠坛状或筒状坛形；雄蕊 10，不伸出花冠外。子房上位，5 室，每室胚珠多数。蒴果近球形，室背开裂。代表植物美丽马醉木（*P. formosa*），常绿灌木。叶披针形，边缘细锯齿，表面深绿色，背面淡绿色。总状花序簇生于枝顶叶腋，花白色，坛状，有柔毛，上部 4 浅裂，雄蕊 10，白色柔毛，花药黄色（图 16-101）。蒴果卵圆形。

3）越橘属（*Vaccinium*）。常绿灌木。单叶互生。总状花序，顶生或腋生，或少数簇生。花小，花萼 4 或 5 裂，花冠坛状、钟状或筒状，5 裂。雄蕊 8 或 10；子房和萼筒完全合生，4 或 5 室，每室有胚珠多数。浆果球形。代表植物南烛（乌饭树）

图 16-100　杜鹃映山红（*R. simsii*）

图 16-101　美丽马醉木（ *P. formosa* ）

（ *V. bracteatum* ），常绿灌木。叶革质，背面主脉有短柔毛。总状花序，有宿存萼片；花白色，筒状，口部裂片短小，三角形，外折。果实成熟后可食，采摘枝、叶渍汁浸米，煮成"乌饭"。叶可治刀斧砍伤，果入药，称"南烛子"，有强劲益气之效。江南越橘（米饭花）（ *V. mandarinorum* ），花序无宿存苞片。嫩叶也能染米煮饭。

（41）报春花科（Primulaceae）

$$*K_{(5)} C_{(5)} A_5 \underline{G}_{(5:1:\infty)}$$

属于报春花目（Primulales），本目共有紫金牛科、报春花科等 3 科，其中报春花科为代表科。

识别特征：草本，常有腺点或被白粉。单叶互生、对生或轮生。花两性，辐射对称，排成总状或伞性花序。萼 5 裂（稀 3～9 裂），宿存；花冠合生成管状、轮状或高脚碟状，5 裂（稀 3～9 裂），覆瓦状排列。雄蕊与花冠裂片同数而对生，着生花冠管上，有时退化雄蕊。子房上位，稀半下位，心皮常 5，1 室，特立中央胎座。胚珠多数。蒴果。

本科约有 22 属 800 种，主产于北温带，广布全世界。我国有 11 属约 500 种，广布种，主产于西南地区。

1）报春花属（ *Primula* ）。叶全部基生，莲座状。花 5 基数，在花葶端排成伞形花序。花萼钟状或筒状；花冠裂片在花蕾中覆瓦状或镊合状排列，花冠长于花冠裂片。蒴果球形。代表植物报春花（ *P. malacoides* ），基生叶。植株多被毛。叶卵形，基部心形，有或无粉。花葶上有伞形花序 2～6 轮，花冠粉红色或淡蓝紫色或近白色。鄂报春（ *P. obconica* ），花期较长，伞形花序 2～13 花；花冠玫瑰红色，稀白色，冠筒长于萼近 1 倍。蒴果球形。原产于我国，现广为栽培。

2）珍珠菜属（ *Lysimachia* ）。草本，常具腺点。总状花序或伞形花序；花萼 5 深裂，花冠裂片在花蕾中旋转状排列，5 深裂，白色或黄色，稀淡红色或淡紫色。蒴果卵圆形，瓣裂。代表植物珍珠菜（ *L. clethroides* ），茎直立，叶互生，具黑色腺体。总状花序顶生，花密生，花冠白色（图 16-102）。分布于全国。根入药，可活血调经、解毒消肿。过路黄（ *L. christinae* ），匍匐草本。叶对生，具黑色条状腺体。花黄色，成对腋生。全草药用，有清热解毒、利尿排石之功效。

图 16-102　珍珠菜（*L. clethroides*）

（42）山矾科（Symplocaceae）

$$*K_{(3-5), \text{常}(5)} C_{(3-11), \text{常}(5)} A_{4-\infty} \overline{G}, \overline{G}_{(2-5:2-5:2-4)}$$

属于柿树目（Ebenales），本目共有山榄科、柿树科、安息香科、山矾科等 7 科，其中山矾科为代表科。

识别特征：灌木或乔木，冬芽数个叠生。单叶互生，常有锯齿、腺质齿或全缘。花辐射对称，两性，稀杂性，排成穗状、总状、圆锥或团伞花序。花萼 5，稀 3 或 4，深裂或浅裂，常宿存；花冠裂片 5，稀 3～11，覆瓦状排列；雄蕊多数，少 4 或 5 枚，着生花冠筒上。子房下位或半下位，顶端常具花盘和腺点，2～5 室，常 3 室，每室 2～4 胚珠。核果或浆果，顶端冠以宿存的萼裂片。

本科仅山矾属（*Sympolcos*），约 300 种，广布于亚洲、大洋洲和美洲的热带和亚热带地区。我国有 130 种。

代表植物白檀（*S. paniculata*），落叶灌木或小乔木。叶椭圆形，被柔毛。雄蕊约 30 枚，5 体雄蕊；子房 2 室。果黑色，无毛（图 16-103）。分布于东北、华北和长江流域以南各省区。种子油工业用和食用，木材有用。山矾（*S. sumuntia*），常绿，嫩枝褐色，不具棱。叶尾状渐尖。核果坛形。分布于长江以南各省区。

（43）木犀科（Oleaceae）

$$*K_{(4)} C_{(4)} A_2 \underline{G}_{(2:2:2)}$$

属于木犀目（Oleales），本目仅 1 科。

识别特征：乔木或灌木。叶对生，单叶或复叶。花两性或单性，辐射对称，常组成圆锥、聚伞或丛生花序。花萼常 4 裂，有时 3～12 裂；花冠合瓣，筒长或短，裂片 4～9（或 4～12），有时缺。雄蕊 2，稀 3～5。子房上位。2 心皮，2 室，每室 2 个胚珠。浆果、核果、蒴果或翅果。

图 16-103　白檀（*S. paniculata*）

本科约 20 属 500 种，广布于热带和温带地区。我国 12 属 200 种，南北各省内均有分布。

1）木犀属（*Osmanthus*）。常绿乔木或灌木。叠生芽。花芳香，成簇生或短圆锥花序。花 4 基数。核果。代表植物桂花（*O. fragrans*），原产于我国西南部，现各地均有栽培（图 16-104）。花芳香，可作香料或酿酒。栽培品种有金桂、银桂、四季桂、丹桂和彩叶桂品种群。

2）丁香属（*Syringa*）。落叶灌木或小乔木。小枝具皮孔。叶对生，单叶，稀复叶，全缘。花两性，聚伞花序排列成圆锥花序，顶生或侧生。花萼小，钟状，宿存；花冠漏斗状、高脚碟状或藏或伸出。子房 2 室，每室胚珠 2。蒴果，种子具翅。代表植物白丁香（*S. oblate* var.

图 16-104　桂花（*O. fragrans*）

alba），花白色。叶片小，基部常截形、圆楔形，或近心形。我国长江流域以北普遍栽培。

　　3）女贞属（*Ligustrum*）。具或长或短的花冠筒，花冠裂片4，浆果状核果。代表植物女贞（*L. lucidum*），叶枝无毛，分布于长江流域以南各省区。果实入药，称"女贞子"（图16-105）。

　　4）梣属（*Fraxinus*）。落叶乔木。多数具芽鳞2～4对，稀为裸芽。奇数羽状复叶。花小，单性、两性或杂性，雌雄同株或异株；圆锥花序顶生或腋生于枝顶。萼齿4，花冠4裂至基部，白色至淡黄色，雄蕊常2，与花冠互生。翅果，翅在果实顶端伸长。代表植物白蜡树（*F. chinensis*），芽阔卵形，被棕色柔毛或腺毛。小枝黄褐色（图16-106）。翅果匙形，翅平展，下延至坚果中部，萼宿存。在我国栽培历史悠久，分布甚广。主要经济用途为放养白蜡虫生产白蜡。

图 16-105　女贞（*L. lucidum*）

图 16-106　白蜡树（*F. chinensis*）

（44）夹竹桃科（Apocynaceae）

$$*K_{(5)} C_{(5)} A_5 \underline{G}_{(2:2:\infty)}$$

属于龙胆目（Gentianales），本目共有马钱科、龙胆科、夹竹桃科、萝藦科、茜草科等 7 科，其中夹竹桃科、萝藦科、茜草科为代表科。

识别特征：木本，有乳汁或水液。单叶对生、轮生，稀互生，全缘。花两性，辐射对称，单生或多朵排成聚伞花序或圆锥花序。花萼合生成筒状或钟状，常 5 裂，覆瓦状排列，基部有腺体；花冠合瓣，裂片 5，旋转状覆瓦状排列；雄蕊 5，着生花冠筒上或喉部，花盘环状、杯状或为腺体。子房上位，2 室，胚珠 1 或 2。浆果、核果、蒴果或蓇葖果。种子常有丝毛或翅。

本科约有 247 属 2 000 余种，分布于热带和亚热带地区。我国产 46 属 176 种，主要分布于长江以南各省区。

1）夹竹桃属（*Nerium*）。灌木，枝条灰绿色，含水液。叶轮生。伞房状聚伞花序，具总花梗。花萼 5 裂，内面基部有腺体；花红色，栽培有白色、黄色；花冠筒圆筒形，上部扩大钟状，喉部有 5 枚副花冠，顶端撕裂；雄蕊 5。蓇葖 2。种子长圆形，顶端具种毛。代表植物夹竹桃（*N. indicum*），花大，艳丽，花期长，常作观赏（图 16-107）。茎皮纤维为有优良混纺原料，种子含油量约 58.5%，可榨油制润滑油，全株入药，可提制强心剂，有毒。

2）蔓长春花属（*Vinca*）。蔓性灌木。叶对生。花单生于叶腋。花萼 5 裂，漏斗状，花冠筒比花萼长；雄蕊 5，生于花冠筒的中部之下。蓇葖 2。代表植物蔓长春花（*V. major*），叶椭圆形（图 16-108）。花单朵腋生。花冠蓝色，漏斗状；雄蕊生于花冠筒中部之下。原产于欧洲，我国江苏、浙江等省有栽培，作园林观赏用。

图 16-107　夹竹桃（*N. indicum*）

图 16-108　蔓长春花（*V. major*）

（45）萝藦科（Asclepiadaceae）

$$*K_5 C_{(5)} A_{(5)} \underline{G}_{(2:2:\infty)}$$

识别特征：草本、藤本或灌木，有乳汁。单叶，对生或轮生。花两性，辐射对称，5 基数，排成聚伞花序，常伞形，有时伞房状或总状。花萼筒短，裂片 5，内面基部有腺体；花冠合瓣，辐状或坛状，裂片 5；副花冠由 5 个分离或基部合生的裂片或鳞片组成，连生于花冠筒上；雄蕊 5，花丝合生成 1 管，包围雌蕊，称合蕊冠。子房上位，由 2 离生心皮组成，胚珠多数。蓇葖果，种子有种毛。

本科约有 180 属 2 200 种，主要分布于热带和亚热带地区。我国有 44 属 245 种，主产于西南部和东南部。

1）杠柳属（*Periploca*）。藤本，具乳汁，除花外无毛。聚伞花序疏松，顶生或腋生。花 5 基数，副花冠和花丝同着生于花冠基部，花丝筒状，副花冠裂片异形，环状。蓇葖 2，长圆柱形。代表植物杠柳（*P. sepium*），副花冠环状，10 裂，其中 5 裂延伸丝状被柔毛，顶端内弯（图 16-109）。雄蕊着生副花冠内面，与其合生。根皮、茎皮入药，有祛风湿、强筋健骨之功效。

图 16-109　杠柳（*P. sepium*）

2）马利筋属（*Asclepias*）。草本。单叶对生或轮生。聚伞花序，顶生或腋生。花萼 5 深裂，基部有 5～10 个腺体；花冠辐状，5 深裂，裂片反折，副花冠 5 片，贴生于合蕊冠上。雄蕊着生于花冠基部。蓇葖果披针形，种子顶端有白色绢质种毛。代表种马利筋（*A. curassavica*），花紫红色，副花冠黄色，花粉块着粉腺紫红色（图 16-110）。广布种、全株有毒，可作药用，有调经活血、止痛、退热消炎之功效。

图 16-110 马利筋（*A. curassavica*）

（46）茜草科（Rubiaceae）

$$*K_{(4-5)} C_{(4-5)} A_{4-5} \underline{G}_{(2:1:1-6)}$$

识别特征：木本。单叶，对生或轮生，常全缘；托叶 2，位于叶柄间或叶柄内侧，分离或合生成鞘状，明显且宿存。花两性，辐射对称，4 或 5 基数，单生或排成各种花序。花萼筒与子房连生，萼齿有时其中 1 枚增大成叶状；花冠合瓣，筒状、漏斗状或高脚碟状，裂片 4 或 5。雄蕊与花冠裂片同数而互生，着生花冠筒上。子房下位，1 至数室，常 2 室。胚珠 1 至多数。蒴果、核果或浆果。

本科约有 450 属 5 000 种以上，主产于热带和亚热带地区。我国有 70 多属 450 种以上，大部分产于西南和东南地区。

1）栀子花属（*Gardenia*）。灌木，托叶在基部与叶柄合生成鞘状。花大，花冠高脚碟形，5～12 基数。果有纵棱。代表植物栀子（*G. jasminoides*），叶对生或 3 叶轮生，仅背面脉腋有簇生毛，托叶在叶柄内侧合生成鞘状。花冠高脚碟形，裂片旋转状排列（图 16-111）。果黄色，卵状至长椭圆形，有 5～9 条翅状纵棱。常庭院栽培，花白色，芳香。

2）水团花属（*Adina*）。乔木或灌木。花多数，球形头状花序。花萼 5 裂。蒴果，中轴宿存，顶部有星状的萼裂片。代表植物水团花（*A. pilulifera*），叶有柄，头状花序明细腋生（图 16-112）。分布于长江以南各省区，耐水湿，为良好的固堤植物。

图 16-111 栀子（*G. jasminoides*）

图 16-112 水团花（*A. pilulifera*）

（47）茄科（Solanaceae）

$$*K_{(5)} C_{(5)} A_5 \underline{G}_{(2:2:\infty)}$$

属于管花目（Tubiflorae），本目共有紫草科、旋花科、花葱科、马鞭草科、唇形科、茄科、醉鱼草科、玄参科、紫葳科、爵床科、苦苣苔科、狸藻科等 26 科，其中唇形科、茄科、玄参科、旋花科、马鞭草科等为代表科。

识别特征： 草本或灌木，具双韧维管束。单叶互生。花两性，辐射对称，稀两侧对称；单生或聚伞花序；花萼合生，常 5 裂，结果时常增大宿存；花冠合瓣，常 5 裂；雄蕊 5，着生花冠管上，与之互生；花药 2 室，纵裂或孔裂。子房上位，2 心皮，2 室或不完全 3～5 室，中轴胎座。浆果或蒴果。

本科约有 80 属 3 000 种，分布于温带和热带地区。我国有 22 属 100 余种。

1）茄属（*Solanum*）。草本、灌木或小乔木。单叶互生，稀复叶。花组成顶生、侧生、腋生等聚伞花序。花两性，全部能孕或仅花序下部能孕；花冠星状辐射，常白色，有时青紫色。花冠筒短；雄蕊 4 或 5 枚，着生花冠筒喉部；花药顶孔开裂。子房 2 室。浆果。代表植物马铃薯（洋芋）（*S. tuberosum*），草本（图 16-113）。奇数羽状复叶，小叶大小相间；伞房状聚伞花序顶生，后侧生。原产于热带美洲，现广栽培。块茎食用或提取淀粉。茄（*S. melongena*），花色、果形、果色均因栽培品种差异极大。原产于亚洲热带，浆果食用。

图 16-113　马铃薯 / 洋芋（*S. tuberosum*）

2）辣椒属（*Capsicum*）。常灌木或一年生。单叶互生。花单生、双生或簇生于枝腋。花梗直立或俯垂。花萼阔钟状至杯状，果时稍增大宿存。花冠 5 裂，雄蕊 5，贴生花冠筒基部。浆果无汁，有空腔，果皮肉质，味辣。代表植物辣椒（*C. annuum*），原产于南美，在我国已有数百年栽培历史，本种有很多园艺品种，如朝天椒（*C. annuum* 'Conoides'）、五色椒（*C. annum* 'Cerasiforme'）等（图 16-114）。

图 16-114　辣椒（*C. annuum*）

3）番茄属（*Lycopersicon*）。草本。羽状复叶，小叶极不等大。圆锥式聚伞花序。花萼5或6裂片，果时不增大或稍增大；花冠5或6裂；雄蕊5或6枚，生于花冠喉部。子房2或3室。浆果。代表植物番茄（*L. esculentum*），全株被黏质腺毛（图16-115）。原产于南美洲，现世界广泛栽培。

图 16-115 番茄（*L. esculentum*）

4）枸杞属（*Lycium*）。灌木。单叶互生或因侧枝极度缩短而簇生。花有梗，单生叶腋或簇生侧枝上；花萼钟状，2～5齿裂，花后不增大，宿存；花冠漏斗状；雄蕊5，生于花冠筒的中部或中部以下。子房2室，柱头2浅裂。浆果，具肉质的果皮。代表植物枸杞（*L. chinense*），灌木，枝条细弱，有棘刺。花淡紫色。浆果红色，卵状。果实（中药称枸杞子）有解热止咳之功效；嫩叶可作蔬菜。

（48）旋花科（Convolvulaceae）

$$*K_5C_{(5)}A_5\underline{G}_{(2-4:2-4:1-2)}$$

识别特征：草本或木本，常有乳汁。单叶互生，稀复叶。花两性，辐射对称，单生或排成聚伞花序，有苞片。萼片5，分裂或仅基部联合，覆瓦状排列，常宿存；花冠钟状或漏斗状，5浅裂，开花前旋转排列；雄蕊5，着生花冠基部，与之互生。子房上位，常为环状呈分裂的花盘包围，中轴胎座，2（稀3或4）心皮，2（稀3或4）室，每室2胚珠。蒴果或浆果。

本科约有50属1 000种，广布全球，主产于热带和亚热带。我国有19属约120种，南北均有分布。

1）番薯属（*Ipomoea*）。草本或灌木，茎常缠绕。花白色、淡红色、红色、紫色等，瓣中带2条脉；花冠漏斗状或钟状；雄蕊和花柱内藏；子房2～4室，胚珠4；花粉粒球形，有刺。代表植物番薯（*I. batatas*），多年生草质藤本，具块根。单叶，全缘或3～5裂；萼片顶端芒尖状，种子无毛。原产热带美洲，现广泛栽培，是主要的薯类作物，除食用外还可酿酒、提取淀粉等。

2）马蹄金属（*Dichondra*）。匍匐小草本。叶小，具柄，肾形或心形，全缘。花小，单生叶腋。花萼5，分离；花冠宽钟形，深5裂。子房分裂，花柱2，基生，着生于离生心皮之间。代表植物马蹄金（*D. repens*），匍匐植物，叶心形、肾形或圆形。分布于长江以南各省区。

3）打碗花属（*Calystegia*）。叶箭形或戟形。花腋生，单一或聚伞花序；花萼近相等，包藏于2片叶状大苞片内；花白色或粉红色；柱头2，长圆形或椭圆形。蒴果。代表植物打碗花（*C. hederacea*），藤本，缠绕藤本，植株无毛。苞片覆盖萼片，较小，长0.8～1.6 cm。花冠漏斗状，粉红色。广布于我国各地。肾叶打碗花（*C. soldanella*）与之区别是苞片比萼片短；叶肾形。

4）牵牛属（*Pharbitis*）。与番薯属相近，区别是萼片顶端长而狭渐尖。子房3室，胚珠6。代表植物牵牛（*P. nil*），全株被粗硬毛。叶卵状心形，常3裂（图16-116）。分布于华东、华南、西南等地区，原产于热带美洲。

5）茑萝属（*Quamoclit*）。一年生柔弱缠绕草本。叶心形或卵形，有角或掌状3～5裂。花腋生，常二歧聚伞花序。萼片5，顶端芒状；花冠亮红色，稀黄色或白色，高脚碟状；雄蕊5，外伸。子房4室，4胚珠，花柱伸出，柱头头状。蒴果4室，4瓣裂。代表植物茑萝（*Q. pennata*），叶卵形或长圆形，羽状深裂至中脉（图16-117）。花序腋生，少数花组成聚伞花序。总花梗大多超过叶。花高脚碟状，深红色；雄蕊及花柱伸出，花丝基部具毛。蒴果卵形。原产于热带美洲，现广布于温带和热带地区，为庭院观赏植物。

图 16-116　牵牛（*P. nil*）

图 16-117 茑萝（*Q. pennata*）

（49）唇形科（Lamiaceae/Labiatae）

$$\uparrow K_{(5)} C_{(4-5)} A_{4, 2} \underline{G}_{(2:4:1)}$$

识别特征：草本，少木质，常含芳香油。茎 4 棱形。叶对生，少轮生。花两性，两侧对称。轮状聚伞花序，常再组成穗状或总状；花萼合生，萼筒 5 裂或 2 唇形，宿存；花冠合瓣，颜色多，2 唇形，上唇 2 裂，稀 3 或 4 裂，下唇 3 裂，稀 1 或 2 裂，花冠筒常有毛环；雄蕊 4，2 强或 2，着生花冠筒上。子房上位，常 4 深裂成 4 室，每室胚珠 1。果由 4 个小坚果组成。

本科约有 220 属 3 500 种，全球均有分布，地中海到小亚细亚的干旱地区最多。我国约有 98 属 800 种，全国均有分布。

1）鼠尾草属（*Salvia*）。花萼喉部无毛或微毛；花冠唇形，上唇直立而拱曲，下唇展开；雄蕊 2，花丝短，与药隔关节相连，常呈丁字形。小坚果。代表植物丹参（*S. miltiorrhiza*），多年生草本，根肥厚，外面红色。单叶羽状复叶，小叶 1～3 对，两面有毛。轮伞花序再组成顶生或腋生的假总状花序。根能活血化瘀。栽培观赏品种有一串红（*S. splendens*）（图 16-118）、朱唇（*S. coccinea*）等。

2）黄芩属（*Scutellaria*）。草本或亚灌木。轮生花序由 2 花组成；萼钟状，花后封闭，上唇背部有扩大的鳞片 1 个；花冠管基部上举，上唇 3 裂，兜状。代表植物黄芩（*S. baicalensis*），分布于我国北方各省区。根有清热消炎之功效。

图 16-118　一串红（*S. splendens*）

3）益母草属（*Leonurus*）。花萼漏斗状，5 脉，萼齿 2 唇形，前 2 齿靠合，多少反折，尖三角形；花冠筒内具微毛或有毛环，其上直伸或成囊状膨大；上唇微外凸，基部大部分狭窄，下唇直伸或平整。代表植物益母草（*L. japonicus*），叶两型，基生叶心形，茎生叶羽裂（图 16-119）。产于全国各地。全草活血调经，为妇科常用药。

4）薄荷属（*Mentha*）。芳香草本。叶背有腺点。腋生花束，花冠 4 裂，近辐射对称。雄蕊 4。代表植物薄荷（*M. canadensis*），茎叶被微毛，分布于全国各地，可做药材及食用香料。

图 16-119　益母草（*L. japonicus*）

5）罗勒属（*Ocimum*）。草本或亚灌木，极芳香。轮伞花序常 6 花，稀近 10 花，再组成穗状或圆锥花序；萼齿 5，呈 2 唇形，上唇 3 齿，花后反折，下唇 2 齿。花冠筒稍短于花萼。雄蕊 4，伸出。花柱超过雄蕊，先端 2 浅裂。效果卵形。代表植物罗勒（*O. basilicum*），一年生草本。总状花序，由多数 6 花交互对生的轮生花序组成。花淡紫色，或上唇白色下唇紫红色。全株入药，可治胃痛、胃痉挛、胃胀气等。我国各地均有栽培。

6）藿香属（*Agastache*）。叶不分裂。轮伞花序多花，聚成顶生穗状花序。花萼筒内部无毛；花冠 2 唇形，上唇直伸，2 裂，下唇开展，3 裂；雄蕊 4，比花冠长许多，后对雄蕊前倾，前对雄蕊直立上升。花柱先端短 2 裂。代表植物藿香（*A. rugosa*），花淡紫蓝色或紫红色。我国各地已广泛栽培。

7）风轮菜属（*Clinopodium*）。多年生草本。轮伞花序聚成圆锥花序。小苞片长，针状；花萼不整齐，花后明显二唇，基部一边膨胀，直伸或微弯。代表植物风轮菜（*C. gracele*），多年生草本。茎基部匍匐生根。花紫红色。分布于江南各省区。

8）紫苏属（*Perilla*）。一年生草本，有香味。叶绿色或常紫色，具齿。轮伞花序 2 花，组成顶生或腋生、偏向于一侧的总状花序，每花有苞片 1 枚，苞片大，宽卵形或近圆形。花小，具梗。花萼钟状，10 脉。花冠白色至紫红色。上唇 2 裂，下唇 3 裂。雄蕊 4。花盘环状。代表植物紫苏（*P. frutescens*），栽培极广，供药用和制香料用。入药以茎叶及果实为主。叶有供食用。

9）筋骨草属（*Ajuga*）。草本。茎 4 棱形。单叶对生。苞叶和茎叶同形。轮伞花序 2 至多花，组成穗状花序。花两性。花萼卵状或球状，常具 10 脉；萼齿 5，花冠紫色至蓝色。雄蕊 4，2 强。代表植物筋骨草（*A. ciliata*），主产于华东地区，全株入药，治肺热咯血、跌打损伤等（图 16-120）。

（50）马鞭草科（Verbenaceae）

$$\uparrow K_{(4-5)} C_{(4-5)} A_4 \underline{G}_{(2:4:2)}$$

识别特征：草本或木本。叶对生。单叶或复叶。花两性，两侧对称，多为总状、穗状花序、聚伞花序或圆锥花序。花萼钟状、杯状或管状，4 或 5 裂，宿存。花冠合瓣，常 4 或 5 裂，裂片覆瓦状排列。雄蕊 4，稀 2 或 5，着生于花冠管上。子房上位，2 心皮，4 室，稀

图 16-120　筋骨草（*A. ciliata*）

2～10室，每室有2胚珠。花柱顶生，柱头2裂或不裂。蒴果或浆果状核果。

本科约80属3 000余种，分布热带和亚热带地区。我国20属174种。

1）大青属（*Clerodendrum*）。花排成聚伞花序或圆锥花序。花萼在果后增大，有美丽颜色，钟形或杯形。花冠筒不弯曲。雄蕊4。代表植物大青（*C. crytophyllum*），茎、枝髓白而坚实，分布华东到西南，根叶入药（图16-121）。臭茉莉（*C. philippinum*），落叶灌木，叶揉之有臭味。花萼紫红，花冠粉红或白色。分布于中南、西南地区及浙江南部。

2）牡荆属（*Vitex*）。乔木或灌木，掌状复叶。花萼在果实不显著增大，绿色。花冠2唇形，下唇中央1裂片较大。代表植物黄荆（*V. negundo*），灌木，遍布全国。枝叶和果实有香味，皆可入药。

3）紫珠属（*Caliicarpa*）。灌木，常被各种绒毛和黄色或红色腺点。花4数，排成二歧聚伞花序。代表植物紫珠（*C. bodinieri*），小枝、叶柄和花序均被粗糠状星状毛。叶片两面密生暗红色腺点。聚伞花序，4或5次分歧。花冠紫色，被星状柔毛和暗红色腺点。果实球形，熟时紫色，无毛（图16-122）。全株入药，能通经活血。本种与老鸦糊（*C. giraldii*）极相似，区别在于本种较老鸦糊叶背被毛较密，两面密生暗红色腺点，干后暗棕褐色；且花序较松散，果实常较小。

4）莸属（*Caryopteris*）。灌木。单叶对生，常具黄色腺点。聚伞花序腋生或顶生，常再排列成伞房状或圆锥状。萼宿存，钟状，常5裂，结果略增大；花冠常5裂，二唇形，下唇中间1裂片较大，全缘至流苏状。雄蕊4，伸出花冠管外。蒴果。代表植物单花莸（*C. nepetaefolia*），单花腋生，花萼杯状，两面被柔毛和疏生腺点；花冠淡蓝色，下唇中裂片较大。蒴果4瓣裂。有祛暑解表、利尿解毒之功效。产于江苏、安徽、浙江和福建等地。

图 16-121 大青（C. crytophyllum）

图 16-122 紫珠（C. bodinieri）

（51）玄参科（Scrophulariaceae）

$$\uparrow K_{4-5,(4-5)} C_{(4-5)} A_{4,2,5} \underline{G}_{(2:2:\infty)}$$

识别特征：草本或木本；单叶，常对生。花两性，两侧对称，排成各种花序；花萼 4 或 5，分离或合生，宿存；花冠合瓣，多为 2 唇形，裂片 4 或 5，花蕾时覆瓦状排列；雄蕊 4，2 强，稀 2 或 5，着生于花冠筒上，与花冠裂片互生。子房上位，2 室，胚珠多数，中轴胎座，花柱顶生。蒴果，稀浆果，常有宿存花柱。多为种植。

本科有 200 余属约 3 000 种，全球分布；我国有 54 属 600 余种，全国均产，主产西南。

1）泡桐属（*Paulownia*）。落叶乔木。叶对生。花大排成顶生的圆锥花序。花萼革质，5 裂，裂片肥厚；花冠唇形，上唇 2 裂，反卷；雄蕊 4，2 强。子房上位，2 室，中轴胎座。蒴果，室背开裂。代表植物泡桐（*P. fortunei*），分布于黄河流域至华南地区。桐（毛泡桐）（*P. tomentosa*），分布于华北至华南北部，黄河中下游地区普遍（图 16-123）。两者都是优良的速生树种。

2）地黄属（*Rehmannia*）。草本，植株多被长柔毛和腺毛。花具梗，单生或排成总状花序；萼卵状钟形，花冠紫红色或黄色，筒状；雄蕊 4，2 强，内藏；子房长卵形，基部有环状或浅杯状花盘，2 室。蒴果具宿萼。代表植物地黄（*R. glutinosa*），根肥厚，黄色，含地黄素等。主产于河南。新鲜的根称鲜地黄，可清热凉血；根干后称生地，可滋阴养血。生黄加酒蒸煮后称熟地，可滋肾补血。

3）毛地黄属（*Digitalis*）。草本。花常总状花序；花萼 5 裂，分裂几达基部，裂片宽；花冠紫色、淡黄色或白色，花冠裂片 2 唇形，上唇极短，下唇中裂片最长；雄蕊 4，2 强，均藏于花冠筒内。蒴果卵形。代表植物毛地黄（*D. purpurea*），除花冠外，全体被灰白色短柔毛和腺毛。基生叶莲座状。萼钟状，果期略增大；花冠紫红色，内具斑点（图 16-124）。叶含毛地黄素，为强心药。

4）玄参属（*Scrophularia*）。草本。叶对生。花为聚伞花序再组成各式花序。花萼 5 裂，花冠 2 唇形；雄蕊 4，内藏或伸出花冠之外。子房具 2 室，中轴胎座。蒴果，室间开裂。代

图 16-123   桐毛泡桐（*P. tomentosa*）

图 16-124　毛地黄（*D. purpurea*）

表植物玄参（*S. ningpoensis*），支根数条，纺锤形或胡萝卜状膨大。茎 4 棱。花序为大圆锥花序。花紫褐色；能育雄蕊 4，退化雄蕊 1，位于后方，大而近于圆形。蒴果。主产于浙江。

5）婆婆纳属（*Veronica*）。草本。叶多对生。总状花序顶生或侧生叶腋。花萼裂片，4或 5 枚；花冠筒短；雄蕊 2；花柱宿存，柱头头状。蒴果，室背 2 裂。代表植物阿拉伯婆婆纳（*V. persica*），总状花序很长，花萼花期长仅 3～5 mm，果期增大 8 mm。花冠蓝色，紫色或蓝紫色。雄蕊短于花冠。蒴果肾形。分布于华东、华中及西南等地。

本种常有一些观赏草本：原产欧洲的金鱼草（*Antirrhinum majus*），原产美洲的香彩雀（*Angelonia salicariifolia*）、炮仗竹（*Russelia equisetiformis*）等。

（52）忍冬科（Caprifoliaceae）

$$↑, *K_{(4-5)} C_{(4-5)} A_{4-5} \overline{G}_{(2-5:2-5:1-\infty)}$$

属于川断续目（Dipsacales），本目共有忍冬科、五福花科、败酱科、川续断科 4 科，其中忍冬科为代表性科。

识别特征：灌木，小乔木。叶对生，单叶或复叶。花两性，辐射对称或两侧对称，4 或5 基数。聚伞花序或由此构成各式花序，少双生。花萼合生，萼片 4 或 5；花冠合瓣，裂片4 或 5；雄蕊 4 或 5，着生花冠筒上，与花冠裂片互生。子房下位，2～5 室，每室 1 至多数胚珠。浆果、蒴果或核果。

本科有 14 属约 300 多种，主产于温带地区。我国有 12 属 200 余种，分布南北各地。

1）忍冬属（*Loniceara*）。藤本或灌木。单叶对生。花成对着生。花冠 2 唇形，上唇 4，下唇 1，反转。浆果。代表植物忍冬（金银花）（*L. japonica*），落叶攀缘灌木（图 16-125）。花成对腋生，苞片大，叶状。萼筒 5 裂，花冠二唇形，初开白色，略带紫色，后变黄色，有香味。我国南北均产，花蕾入药，可清热解毒。金银忍冬（金银木）（*L. maackii*），灌木。总花冠短于叶柄。两花萼筒不相连生。花冠先白色，后变黄色，有香味。花冠二唇形，雄蕊5，花柱 1，浆果小，红色（图 16-126）。分布于东北、华北、华中和西南地区。

图 16-125　忍冬 / 金银花（*L. japonica*）

图 16-126　金银忍冬 / 金银木（*L. maackii*）

2）荚蒾属（*Viburnum*）。落叶或常绿灌木，小乔木。单叶对生。聚伞花序成伞形或圆锥状，有时花序边缘有不孕花。花小，萼小，4 齿裂。花冠合瓣，钟状或管状，白色或粉红色，5 裂；雄蕊 5，子房 1 室，核果。代表植物琼花（*V. macrocephalum* f. *keteleeri*），聚伞花序周边有大型不孕花，白色，中央为两性的能孕花（图 16-127）。蝴蝶戏珠花（*V. plicatum* var. *tomentosum*），花序边缘为不孕花，常 4 枚扩大，状似蝴蝶停在花丛中，中间为能孕花。粉团荚蒾（*V. plicatum*），冬芽有 1 或 2 对鳞片，花序全为不孕花。荚蒾（*V. dilatatum*），落叶灌木，花冠白色，全为可孕花，白色（图 16-128）。长江流域各省均有。

3）接骨木属（*Sambucus*）。落叶灌木。奇数羽状复叶，对生，小叶有锯齿。二歧聚伞花序或圆锥花序，顶生。花萼 5 裂，花冠 5 裂，白色，雄蕊 5。浆果状核果。代表植物接骨木（*S. williamsii*）落叶灌木。奇数羽状复叶，揉碎后有臭味。圆锥花序顶生。花两性，黄白色，雄蕊 5，生于花冠裂片上。果熟时红色（图 16-129）。

4）锦带花属（*Welgela*）。落叶灌木，幼枝四方形。叶对生，边缘锯齿。花单生或 2～6 朵组成聚伞花序生于侧生短肢上部叶腋或枝顶。花冠白色、粉红色至深红色，钟状漏斗形，5 裂；雄蕊 5，着生花冠筒中部，内藏。子房上部 1 侧生 1 球形腺体。柱头头状，伸出花冠筒外。蒴果，2 瓣裂。代表植物锦带花（*W. florida*），伞形花序，花冠漏斗钟形，外面粉红色，里面灰白色（图 16-130）。蒴果。分布于东北、华北地区。

5）六道木属（*Abelia*）。灌木。叶对生。单花、双花或多花的总花梗顶生或生于侧枝叶腋。花冠白色或淡玫瑰红色；雄蕊 4，着生花冠筒中部或基部，花药黄色。瘦果，有宿存的萼裂片。代表植物六道木（*A. biflora*），茎干有 6 条纵沟，故名。花 2 朵生于侧枝顶。两性，萼 4 裂片，叶

图 16-127 琼花（*V. macrocephalum* f. *keteleeri*）

图 16-128　荚迷（*V. dilatatum*）

图 16-129　接骨木（*S. williamsii*）

图 16-130 锦带花（*W. florida*）

状，绿色，花冠管状，于淡黄或白色带粉色，裂片 4，雄蕊 4，内藏。分布于东北、华北地区。

6）猬实属（*Kolkwitzia*）。落叶灌木。叶对生。由两花组成聚伞花序呈伞房状，顶生或腋生侧枝之顶。苞片 2；萼檐 5 裂，裂片狭，被疏柔毛；花冠钟状，5 裂；雄蕊 4，2 强，着生花冠筒内。瘦果。代表植物猬实（*W. amabilis*），花冠淡红色，基部甚狭，中部以上突然扩大，长短柔毛。花柱有软毛，柱头圆形，不伸出花冠筒外。果实密被黄色刺刚毛，冠以宿存的萼齿。我国特有种。

（53）桔梗科（Campanulaceae）

$$\uparrow, * K_{(5)} C_{(5)} A_5 \overline{G}_{(3:3:\infty)}$$

属于桔梗目（Campanulales），本目共有花柱草科、草海桐科、桔梗科、菊科等 8 科，其中桔梗科、菊科为代表科。

识别特征：草本，稀木本，常含乳汁。叶常互生。花两性，总状或圆锥花序，5 基数，多辐射对称或两侧对称；花萼合生，5 裂，宿存；花冠合瓣，常钟状，5 裂；雄蕊 5，与花冠裂片互生。子房下位或半下位，3 室或 2～5 室，中轴胎座，每室多胚珠，柱头 3～5 裂。蒴果，稀肉质浆果。

本科有 50 属 1 000 余种，分布于温带和亚热带地区。我国有 15 属约 134 种，主要分布于西南地区。

1）沙参属（*Adenophora*）。多年生草本，根肉质肥厚。叶互生。疏总状或圆锥花序。花 5 基数，花冠钟状，蓝紫色或白色。子房下位，3 心皮，3 室，花柱长，柱头 3 裂。蒴果熟时侧面开裂。代表植物轮叶沙参（*A. terraphylla*），茎直立，叶 4 轮或 5 轮生。花序分枝轮生，萼裂片针状或钻状，全缘。花冠淡紫色，小，狭钟形。蒴果。分布东北、华北至南方。根入药，称"南沙参"。

2）党参属（*Codonopsis*）。叶互生、对生或 4 叶轮生，有叶柄。花单生、叶腋或顶生。花两性，绿紫色或白色，萼 5 裂，花冠钟形，5 裂，雄蕊 5。子房下位或半下位，3～5 室，胚珠多数，柱头 3～5 裂。蒴果，室背开裂。代表植物羊乳（*C. lanceolata*），根粗大，茎缠绕，多分枝。枝端常 4 叶轮生。花生侧枝顶，下垂，宽钟状，浅绿色带黄色，内面有褐紫斑。蒴果圆锥形。茎叶古方用以治疗恶疮。

3）桔梗属（*Platycodon*）。有乳汁。根胡萝卜状。叶轮生或互生。花萼 5 裂，花冠宽漏斗状钟形，5 裂；雄蕊 5，离生，花丝基部扩大成片状，且在扩大部分有毛。子房半下位，5 室，柱头 5 裂，蒴果，室背 5 裂，裂片带隔膜。仅 1 种，桔梗（*P. grandiflorus*），多年生草本，根粗。叶轮生。花大，单朵或数朵顶生；花萼筒被白粉；花冠钟状，蓝色或紫色（图 16-131）。蒴果。广布于南北各省区。其根入药，可镇咳平喘。

图 16-131　桔梗（*P. grandiflorus*）

（54）菊科（Compositae/Asteraceae）

$$↑ * K_{0-∞} C_{(5)} A_{(5)} \overline{G}_{(2:2:1)}$$

识别特征：草本，灌木或藤本。叶互生，稀对生或轮生。花两性或单性，少数或多数聚成头状花序，托以 1 或多层总苞片组成的总苞，花序托凸、扁或圆柱形。平滑或有无数小窝孔。裸露或有各式托片。头状花序排列成总状、聚伞状、伞房状或圆锥状；头状花序的花有同型，即全为管状花或舌状花；或为异型，即外围舌状花，中央管状花。萼片变态为冠毛状、刺状或鳞片状；花冠合瓣，管状、舌状、2 唇形、4 或 5 裂；雄蕊 5，稀 4，花药合生成 1 小管，极少离生，花丝分离，生于花冠筒上。子房下位，1 室，1 胚珠，花柱 2 分枝。菊果。

本科约有 1 100 属 20 000 种，广布于全世界。我国有 180 余属 2 000 多种。

1）向日葵属（*Helianthus*）。代表植物向日葵（*H. annuus*），一年生草本，栽培油料植物。叶互生，头状花序大形，外被数层叶状苞片组成的总苞。边花舌状，常无性，中央花筒状花，开花由外向中心，无限花序（图 16-132）。花两性，花冠黄色，下部少膨大，聚药雄蕊，花丝分离，生于花冠筒部。瘦果。

图 16-132　向日葵（*H. annuus*）

2）菊属（*Dendranthema*）。多年生草本。叶不分裂或一或二回掌状或羽状分裂。头状花序异型，单生茎顶。边缘花雌性，舌状，中央花两性，管状。舌状花黄色、白色或红色。管状花黄色。瘦果具 5～8 条纵脉纹。代表植物菊花（*D. morifolium*），色彩丰富，或白之素雅，或黄而雅淡，深受国人喜爱的一种花卉植物。品种多达 3 000 多个。花亦可药用。

3）苍耳属（*Xanthium*）。草本，根纺锤形。茎直立，具糙伏毛，有时具刺。单叶互生。头状花序单性，雌雄同株，在叶腋单生或密集成穗状，或成束生于茎枝顶端。雄头状花序生于茎枝上部，球形，具多数不结实的两性花；雌头状花序单生或密集生于茎枝下部，卵圆形，各有 2 结实的小花。瘦果 2，倒卵形，藏于总苞内，无冠毛。代表植物苍耳（*X. sibiricum*），雌头状花序椭圆形，外层总苞片小，披针形，内层总苞片结合成囊状体，在瘦果成熟时变坚硬，外生钩刺，顶端有 2 喙。广布种，常见于田间。种植可榨油。果实供药用。

4）蒲公英属（*Taraxacum*）。草本，具白色乳状汁液。叶基生，密集成莲座状，倒披针形，边缘具波状齿或羽状深裂。头状花序单生于花葶上，总苞钟状，淡绿色；头状花序全为舌状花，两性，结实，常黄色，稀白色、红色等；雄蕊 5，花药聚合。瘦果纺锤形。代表植物蒲公英（*T. mongolicum*），广布种，全草供药用，有清热解毒、消肿散结之功效（图 16–133）。

图 16–133 蒲公英（*T. mongolicum*）

16.4.2 单子叶植物纲（Monocotyledoneae）

（55）泽泻科（Alismataceae）

$$* P_{3+3} A_\infty \underline{G}_{(\infty-6:1:1-2)}$$

属于沼生目（Helobieae），本目共有泽泻科等 9 科，其中泽泻科为代表科。

识别特征：水生或沼生草本，有根状茎。叶基生，基部鞘状。花两性或单性，辐射对称，排成总状或圆锥花序。花被片 6，外轮 3，萼片状，宿存，内轮 3，白色，花瓣状，脱落；雄蕊 6 至多数；心皮 6 至多数，螺旋状排列于凸起的花托上或轮状排列扁平的花托上。子房上位，1 室，胚珠 1 或数个。瘦果。

本科约有 13 属 70 多种，广布于全球。我国有 5 属约 13 种，南北均产。

1）泽泻属（*Alisma*）。水生草本。叶基生，沉水或挺水，全缘。圆锥状复伞形花序，两性花，辐射对称；花被片 6，2 轮；雄蕊 6，着生内轮花被片基部两侧。代表植物泽泻（*A. orientale*），沉水叶条形，挺水叶宽披针形至卵形。花两性，外轮花被片广卵形，内轮花被片近圆形，白色、粉红色；花托平凸。常作观赏花卉用（图 16–134）。广布于各省，生于沼泽地，球茎可入药。

2）慈姑属（*Sagittaria*）。草本。具根状茎、匍匐茎、球茎和珠芽。沉水叶带状，漂浮叶椭圆形，挺水叶箭形。总状花序；花两性，或单性；雄蕊多数，心皮离生，多数并多轮着生于球形花托上。代表植物慈姑（*S. sagittifolia*），有匍匐枝，枝端膨大成球茎（慈姑）。叶箭形，长柄（图 16–135）。花单性；总状花序下部雌花，上部雄花。南方栽培，球茎可供食用或制淀粉。

图 16-134 泽泻（*A. orientale*）

图 16-135 慈姑（*Sagittaria sagittifolia*）

（56）百合科（Liliaceae）

$$* P_{3+3} A_{3+3} \underline{G}_{(3:3:\infty)}$$

属于百合目（Liliflorae），本目共有百合科、百部科、石蒜科、仙茅科、箭根薯科、雨久花科、薯蓣科、鸢尾科等 17 科，其中百合科、石蒜科、鸢尾科为代表科。

识别特征：多年生草本；具根状茎、鳞茎或块茎。叶基生或茎生；多互生，少对生或轮生，具弧形平行脉。总状花序；花两性，常辐射对称；花被 6，2 轮；雄蕊 6，与花被同数。子房上位，常 3 室，具中轴胎座。蒴果或浆果。

本科为单子叶植物的一个大科，约有 240 属 4 000 多种，广布于世界各地。我国有 50 多属 400 多种，主要分布于西南地区。

1）百合属（*Lilium*）。鳞茎卵形；鳞片肉质，白色。叶椭圆形至条形，平行脉。花大，单生或总状花序。花被 6，2 轮，常合生成漏斗状或钟状，基部有蜜腺；雄蕊 6，花药丁字药。代表植物野百合（*L. brownii*），叶披针形；花单生或几朵组成近伞形；花喇叭形，有香味，乳白色，无斑点。蒴果矩圆形。广布种。鳞茎含丰富淀粉，可食，亦可入药。卷丹（*L. lancifolium*），花被有紫黑色斑点，向后反卷，有珠芽（图 16-136）。几遍全国。鳞茎含淀粉，供食用、酿酒和药用；可作观赏植物。

图 16-136   卷丹（*L. lancifolium*）

2）黄精属（*Polygonatum*）。根状茎圆柱形，具节和瘢痕。单叶互生，对生或轮生，叶顶端具卷须。花腋生，单生或伞形、伞房或总状花序；花被片 6，下部合生管状；雄蕊 6，内藏，花丝下部贴生花被管上。浆果。代表植物黄精（*P. sibiricum*），根状茎圆柱状，由于结节膨大，呈一头粗，一头细。叶轮生，4～6 枚，条状披针形。花序常 2～4 朵；花乳白色至淡黄色。广布种。根状茎入药，称"黄精"。

3）萱草属（*Hemerocallis*）。根状茎短。叶基生，2 列，带状。花大，花被基部合成漏斗状，黄色或橘黄色；花被 6，长于花被管，内 3 片比外 3 片大；雄蕊 6，生于花被管上端。蒴果。花芽可作蔬菜，干制品称"黄花菜"，供食用。代表植物黄花菜（*H. citrina*），重要的经济作物。花制成干菜，称黄花菜，是很受欢迎的食品；还有健胃、利尿、消肿之功效；根可酿酒；叶可造纸和编制草垫；花葶干后可作燃料。萱草（*H. fulva*），花橘红色，无香味（图 16-137）。根作药用，现培育很多观赏品种。

4）葱属（*Allium*）。多年生草本，大部分种具特殊葱蒜气味；具根状茎或不明显；鳞茎有鳞被。叶形多样，基部与闭合的叶鞘相连。花葶空心，伞形花序，未开时为总苞所包，总苞一侧开裂或裂成 2 至数片。花被 6，2 轮，分离或仅基部合生成管状；雄蕊 6，2 轮。子房上位。为常见的蔬菜。代表植物葱（*A. fistulosum*），全国各地广为栽培，作蔬菜食用；鳞茎

图 16-137　萱草（*H. fulva*）

和种子亦入药。韭菜（*A. tuberosum*），花白色。全国广为栽培，亦有野生植株。叶、花葶和花均作蔬菜食用；种子入药。

5）天门冬属（*Asparagus*）。叶退化为鳞片状，常为绿色的叶状枝。花序生于叶状枝叶腋。花小，每 1～4 朵腋生或多朵排成总状或伞形花序。浆果。代表植物天门冬（*A. cochinchenensis*），攀缘植物。根稍肉质，呈纺锤状膨大。叶状枝常 3 个成簇，扁平或由于中脉龙骨状而呈三棱形，镰刀状。叶鳞片状，基部具硬刺。花单性，雌雄异株，常 2 朵腋生，淡绿色。浆果红色。广布种。块根入药，有滋阴润燥、清火止咳之效。

6）菝葜属（*Smilax*）。攀缘灌木，茎常具刺。单叶互生，叶柄两侧有卷须。花单性异株，排成腋生的伞形花序。花被片 6，离生；雄蕊 6。浆果。代表植物菝葜（*S. china*），攀缘灌木，茎有疏生的刺。叶薄革质，干后常红褐色，喜爱暗淡绿色，少苍白色；叶柄有卷须。浆果红色，有粉霜（图 16-138）。根状茎含淀粉，可酿酒。

7）郁金香属（*Tulip*）。多年生草本，鳞茎有膜或纤维状外皮。叶基生，常 2～4 片。花葶单生，仅 1 花，直立；花被 6，分离；雄蕊 6，内藏。蒴果室背开裂。代表植物郁金香（*T. gesneriana*），花单朵顶生，型大而美丽，红色或杂有白色或黄色（图 16-139）。雄蕊 6，等长。原产于欧洲，我国引种栽培。

（57）石蒜科（Amaryllidaceae）

$$* \uparrow P_{(3+3)} A_{(3+3)} \overline{G}_{(3:3:\infty)}$$

识别特征：多年生草本，具鳞茎、根状茎或块茎。叶多基生，全缘。花鲜艳，两性，辐射对称或两侧对称，单生或数朵排成顶生伞形花序，具佛焰状总苞；花被瓣状，6，2 轮，分离或基部合成成筒，具副花冠或无；雄蕊 6，2 轮，花丝基部合成筒。子房下位，3 室胚珠少至多数。蒴果。

本科约有 90 属 1 200 余种，分布于温带地区。我国约有 6 属 90 多种，广布于南北各省。

1）石蒜属（*Lycoris*）。具地下鳞茎，近球形或卵形，皮褐色或黑褐色。叶带状或条状。花葶实心，花被基部合成漏斗状，白色，乳白、奶黄等；雄蕊 6，生于喉部，花丝分离，花丝间有鳞片。子房下位。可入药或栽培供观赏。代表植物石蒜（*L. radiata*），花鲜红色（图

图 16-138　菝葜（ *S. china* ）

图 16-139　郁金香（ *T. gesneriana* ）

16-140）。鳞茎含石蒜碱等十多种生物碱，有解毒、祛痰、利尿等功效，主治咽喉肿痛、毒蛇咬伤等。分布于长江流域至西南地区。忽地笑（*L. aurea*），花鲜黄色或橘黄色，反卷、皱缩（图 16-141）。分布于长江以南各省区。本种鳞茎为提取加兰他敏的良好原料，为治疗小儿麻痹后遗症的药物。

图 16-140　石蒜（*L. radiata*）

图 16-141　忽地笑（*L. aurea*）

2）水仙属（*Narcisus*）。鳞茎卵圆形，具膜质有皮鳞茎。叶带状直立。伞形花序；佛焰苞状总苞膜质，下部管状；花直立或下垂，花被高脚碟状，筒部 3 棱；副花冠明显，常杯状。蒴果。代表植物水仙（*N. tazetta* var. *chinensis*），花洁白，副花冠黄色，杯状，不皱缩（图 16-142）。栽培供观赏。花香优雅，鳞茎有毒。

图 16-142　水仙（*N. tazetta* var. *chinensis*）

（58）鸢尾科（Iridaceae）

$$*,\ 稀\uparrow\ P_{(3+3)}\ A_3\ \overline{G}_{(3:3:\infty)}$$

识别特征：多年生草本，具根状茎，球茎或鳞茎。叶通常基生，为条形或剑形，常沿中脉对折成 2 列状排列，基部鞘状，相互套叠。花单生，数朵簇生，或总状花序、穗状花序、聚伞花序或圆锥花序；花两性，色泽鲜艳。辐射对称；花或花序下有 1 至多枚苞片；花被片 6，花瓣状，2 轮；雄蕊 3，着生外轮花被裂片上，与之对生。子房下位，3 室，中轴胎座。胚珠多数，花柱 1，上部常 3 裂，扁平呈花瓣状或圆柱形。蒴果，3 室，室背开裂。种子多数。

本科约 60 属，800 种。广布于热带、亚热带和温带地区。我国有 11 属 75 种。

1）鸢尾属（*Iris*）。多年生草本。根状茎长条形或块状。叶多基生，相互套叠，成 2 列。叶剑形或条形，叶脉平行。花较大，蓝紫色、紫色、黄色、白色等。花被裂片 6，2 轮；雄蕊 3，雌蕊花柱单一，上部 3 分枝。子房下位，3 室，胚珠多数。蒴果椭圆形。全世界约 300 种，分布于北温带地区，我国约 60 种。代表植物鸢尾（*I. tectorum*），叶剑形，花大，蓝紫色，外轮花被裂片上有鸡冠状附属物（图 16-143）。根状茎药用。作庭院观赏植物。

2）射干属（*Belamcanda*）。多年生直立草本。根状茎为不规则块状。叶剑形，扁平。二岐状伞房花序顶生。花橙红色，花被裂片 6，2 轮排列。子房下位，3 室，中轴胎座，胚珠多数。蒴果黄绿色，成熟时 3 瓣裂。代表植物射干（*B. chinensis*），多年生直立草本。根状茎为不规则块状。叶互生，嵌迭状排列，剑形。花序顶生，叉状分枝，每分枝顶端聚生数朵花。花橙红色，散有紫褐色斑点。蒴果，倒卵形或长椭圆形（图 16-144）。供药用和观赏。

图 16-143　鸢尾（*I. tectorum*）

图 16-144　射干（*B. chinensis*）

3）番红花属（*Crocus*）。多年生草本。球茎圆球形，具膜质的包被。叶条形，丛生，叶基部有膜质的鞘状叶。花茎短，不伸出地面。花白色、粉红色、黄色等。花被裂片6，2轮排列。雄蕊3，花柱1，上部3分枝；子房下位，3室。蒴果小，卵圆形，成熟室背开裂。代表植物番红花（*C. sativus*），多年生草本。球茎扁圆球形。叶基生，条形，灰绿色，边缘反卷。叶丛基部有鞘状叶。花茎短，淡蓝色、红紫色或白色，有香味（图16-145）。花被裂片6，花柱橙红色，上部3分枝。蒴果椭圆形。原产于欧洲南部，我国各地常见栽培。花柱和柱头供药用，有活血、化瘀镇痛之效。

4）唐菖蒲属（*Gladiolus*）。多年生草本，地下为球茎。叶剑形，2列，互相套叠。花两侧对称，大而美丽，颜色多，有红、紫、黄、白等。花被裂片6，2轮排列；雄蕊3，着生在花被管上。子房下位，3室。胚珠多数。代表植物唐菖蒲（*G. gandavensis*），球茎扁球形，花被管弯曲，雄蕊偏向花的一侧（图16-146）。原产于南非，球茎供药用，有清热解毒之功效。

图 16-145　番红花（*C. sativus*）

图 16-146　唐菖蒲（*G. gandavensis*）

（59）禾本科（Gramineae/Poaceae）

$$* P_{2-3}A_{3+3+3}\underline{G}_{(2-3:1:1)}$$

属于禾本目（ Graminales **），仅 1 科。**

识别特征：草本或木本。地上茎称秆，圆柱形，有显著节和节间，节间多中空，少实心（如高粱、甘蔗等）。单叶互生，2 列，叶分为叶鞘、叶舌和叶片，其中叶鞘包着秆，常 1 边开裂；叶舌位于叶鞘顶端与叶片相连处的近轴面，常为低矮的膜质薄片，或由鞘口缝毛来代替，在叶鞘顶端之两边还可各伸出一突出体，即叶耳，其边缘常生纤毛或缝毛；叶片常呈窄长的带形，基部着生叶鞘顶端。风媒花，花以小穗为单位，小穗有小穗轴，基部常 1 对颖片，生在下面或外面的 1 片称外颖，生在上方或里面的称内颖；小穗轴上有 1 至数朵小花，每一小花有苞片 2，称外稃和内稃。外稃顶端或背部常具芒，一般厚而硬；内稃常具 2 隆起如脊的脉，并常为外稃包裹，在子房基部，内稃和外稃之间有 2 或 3 枚特化为透明而肉质的小鳞片（相当于花被片），称为浆片或鳞被。浆片在开花时极度吸水膨胀，撑开 2 个稃片，使花药和柱头伸出稃片外进行传粉。因此，小花由外稃、内稃、浆片、雄蕊和雌蕊组成。小花两性，稀单性；小穗常成对生于穗轴各节。小穗轴常在颖片的上方或下方具关节，使小穗成熟时脱落；雄蕊常 3，花丝细长，丁字形花药；雌蕊 1，2 或 3 心皮，子房上位，1 室，1 胚珠，柱头常羽毛状或刷帚状。颖果，稀浆果。

本科是种子植物中的一个大科，约有 660 属 10 000 余种，常分为竹亚科和禾亚科。我国有 225 属 1 200 多种。禾本科广布于全球，是陆地植被的主要组成，是各种草原类型的重要组成种类。本科还具有重要的经济价值，不但是人类粮食的主要来源，也是动物饲料的主要来源。

亚科 1：竹亚科（ Bambusooideae ）

识别特征：秆为木质，节间中空。秆节隆起，具明显的秆环（秆节）和箨环（箨节）及节内；秆生叶特化为秆箨，明显分为箨鞘和箨叶两部分；箨鞘抱秆，外侧具刺毛，内侧光滑；与箨叶连接处有箨舌和箨耳；箨叶常缩小无明显的主脉。枝生叶具明显的中脉和短柄，与叶鞘连接处具节且易脱落。

本亚科约有 66 属 1 000 种，主要分布于亚洲的热带地区。我国约有 30 属 400 种，主要分布于西南、华南及台湾地区。多数是重要的资源植物。

1）箬竹属（ Indocalamus ）。灌木类。叶片通常大型，具有多条次脉及小横脉。花序呈总状或圆锥状；小穗含数朵乃至多朵小花，疏松排列于小穗轴上；颖 2 或 3，卵形或披针形；外稃几为革质，呈长圆形或披针形；内稃稍短于外稃，稀等长，常先端具二齿或为一凹头，背部具 2 脊；鳞被 3；雄蕊 3，花丝互相分离；子房无毛，花柱 2 枚，互相分离或基部稍连合，上部有呈羽毛状之柱头。颖果。代表植物阔叶箬竹（ I. latifolius ），分布于华东地区及陕西南部。竿宜作毛笔杆或竹筷，叶片巨大可作斗笠以及船篷等防雨工具，也可用来包裹棕子。

2）刚竹属（ Phyllostachys ）。秆散生，圆筒形，在分枝一侧扁平或有沟槽，每节有 2 分枝。代表植物毛竹（ P. edulis ），高大竹类，秆圆筒形，新秆有白粉（图 16-147）。秆环平，箨环突出使竹秆各节只有 1 环；箨鞘厚革质，背部密生刺毛和棕黑色斑点；箨耳小，耳缘有毛。分布于长江流域及长江以南各省区，是我国重要的经济竹种。笋可食用，秆供建筑，也可编织各种器具等。紫竹（ P. nigra ），秆径 2～4 cm，深棕色至紫黑色，秆坚韧，可制箫、笛、手杖等，亦供观赏（图 16-148）。

图 16-147　毛竹（*P. edulis*）

图 16-148　紫竹（*P. nigra*）

亚科2：禾亚科（*Agrostidoideae*）

识别特征：草本，秆为草质。叶片常狭长披针形或条形，具中脉，叶片与叶鞘之间无明显的关节，不易脱落。

本亚科约有575属9 500种，广布。我国有170多属600余种。

3）稻属（*Oryza*）。小穗两侧压扁具脊，含3小花；下方2小花退化而仅存极小的外稃，位于顶生的两性小花之下；颖强烈退化；小花外稃具芒或无，内稃3脉。分布于亚洲和非洲。代表植物稻（*O. sativa*），广泛栽培，品种极多，是我国栽培历史最悠久的作物。

4）小麦属（*Triticum*）。草本。穗状花序，小穗两侧压扁，常单生于穗轴，小穗有花3～9朵。颖近革质，卵形，主脉隆起成脊，3至数脉。颖果易与稃片分离。代表植物小麦（*T. aestivum*），广泛栽培。我国北方重要的粮食作物。麦芽助消化，麦麸是家畜的饲料；麦秆编制草帽、刷子、玩具等。

5）大麦属（*Hordeum*）。草本；穗状花序；穗轴每节生3小穗，中间小穗无柄，两侧小穗常有柄，每小穗含1花。代表植物大麦（*H. vulgare*），颖果成熟后黏着外稃、内稃，不易脱落。果可作制啤酒和麦芽糖的原料。青稞（*H. vulgare* var. *nudum*），颖果成熟后易脱出稃体，不黏着。我国北方、西南各省高寒地区常栽培；果可作粮食或酿青稞酒。

6）高粱属（*Sorghum*）。草本；圆锥花序；小穗两性，背腹压扁或略呈圆筒状，成堆生于穗轴各节或顶生3枚；无柄小穗结实，常仅生1花；有柄小穗不孕。代表植物高粱（*S. bicolor*），我国南北各省均有栽培（图16–149）。

图 16-149 高粱（*S. bicolor*）

（60）棕榈科（Palmae/Arecaceae）

$$♂*P_{3+3}A_{3+3} \qquad ♀*P_{3+3}\underline{G}_{3:3:1} \text{ 或 } \underline{G}_{(3:3:1)}$$

属于棕榈目（Palmales），仅 1 科。

识别特征：乔木或灌木，茎常不分枝，常有残存的老叶柄基部或叶痕。叶常较大，全缘或羽状或掌状分裂，常聚生茎顶。花小，辐射对称，两性或单性，同株或异株，聚生成肉穗花序（佛焰花序），并由 1 至多枚大型的佛焰状总苞包着；花被 6；雄蕊 6，2 轮。子房上位，1～3 室，或具 3 枚离生或仅基部合生的心皮，胚珠 1。浆果、核果或坚果。

本科约有 217 属 2 500 种，分布于热带及亚热带地区。我国约有 22 属 60 多种（含栽培），分布于西南至东南地区。

1）蒲葵属（*Livistona*）。乔木，叶掌状分裂，裂片分裂达 1/2，裂片先端渐尖再裂为 2 小裂片，叶柄下部具逆刺 2 列。花小，两性，单生或簇生；子房由 3 个近离生的心皮组成，3 室。核果。代表植物蒲葵（*L. chinensis*），嫩叶制葵扇，老叶制蓑衣、船篷等；中脉制刷子、牙签等（图 16-150）。果实及根、叶可入药。

2）棕榈属（*Trachycarpus*）。乔木，树干被覆盖永久性的下垂的枯叶或下部裸露。叶掌状分裂，裂片多于 20，顶端常 2 浅裂，叶柄无刺。花单性，异株；雄蕊 6；心皮 3。代表植物棕榈（*T. fortunei*），分布于长江以南各省区。叶鞘纤维可制绳索、蓑衣、扫帚等；嫩叶经漂白可制扇和草包；果实、叶、花、根可入药。棕榈树形优美，可作庭园绿化树种（图 16-151）。

图 16-150　蒲葵（*L. chinensis*）

图 16-151　棕榈（ *T. fortunei* ）

（61）天南星科（Araceae）

$$♂*P_0A_6 \quad ♀*P_0\underline{G}_{(2, 3-15:1-∞:1-∞)}$$

属于佛焰花目（Spathiflorae），共有天南星科、浮萍科 2 科，其中天南星科为代表科。

识别特征：草本，有根状茎或块茎。叶基部有膜质鞘。花小，两性或单性，排列肉质肥厚的花轴上，为肉穗花序。花序为一大型佛焰苞所包，称佛焰花序，佛焰苞具色彩。花被缺或 4～6 个鳞状体。单性同株时，雄花常生于肉穗花序的上部，雌花生于下部，中部为不育花或中性花；雄蕊 4 或 6，分离或合生；雌蕊 3 心皮，子房上位，1 至多室。浆果。

本科约有 115 属 2 000 多种，主要分布于热带和亚热带地区。我国有 23 属 100 多种。

1）半夏属（Pinellia）。多年生草本，块茎。叶基出，其基部有珠芽。叶片全缘，3 深裂或全裂或鸟足状分裂。肉穗花序具长柱状附属体。花雌雄同株，无花被；雌花部分与佛焰苞合生达隔膜，雄花序位于隔膜之上。浆果长圆状卵形。代表植物半夏（ *P. ternata* ），叶基部具鞘，基部有珠芽（图 16-152）。佛焰苞绿色或绿白色。浆果黄绿色。块茎有毒，炮制后入药，有燥湿化痰之效。

2）菖蒲属（Acorus）。根茎粗壮。叶 2 列，剑形，基部叶鞘套叠并具膜质边缘。常有香味。

图 16-152　半夏（*P. ternata*）

肉穗花序圆柱形，佛焰苞与叶片同行同色，不包花序。花两性，花被片 6；雄蕊 6；子房倒圆锥状，2 或 3 室，每室胚珠多数。浆果红色，藏于宿存花被下。代表植物菖蒲（*A. calamus*），全国各省均产（图 16-153）。根茎均入药，可治神志不清、慢性气管炎、肠炎、食欲不振等。

图 16-153　菖蒲（*A. calamus*）

3）天南星属（*Arisaema*）。多年生草本，具块茎或根茎。掌状复叶 3～5 枚或多数小叶呈鸟足状排列。肉穗花序单性或两性，雌花序花密，雄花序花疏；附属体仅达佛焰苞喉部，常长线形。子房 1 室，胚珠 1～9，直立。浆果。代表植物天南星（*A. heterophyllum*），广布种（图 16-154）。块茎含淀粉 28.05%，可制酒精，但有毒，不可食用。入药称天南星，能解毒消肿、祛风定惊、化痰散结等。

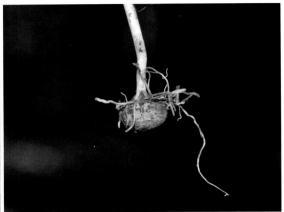

图 16-154　天南星（*A. heterophyllum*）

（62）莎草科（Cyperaceae）

$$*P_0 A_{1-3} \underline{G}_{(2-3:1:1)}; \quad ♂ P_0 A_{1-3} \quad ♀ P_0 \underline{G}_{(2-3:1:1)}$$

属于莎草目（Cyperales），仅 1 科。

识别特征：草本，常根状茎。茎特称秆，单生或丛生，多实心，极少空心。叶基生或秆生，常 3 列。叶片条形，基部有闭合的叶鞘。花小，诞生于鳞片（颖片）的叶腋，两性或单性，辐射对称。2 至多朵花组成小穗，后再组成各式花序。花序下常具 1 至多枚苞片，叶状、刚毛状或鳞片状。花被无或退化为下位刚毛或鳞片；雄蕊 3，少 2 或 1；子房 1 室，1 胚珠，花柱 1，柱头 2 或 3。坚果。

本科约有 80 属 4 000 多种，广布。我国约有 31 属 670 种。

1）莎草属（*Cyperus*）。秆常三棱形。叶基生。复出聚伞花序，或总状或头状花序，具叶状苞片数枚。小穗 2 至多数，稍压扁；鳞片（颖片）2 列，无下位刚毛；柱头 3。小坚果 3 棱。约 380 种，分布于热带和温带地区。我国有 30 种。代表植物香附子（*C. rotundus*），根状茎匍匐，细长，生有多数长圆形、黑褐色块茎（图 16-155）。叶片狭条形，鞘棕色，常裂片纤维状。为常见的草坪杂草，较难除去。

2）苔草属（*Carex*）。秆常三棱形，叶基生或秆生。小穗单一或圆锥状。花单性，无花被。雄花具 3 雄蕊，雌花子房外包有小苞片形成的囊包（果囊），果囊外有 1 鳞片，花柱突出囊外，柱头 2 或 3。约 2 000 种，广布，尤以温带地区为盛。我国约 400 种，各省均产。代表植物十字苔草（*C. cruciata*），分布于西南、华南地区及浙江、江西、台湾等地，种子含油及淀粉，可食用。

3）蔍草属（*Scirpus*）。秆三棱形，少圆柱形，叶片常退化仅具叶鞘。小穗常两性，聚伞

图 16-155 香附子（*C. rotundus*）

花序简单或复出，或成头状。小穗有少数至多数花，鳞片螺旋状排列，每鳞片有1两性花，或下面1至数个鳞片内无花，下位刚毛2～9或缺。花柱基部不膨大。约200余种，广布；我国约40种。代表植物藨草（*S. triqueter*），秆粗壮，三棱，仅基部有2或3个叶鞘，最上鞘顶端有叶片。花序假侧生，苞片为秆的延长，1枚。除广东以外各地均有。为常见的编制草席和草帽原料，可造纸。

（63）姜科（Zingiberaceae）

$$\uparrow K_{(3)} C_{(3)} A_1 \overline{G}_{(3:3:\infty),\,(3:1:\infty)} 或 \uparrow P_{3+3} A_1 \overline{G}_{(3:3:\infty),\,(3:1:\infty)}$$

属于姜目（Zingiberales），共有芭蕉科、姜科、美人蕉科等5科，其中姜科为代表科。

识别特征：草本，有芳香味，匍匐或具有块状根茎，或有时末端膨大呈块状。叶2列或螺旋状排列，具叶鞘。花两性，两侧对称，单生或组成穗状、头状、总状或圆锥花序。花萼管状 3 齿裂，绿色或淡绿色，花冠下部合生成管状，具 3 枚裂片，常后方 1 枚最大。雄蕊可能为 6 枚，2 轮，内轮后面 1 枚发育成能育雄蕊，内轮另 2 枚联合成花瓣状的唇瓣；外轮远轴 1 枚常缺，侧生 2 枚退化成瓣花雄蕊。子房下位，1～3 室，花柱 1，丝状，常经能育雄蕊花丝槽由花药室间穿出，柱头头状。蒴果 3 瓣裂，或为肉质浆果。种子常具假种皮。

本科约有 50 属 1 000 种。我国约有 19 属 143 种，主要分布于西南至东部地区，是种类丰富的药用、香料、调味和观赏植物。

1）姜属（*Zingiber*）。根茎肥厚，具芳香辛辣味。花亭长，自根茎发出。侧生退化雄蕊小，唇瓣大具 3 裂片。代表植物姜（*Z. officinale*），根状茎肉质、扁平。叶片基部狭窄，无叶柄。穗状花序；苞片卵形，花冠黄色，唇瓣倒卵状圆形，下部两侧各有小裂片，有紫、黄白色斑点（图 16-156）。原产于太平洋群岛，我国广泛栽培。根状茎入药能发汗解表、温中止呕、解毒，又可为烹饪调料。蘘荷（*Z. mioga*），根状茎圆柱形，叶片基部渐狭；苞片披针形，花冠裂片披针形，白色。唇瓣淡黄色。分布于我国东南部地区，可作蔬菜，也可入药。

2）山姜属（*Alpinia*）。根茎肥厚。总状花序顶生，侧生退化雄蕊极小或缺。子房 1 室。代表植物益智（*A. oxyphylla*），花序顶生，小苞片极小，侧生退化雄蕊钻形。蒴果球形，干后纺锤形。分布于海南，种子称"益智仁"，药用。

图 16-156　姜（*Z. officinale*）

（64）兰科（Orchidaceae）
属于兰目（Orchidales），仅 1 科。

$$\uparrow P_{3+3} A_{3-1} \overline{G}_{(3:1:\infty)}$$

识别特征：草本，陆生、附生或腐生。陆生和腐生具须根；根茎或块茎具肥厚根被的气生根。茎直立，基部常膨大为假鳞茎。单叶互生，2 列或螺旋状排列，基部有叶鞘。花顶生或腋生，单花或各式花序；两性，极少单性；两侧对称；花被 2 轮，3 基数，外轮 3 枚花瓣状萼片；内轮中间 1 片，构造复杂，称为唇瓣，常 3 裂或有时中部缢缩分为上唇和下唇，基部有时延伸成囊或距，内含蜜腺，并常有脊、褶片、胼胝体或其他附属物。雄蕊和花柱合生成合蕊柱；雄蕊 1 或 2 枚，花粉常结成花粉块；柱头常 2。子房下位，1 室，侧膜胎座，在发育过程中扭转 180°。蒴果，成熟时开裂为顶部仍相连的 3～6 果瓣。种子极多，微小。

兰科有 753 属 20 000 多种，广布于全球，主要产于热带地区。

1）白及属（*Bletilla*）。草本，球茎扁平。代表植物白及（*B. striata*），球茎为扁平三角状厚块，生于林下湿地，分布长江流域至南部和西南各省（图 16-157）。

2）兰属（*Cymbidium*）。附生、陆生或腐生。根簇生。叶革质，条形带状。总状花序，有香味。花被张开，合蕊柱长；花粉块 2，具柄和黏盘。常见的有：墨兰（*C. sinense*），以花和叶色多变著称，花亭常高于叶，具 10 余花，有香味；寒兰（*C. kanra*），以花色不同而有较多品种；春兰（*C. goeringii*），叶狭带形，花单生，淡黄绿色，唇瓣乳白色，有时有紫红色斑点，春季开花有香味；建兰（*C. ensifolium*），叶带形，总状花序有花 3～7 朵，花浅黄绿色，有清香，夏秋开花。

兰科植物的花有芳香，通常可以利用提取芳香油，如香荚兰（*Vanilla planifolia*），原产于墨西哥，从果实中提取，是一种高级香料，用于食品、药草工业，是制造巧克力不可或缺的原料，我国海南等地有栽培。

图 16-157　白及（*B. striata*）

参考文献

［1］ 徐汉卿.植物学［M］.北京：高等教育出版社，1999.

［2］ 方炎明.植物学［M］.北京：中国林业出版社，2006.

［3］ 强胜.植物学［M］.北京：高等教育出版社，2006.

［4］ 周火明.简明植物学教程［M］.武汉：华中师范大学出版社，2015.

［5］ 祝峥.药用植物学［M］.2版.上海：上海科技出版社，2017.

［6］ 张德顺，芦建国.风景园林植物学：上、下册［M］.上海：同济大学出版社，2018.

［7］ 马炜梁.植物学［M］.3版.北京：高等教育出版社，2022.

［8］ 贾东坡.植物与植物生理［M］.重庆：重庆大学出版社，2019.

［9］ 贺学礼.植物学［M］.北京：高等教育出版社，2005.

［10］ 方彦.园林植物学［M］.北京：中国农业出版社，2001.

［11］ 周云龙.植物生物学［M］.北京：高等教育出版社，1999.

［12］ 丁祖福.植物学［M］.2版.北京：中国林业出版社，1995.

［13］ 陈坚.植物及生态基础［M］.2版.北京：高等教育出版社，2018.

［14］ 金根银.植物学［M］.北京：科学出版社，2018.

［15］ 廖文波，刘蔚秋，冯虎元，等.植物学［M］.北京：高等教育出版社，2020.

［16］ 祁承经，汤庚国.树木学：南方本［M］.3版.北京：中国林业出版社，2014.

［17］ 汪劲武.种子植物分类学［M］.2版.北京：高等教育出版社，2009.

［18］ 曹慧娟.植物学［M］.2版.北京：中国林业出版社，2002.

［19］ 吴国芳，等.植物学（下册）［M］.2版.北京：高等教育出版社，1992.

［20］ 中国科学院中国植物志编辑委员会.中国植物志：第7卷［M］.北京：科学出版社，1978.

［21］ 郑朝宗.浙江种子植物检索鉴定手册［M］.杭州：浙江科学技术出版社，2005.

［22］ 李德铢.中国维管植物科属志：第1～3册［M］.北京：科学出版社，2020.

［23］ 叶创兴，廖文波，戴水连，等.植物学：系统分类部分［M］.广州：中山大学出版社，2000.